北京理工大学“双一流”建设精品出版工程

Brain Function Analysis Techniques

脑功能分析技术

主　编◎闫天翼
副主编◎陈端端　王 丽

BEIJING INSTITUTE OF TECHNOLOGY PRESS

内容简介

脑科学研究不仅能够帮助我们理解人类各种行为背后的神经机制，还有助于脑疾病诊治。本书提到的脑功能检测技术和分析方法，可以帮助我们明确疾病相关的大脑结构和功能异常，在此基础上进行神经调控和神经反馈调节，达到大脑康复的目的。本书较现有众多认知神经科学的书籍，除介绍神经系统基本知识外，重点介绍了脑功能检测技术及分析方法，神经调控治疗及其前沿技术，对于相关学科发展和人才培养有重要意义。

目前国家对于脑科学与类脑研究十分重视，在脑认知原理解析、认知障碍等重大脑疾病发病机理与干预技术、类脑计算与脑机智能等方面投入巨大，因而本书有庞大的读者群体，并且因其写作语言较为通俗，可读性好，适用于各个层次的脑科学爱好者，包括脑科学基础研究人员和神经精神疾病专业医生以及生物医学工程相关人员，尤其适用于脑功能检测及分析、脑机接口、神经调控治疗领域的研究人员。

图书在版编目(CIP)数据

脑功能分析技术 / 闫天翼主编. -- 北京 : 北京理工大学出版社, 2022.11

ISBN 978-7-5763-1822-7

Ⅰ. ①脑… Ⅱ. ①闫… Ⅲ. ①脑科学-研究 Ⅳ. ①Q983

中国版本图书馆 CIP 数据核字(2022)第 208196 号

出版发行 / 北京理工大学出版社有限责任公司
社　　址 / 北京市海淀区中关村南大街 5 号
邮　　编 / 100081
电　　话 / (010) 68914775 (总编室)
　　　　　(010) 82562903 (教材售后服务热线)
　　　　　(010) 68944723 (其他图书服务热线)
网　　址 / http://www.bitpress.com.cn
经　　销 / 全国各地新华书店
印　　刷 / 三河市华骏印务包装有限公司
开　　本 / 787 毫米×1092 毫米　1/16
印　　张 / 10.5
彩　　插 / 12
字　　数 / 269 千字
版　　次 / 2022 年 11 月第 1 版　2022 年 11 月第 1 次印刷
定　　价 / 48.00 元

责任编辑 / 李颖颖
文案编辑 / 李颖颖
责任校对 / 周瑞红
责任印制 / 李志强

前言

PREFACE

什么是“脑科学”，通俗地来说，就是研究大脑结构和功能的科学。“我们的大脑长什么样子?”“我们的大脑是如何感知世界的?”“我们是怎么记住事物的?”“我们记忆和运用事物的能力又是从哪里得到的?”基于这一系列问题，我们开始探索这些问题的答案——大脑。

本书的撰写顺应了国家脑科学与类脑研究潮流，借鉴了国内外资料和前人成果，结合了作者多年的研究经验。从了解脑、检测和分析脑、干预脑三方面内容展开，介绍神经系统基础知识、脑功能检测技术及分析方法、神经反馈及神经调控干预技术。

本书从微观的脑神经基础，到宏观的脑功能环路及其成像技术，再到对脑功能的调节和脑疾病物理治疗技术，综合全面地介绍了脑科学知识和进展。内容上层层递进、重点突出。首先从微观到宏观，从简单的神经元到复杂的高级认知功能讲起（第1章到第3章），对神经元如何工作，神经系统解剖结构、功能进行阐述，为后续章节介绍脑功能检测技术、应用方法做铺垫。其次介绍多种大脑功能检测技术，采用事件相关电位（第4章）、功能和结构磁共振成像、弥散张量成像（第5章）等技术检测脑结构和功能，脑连接组、机器学习等方法分析脑结构及功能（第6章），以期得到能够有效预警脑重大疾病和早期诊断的指标，为大脑干预治疗提供依据。最后，介绍了当下备受关注的一些脑健康领域的治疗技术，包括脑机接口（第7章）、神经反馈疗法（第8章）和神经调控（第9章），描述这些技术的原理、优缺点及临床应用。

脑科学被称为科研领域“皇冠上的明珠”，是研究大脑结构和功能的科学，是理解自然和人类本身的“最终疆域”，是生命科学最难以攻克的领域之一。自2013年起，美国、欧洲、日本相继启动各自大型脑科学计划，全球参与脑计划的国家数量不断扩充壮大，它不仅仅是科技发展的信号，更代表了全球科研资源的整合。中国也于2021年正式启动“脑科学与类脑科学研究”，即“中国脑计划”。时至今日，理解脑的工作机制，对于重大脑疾病的早期预防、诊断和治疗，人脑功能的开发和模拟，创造以数值计算为基础的虚拟超级大脑，以及抢占国际竞争的技术制高点具有重要意义。相信在各个参与国各具特色的脑计划共同协作下，人类对于脑和疾病的认知将不断深入，并从中寻找到更为开阔的应用价值。

本书难免有许多缺点，祈望读者批评指正。祝阅读和学习愉快！

目　录
CONTENTS

第1章
认识神经元

“大脑是你最重要的器官”，这是由大脑告诉你的。为什么你会认识苹果？为什么你会知道口渴？是什么让你保持思考和学习？你的这些记忆和运用事物的能力又是从哪里得到的？基于这一系列问题，你开始探索这些问题的答案——大脑。

想象一下你站在你大脑皮层上，脚下是奶油色的坑坑洼洼的潮湿灰质（grey matter, GM)，你每走一步都伴随着大脑的活动，当你从大脑左侧半球经过中间一根粗壮的茎秆到达大脑右侧半球，这将伴随着你的意识、语言、学习等思维能力的变化。你再往大脑深部走，会感觉置身于密密麻麻的电网中，那些发射电信号的活跃的神经元，形态各异，彼此传递着信息，四周围绕着不同类型、不同功能的神经胶质细胞，它们在有序地工作着，维持着你大脑的运作。

我们在看《动物世界》的时候，发现它在讲述动物世界时并不是从动物世界整体出发，讲述动物世界中包含哪些动物，而是通过介绍每种动物的活动来认识动物世界的整个生存机制，如从一只老虎或一只鹿的视角来看它的一生，从而悟出动物世界的规则。那么认识大脑世界也是从最简单的个体出发，通过神经元和神经胶质细胞的生理机制来看整个大脑的活动过程，探寻大脑的运行机制，从而更好地认识自己，进而改变自己。接下来我们便来看看大脑中那些细胞的形状和组成，以及它们在神经系统中扮演着怎样的角色、有着怎样的神奇之处。

1.1 神经系统的细胞组成

人是构成社会的基本个体，而细胞是构成生物体最基本的单位。大脑和神经系统的基本组成便是神经元和神经胶质细胞，它们各自起着不同的作用。尽管从数量上神经胶质细胞是神经元的10倍，但是神经元特别重要，它在神经系统中起着感知环境变化和信息传递的作用。神经胶质细胞取名于希腊词“胶水”，让我们联想到其可以防止大脑从五官溢出，在功能上起着隔离、支持和给予周围神经元营养的作用。如果将大脑比作火龙果，那么神经元便是那些黑色的籽，神经胶质细胞便可看作火龙果的瓤。本节我们将了解神经元和神经胶质细胞，图1.1为神经系统细胞的组成结构。

1.1.1 神经元

神经元是神经系统中最基础的信号处理单位，它们有不同的形态和功能，主要由细胞体和突起组成，如图1.2所示。细胞体主要负责维持神经元的新陈代谢，由细胞膜、细胞核、

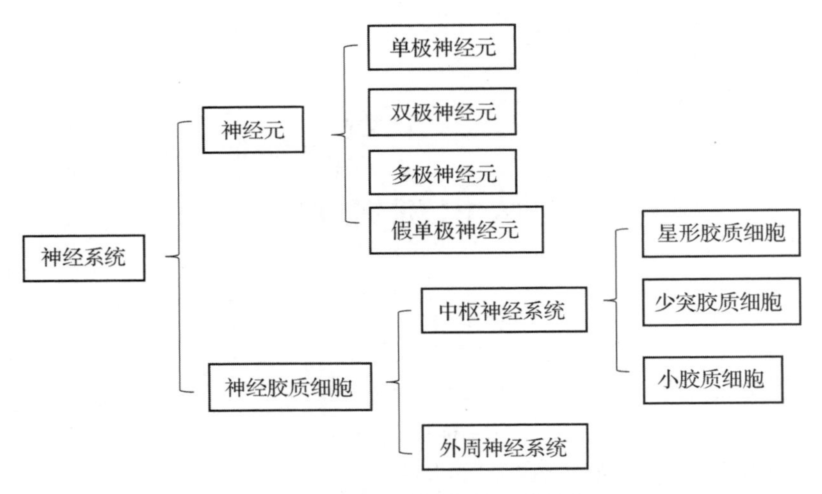

图 1.1　神经系统细胞的组成结构

细胞质、线粒体、核糖体等结构组成。神经突起是由神经细胞（神经元）的胞体延伸出来的细长部分，按照形态和功能的不同，神经元突起可分为树突和轴突。树突是从胞体发出的一个到多个突起，呈放射状，接收其他神经元轴突传来的信号。轴突长，分枝少，粗细均匀，常起于轴丘，将信息传递给其他神经元。接收信号的部位称为突触，因而树突又被称为突触后，轴突被称为突触前。一般情况下，在描述某一特定突触时，才会提及神经元是突触前或突触后。大多数神经元既是突触前也是突触后，当它们的轴突与其他神经元建立连接时是突触前，当其他神经元与它们的树突建立连接时是突触后。

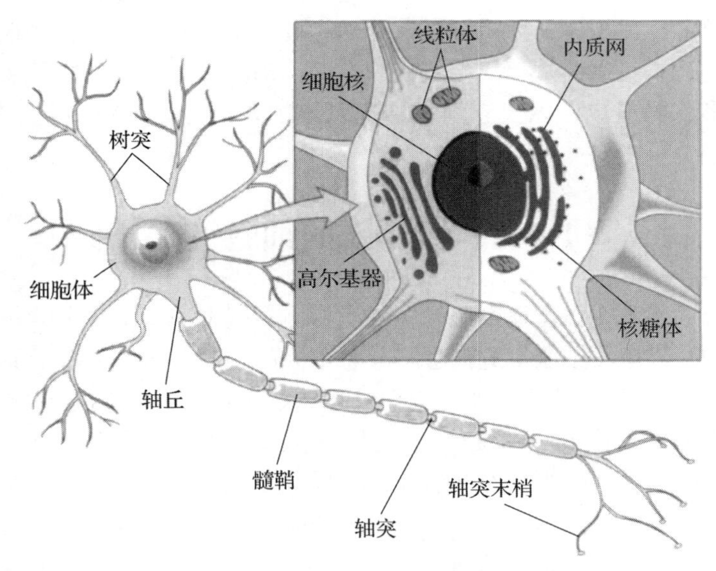

图 1.2　神经元的基本结构（摘自《认知神经科学：关于心智的生物学》[1]）（书后附彩插）

按树突和轴突伸出胞体的方向和形态的不同，神经元又可分为 3 种或 4 种，本书介绍 4 种神经元类型：单极神经元、双极神经元、多极神经元和假单极神经元。图 1.3 所示为各种神经元形态。

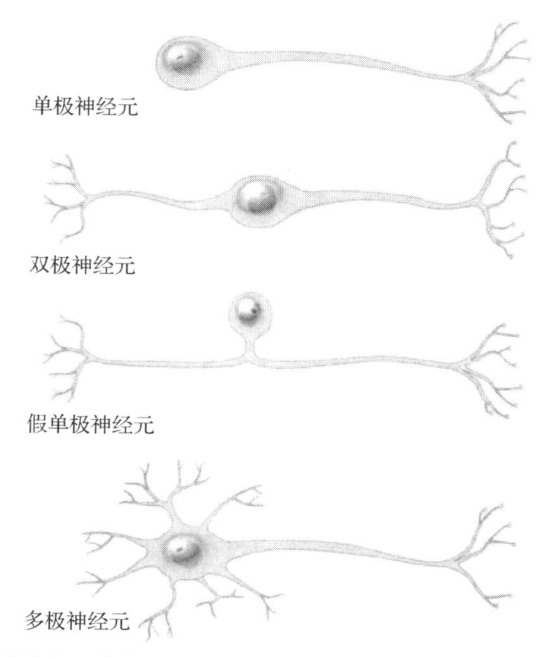

图 1.3　各种神经元形态（摘自《认知神经科学：关于心智的生物学》[1]）（书后附彩插）

单极神经元只有一个离胞体较远的突起，分为树突和轴突，常见于无脊椎动物的神经系统。双极神经元具有两个独立突起，胞体两端各伸出一个突起，一个为树突，分布在周围；一个为轴突，伸向中枢。双极神经元仅见于听神经的前庭神经节、耳蜗神经节、嗅觉感受器和视网膜内。假单极神经元的胞体发出一个突起，它所伸出的胞突离胞体不远处便呈 T 字形分支，其中一支走向感受器，称为周围突；一支进入脊髓或脑，称为中枢突。此种神经元存在于脊神经节和某些脑神经元的感觉神经节内。多极神经元具有 3 个以上的突起，其中仅有一支为轴突，其余均为树突，是人体中数量最多的一种神经元。

1.1.2　神经胶质细胞

神经胶质细胞简称胶质细胞，是神经系统中的另一大类细胞，数量相当于神经元的 10 倍左右，分布在中枢神经系统（脑和脊髓）和外周神经系统。中枢神经系统中的神经胶质细胞主要有星形胶质细胞、少突胶质细胞（与前者合称为大胶质细胞）和小胶质细胞[2]。图 1.4 所示为各胶质细胞的主要结构。

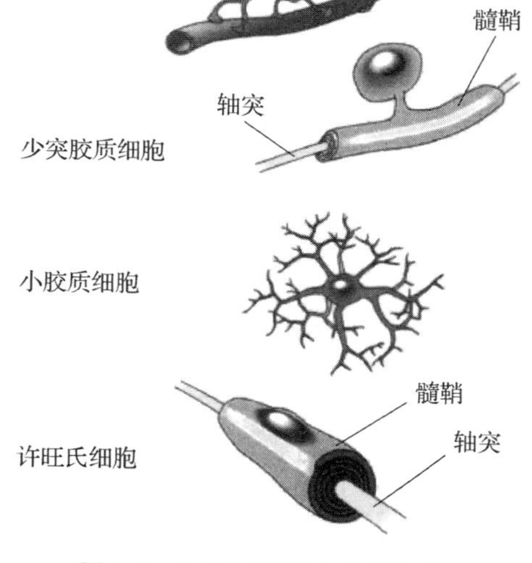

图 1.4　各胶质细胞的主要结构（摘自《认知神经科学：关于心智的生物学》[1]）（书后附彩插）

星形胶质细胞呈圆形或放射性对称状，是胶质细胞中体积最大的一种。采用经典的金属浸镀技术（银染色）显示此类胶质细胞呈星形，从胞体发出许多长而有分支的突起，突起末端常膨大形成脚板或称终足，有些脚板贴附在邻近的毛细血管壁上，因而这些脚板又被称为血管足，靠近脑脊髓表面的脚板则附着在软膜内表面，彼此连接构成胶质界膜，这些突起具有支持和分隔神经细胞的作用，在中枢神经系统组织与血液之间形成血脑屏障。血脑屏障一方面能够阻挡对脑组织有害的蛋白质，另一方面可以将某些药物和神经递质如多巴胺、去甲肾上腺素和谷氨酸等渗透进入脑组织，起到保护中枢神经系统的作用。

小胶质细胞是一种体积小且形状不规则的神经胶质细胞，是神经系统中唯一来自中胚层的细胞，具有多突触和可塑性的特点，是中枢神经系统内固有的免疫效应细胞，对于维护中枢神经系统功能有极其重要的作用。

少突胶质细胞比星形胶质细胞小，胞突短而少，主要功能是在中枢神经系统中包绕轴突，形成绝缘的髓鞘结构，协助生物电信号的跳跃式高效传递，并维持和保护神经元正常功能。

髓鞘是包围神经元轴突的脂类物质，在中枢神经系统中主要是由一个少突胶质细胞围绕多个轴突形成髓鞘的鞘，而在外周神经系统中则是多个许旺氏细胞围绕一个神经元轴突形成髓鞘，髓鞘在神经系统起着支持轴突的作用，多层的脂质细胞膜具有很高的电阻，由此髓鞘可以产生高绝缘性并使电流沿轴突传递得更远。在髓鞘间隔处有结节，该结节被称为郎飞结，使得髓鞘通过一种“跳跃式传导”机制来加速动作电位传递，对于神经信号的快速传递有重要意义。

1.2 神经信号

1.1 节介绍了神经系统中主要组成细胞的基本结构，那么神经元内部和神经元之间是通过哪种方式传递信息的呢？我们都知道现实生活中有许多传递信息的物理方式，如光、电、声音等，接下来我们便来学习神经元的信息传递方式。

1.2.1 细胞膜与膜电位

如图 1.5 所示，神经元细胞膜为磷脂双分子层结构，具有不溶于水的特性。这种特性很好地将细胞膜内胞体与外部的水环境隔开，并且控制水溶性物质如离子、蛋白质等的进出。水溶性物质进出细胞体则需要借助跨膜蛋白质，这些蛋白质细胞膜的一部分或镶嵌或附着在细胞膜上；一部分形成了细胞膜的特异性结构，如离子通道、主动转运器和泵结构；另一部分则是受体分子[3]。这里我们主要介绍细胞膜内外离子跨膜运输的方式。

离子在细胞膜的运输包含被动运输和主动运输两种。被动运输是顺离子浓度梯度运输；主动运输是逆离子浓度梯度运输，其运输需要离子载体和能量，负责运输的离子载体称为离子泵。

离子跨膜运输的通道称为离子通道，如图 1.6 所示。离子通道由跨膜蛋白质构成，这些蛋白质聚集起来镶嵌在膜上，中间形成有水分子的孔，这些孔允许水溶性物质的快速进出。离子通道存在开放和关闭两种状态，称为门控。有些离子通道是被动的，永远保持对特定的离子开放，有些通道则是在刺激下开放或关闭。离子通道允许离子穿过细胞膜的程度称为渗透性。细胞膜对某些离子的通透性高于其他离子，称为选择性渗透，如神经元中 K^+ 渗透性高于 Na^+，主要由于 K^+ 通道多于 Na^+ 通道蛋白[4]。

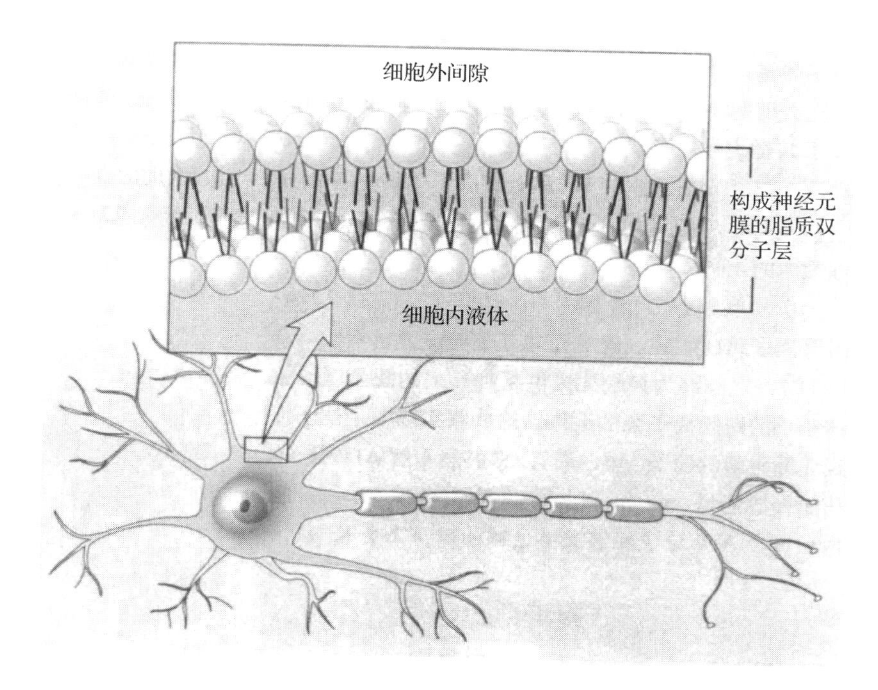

图 1.5　细胞膜结构图（摘自《认知神经科学：关于心智的生物学》[1]）（书后附彩插）

图 1.6　神经元膜内的离子通道（摘自《认知神经科学：关于心智的生物学》[1]）（书后附彩插）

离子泵是一类特殊的载体蛋白，支持特定的离子逆离子浓度梯度穿过，同时消耗三磷酸腺苷（ATP）能量，每个 ATP 分子能够使 2 个 K^+ 泵到细胞内和 3 个 Na^+ 泵到细胞膜外。泵的活动使得膜内外的 K^+ 和 Na^+ 浓度不一致，细胞膜内的 K^+ 浓度相对较高，而膜外的 Na^+ 浓度相对较高，从而使细胞膜内外产生电位差。为达到膜内外离子分布的平衡，便会出现 Na^+ 从高浓度向低浓度处（膜外向膜内），K^+ 从高浓度到低浓度（膜内向膜外）渗透。细胞膜的选择渗透性使得 K^+ 的通道多于 Na^+，而 K^+ 带正电，在 K^+ 外流多于 Na^+ 内流的情况下，使得膜外带正电，而膜内带负电，膜内的负电荷环境使得 K^+ 外流受阻，最终使得 K^+ 外流的浓度梯度力与将 K^+ 留住在细胞膜内的电荷梯度力达到平衡，细胞膜的这种状态称为静息状态，此时电位差为静息电位，细胞膜内外的电位差是 -70 毫伏（mV）[5]。

1.2.2 神经元信号传导

神经元内部和外部都处于导电的液体中，由绝缘的细胞膜隔开，神经元可以看作一个容积导体，即为一个导电的容器，当神经元受到物理（光、电、化学等）刺激时，发生离子的快速跨膜运动，细胞膜在原有静息电位基础上产生一次迅速且短暂地向周围和远处扩散的电位波动，被称为动作电位，如图 1.7 所示。对于单个神经元而言，该刺激正常情况下从胞体传向轴突的远端，即顺向传导，当受到外界刺激（如人工给予刺激）时神经元信号也可逆向传导[6]。

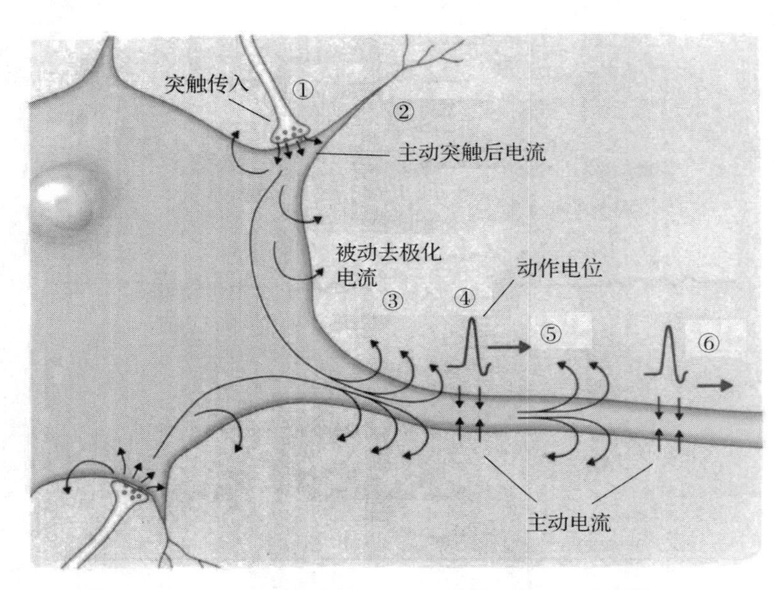

图 1.7　动作电位（摘自《认知神经科学：关于心智的生物学》[1]）（书后附彩插）

图 1.7 中，突触传入①影响突触后膜，导致突触后电流②。这些电流是主动的，但通过被动的电流传导被传导至细胞内③。如果电流足够强，将引起细胞膜去极化，从而启动轴突产生动作电位④。每个动作电位是一个主动的加工过程，只有在膜内门控的 Na^+ 通道开放的状态下才能发生。在此动作电位阶段所产生的内向电流遵循电传导原理沿轴突传导⑤。结果导致邻近区域细胞膜的去极化，然后产生另一个动作电位，这一过程沿轴突持续进行⑥。

神经元受到刺激后，细胞膜内部电位向负的方向变化，外部电位向正的方向变化，使膜内外电位差增大，极化状态加强，此时称为超极化。若神经元内电环境更趋正性，更容易产生动作电位，此时的状态称为去极化。当膜内电位升至 +30 毫伏（mV）时的状态称为反极化。当膜内电位迅速回降并恢复到静息状态时，称为复极化。去极化和超极化为动作电位的上升相，反极化和复极化则为动作电位的下降相（动作电位图）。

当在无髓鞘神经元的某一小段给予足够强的刺激，此时的膜电位由静息状态下（极化）的内负外正变为内正外负，而相邻神经元段的静息状态尚未改变，从而在这两段神经元之间由于电位差而产生电荷移动，出现局部电流，这便是局部电流学说。

局部电流使得未兴奋的神经元去极化，若该电流足够强使得该段神经元去极化达到阈值，会再次产生动作电位。当神经元细胞膜去极化和复极化后会处于一个相当长的不应期，即不能产生另一个动作电位的状态，该现象使得电流只能由兴奋段向未兴奋段传导。

有髓鞘的神经元由髓鞘同心包围轴突，而髓鞘的不导电性以及髓鞘只在郎飞结处中断的结构特征，使得神经元在受到刺激时的动作电位仅发生于郎飞结处，并传递向下一个郎飞结。这种神经元的传导方式是跳跃式的，叫作跳跃传导，速度比无髓鞘的神经元传导更快。

从细胞膜内外离子浓度变化看动作电位的形成过程：当神经元细胞膜受刺激后，细胞膜透性变化，大量 Na^+ 从细胞外顺离子浓度梯度流入细胞膜内，使得细胞膜失去极性，更多 Na^+ 通道打开，这一过程使得内外 Na^+ 达到一定的平衡，由于 Na^+ 带正电，所以细胞膜极性由原来的内负外正变为内正外负。细胞膜内阳离子逐渐变多，Na^+ 通道关闭，此时为了恢复到细胞膜的静息状态，K^+ 通透性提高，膜内 K^+ 外流使得膜内恢复原来的负电性，膜外则恢复为正电性。整个动作电位发生的过程从离子流动来看大致为 Na^+ 流入，K^+ 流出。

1.3　突触传递

1.3.1　化学传递

前面我们介绍了神经元受到刺激后在其内部的传递方式，神经信号最终要实现神经元之间的传递，神经元之间的交流便是通过突触完成的。突触由突触前膜、突触后膜和突触间隙组成，如图 1.8 所示。前膜内侧有致密突起和网格形成的囊泡栏栅，栏栅空隙正好容纳一个突触小泡，这些突触小体可以释放神经递质，作用于突触后神经元。

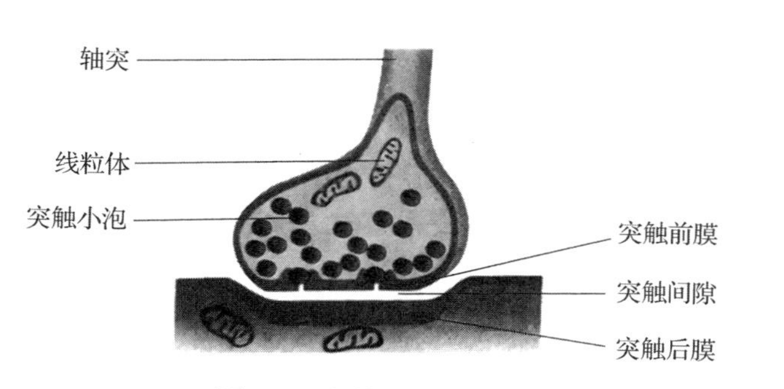

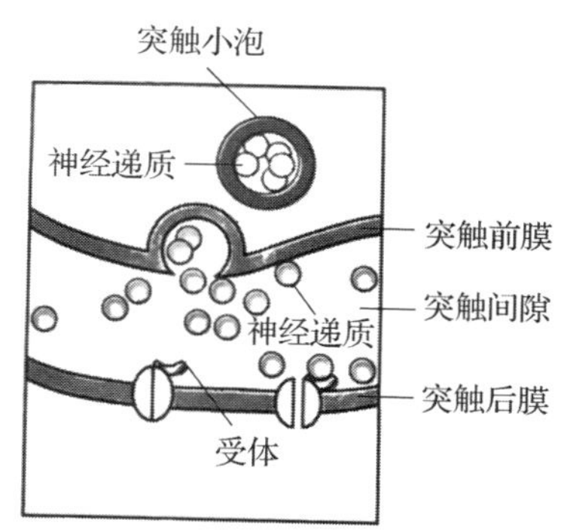

图 1.8　突触的基本结构（《高中生物必修 3》[7]）（书后附彩插）

当动作电位到达神经元轴突末梢时，突触前膜兴奋，继而 Ca^+ 通道打开，Ca^+ 由突触间隙顺浓度梯度流入突触，Ca^+ 可发挥信使的作用，使得突触小泡中的神经递质释放到突触间隙。神经递质通过突触间隙到达突触后膜，与后膜上的受体结合，改变突触后膜离子通透性，使其电位发生变化，该电位被称为突触后电位。

目前发现的神经递质有 100 种以上，不同的神经递质对突触后膜的通透性影响也不同，主要使突触后膜产生兴奋和抑制两种状态，分别称为兴奋性突触后电位（EPSP）和抑制性突触后电位（IPSP）。当动作电位传递至轴突末梢时，突触前膜兴奋，释放兴奋性神经递质，使后膜对 Na^+ 的通透性升高，Na^+ 内流使得突触后膜电位发生去极化，此时为兴奋性突触后电位。当该动作电位去极化达到阈值时便产生新的动作电位，沿轴突传导，使得整个突触后神经元兴奋。当抑制性中间神经元兴奋时，突触前膜释放抑制性神经递质，使得 K^+ 和 Cl^- 的通透性升高，K^+ 外流，而 Cl^- 内流，突触后膜出现超极化电位，此电位称为抑制性突触后电位，该传递也被称为抑制性传递。

1.3.2 电传递

部分突触通过电信号传递信息。电突触传递与化学传递最大的区别在于，电突触没有突触间隙，两个神经元之间由细胞膜相互接触。电突触传递时通过电的作用，根据电紧张传导原则——电流的通过引起膜电位变化，突触前神经元的动作电位到达神经末梢，产生局部电流，引起突触后膜膜电位变化，从而引起突触后膜动作电位。

1.4 小　结

在神经系统中，神经元为信息传递的主要单元。神经元的信息传递方式离不开其细胞膜双分子层的磷脂结构和膜的特殊工作机制。由于离子泵的存在，细胞膜内外存在电位差，该电位称为静息电位。当细胞膜受到刺激时会引起离子泵失活，细胞内外离子变化引起电位差变化，从而产生动作电位，动作电位是一切信息传递的始端。

突触前神经元动作电位到达神经末梢引起局部电荷变化，产生局部电流。突触化学传递中，局部电流使得突触前膜离子通道变化，释放兴奋性或抑制性神经递质到突触后膜，从而使突触后神经元产生兴奋或抑制效应。电突触传递则是根据电紧张传导原则，通过局部电流将信息传递给突触后神经元。理解神经元的工作机制将对了解认知神经科学和其他脑科学相关领域有很大帮助。

参考文献

[1] GAZZANIGA M S, IVRY R B, MANGUN G R. 认知神经科学：关于心智的生物学 [M]. 北京：中国轻工业出版社，2011.

[2] BEAR M F, CONNORS B W, PARADISO M A. Neuroscience: exploring the brain [M]. 3rd ed. Baltimore, MD: Lippincott William & Wikins, 2007.

[3] 何泽涌. 细胞膜物质运输与细胞膜受体——细胞膜的结构与功能及其有关问题（二）[J]. 生物化学与生物物理进展，1976（4）：25-31.

[4] 栾祺浩. 生物膜的被动转运和离子通道 [J]. 内蒙古大学学报（自然科学版），1984（2）：215-235.

[5] 杨文修，陈振辉. 生物膜电压门控离子通道的结构和功能性构象 [J]. 生物物理学报，1991（1）：49-56.

[6] 班文昭. 人体神经元传导神经冲动的机制 [J]. 临床医药文献电子杂志，2019，6（2）：184-185.

[7] 人民教育出版社，课程教材研究所，生物课程教材研究开发中心. 高中生物必修3：稳态与环境 [M]. 北京：人民教育出版社，2007.

第 2 章

神经系统解剖

人脑是由上千亿个神经元组成的复杂系统，是人类最重要的器官结构，具有感知觉、物体识别、运动控制、学习与记忆、注意与意识等重要功能。

神经系统是在人体内起主导作用的系统，通过向身体不同部位传递信号来协调躯体动作和感觉信息，分为中枢神经系统（central nervous system，CNS）和外周神经系统（peripheral nervous system，PNS）。中枢神经系统由大脑和脊髓组成，大脑接收全身各处的外周信息传入，整合加工后反馈至躯体，管理、协调其功能，同时储存在中枢神经系统内，成为学习、记忆的神经基础。外周神经系统分为脑神经、脊神经和自主神经系统（autonomic nervous system，ANS），负责信息传递，一端与脑或脊髓相连，另一端通过各种末梢与身体各器官和系统相联系[1]。本章主要介绍中枢神经系统，为接下来了解认知功能做准备。

大脑由前脑（prosencephalon）、小脑（cerebellum）和脑干（brainstem）构成。前脑是大脑的一部分。小脑位于大脑的后下方。脑干位于大脑下方，是中枢神经系统中较小的部分。下面我们将详细介绍大脑结构。

2.1 前 脑

前脑包括端脑和间脑（diencephalon），由大脑左右半球和间脑组成，是人脑最大的结构。端脑包括两个左右对称的大脑半球和胼胝体（corpus callosum）。被皮层覆盖的脑区包括边缘系统和基底神经节。间脑主要由丘脑（thalamus）和下丘脑（hypothalamus）组成。丘脑接近大脑半球中央，构成间脑的背部。下丘脑位于大脑基底部，对自主神经系统和内分泌系统十分重要。

2.1.1 大脑皮质

大脑皮层是大脑神经组织的外层，表面有脑回（gyri，单数为 gyrus）、脑沟（sulci，单数为 sulcus）和裂（fissure）（图 2.1）。回是大脑皮质突起而曲折的部分，沟是指较小的陷入的褶皱区，裂是指较大较深的陷入区。脑沟和脑回是由于胚胎发育过程中大脑皮层的表面扩展形成的。皮质的总面积为 2 200～2 400 cm^2，但是因为有褶皱，大约 2/3 的部分被折叠到了沟裂中。这些复杂的褶皱有着特殊的功能意义，它们不仅可以最小化大脑体积，使得有限的颅内容积中容纳较大的皮质，还能够使神经元之间形成非常紧密的三维联系，加速神经传导，优化大脑功能组织和连接。

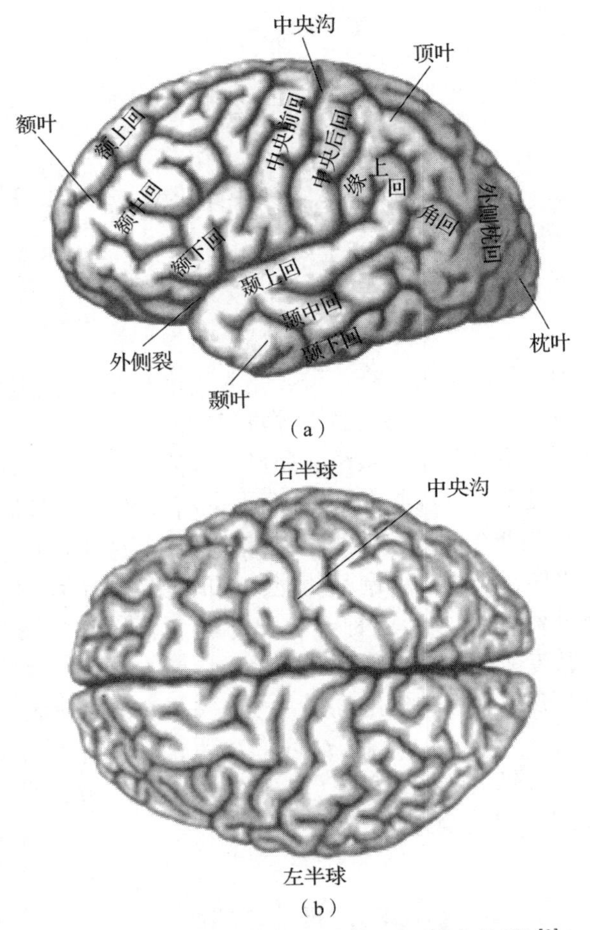

图 2.1　大脑皮质（摘自《认知神经科学：关于心智的生物学》[2]）（书后附彩插）

（a）人类左侧大脑半球的外侧面；（b）人类大脑皮质的俯视图（背面观）

解剖学分区

较大的脑沟和脑回标志着大脑皮层向脑叶的分裂。根据大脑解剖学分区，大脑两个半球主要分为 4 个叶：额叶（frontal lobe）、顶叶（parietal lobe）、颞叶（temporal lobe）和枕叶（occipital lobe）（图 2. 2）。如果将边缘系统称为边缘叶，就是 5 个叶。这些脑区的名字来自对应颅骨的解剖位置。额叶为半球的嘴侧区，由中央沟将其与顶叶分开。颞叶在外侧裂下方后界，以外侧沟与额、顶叶分界，后面以顶枕裂与枕前切迹连线与枕叶分界。顶叶前界为中央沟，以顶枕沟及枕前切迹的连线与枕叶分界。左右半球由大脑纵裂隔开，大脑纵裂从脑的嘴侧延伸至前脑尾侧。

胼胝体也称胼胝体连合，由一束扁平的联合纤维组成，位于大脑皮层的下方。胼胝体跨越部分纵裂，连接左右大脑半球，促进半球之间信息交流和功能协同，是人类大脑最大的白质连合（commissure）。

为了研究大脑皮质结构和功能，学者们按照多种方式对皮质进行分区，其中应用最广的是 Brodmann 分区。20 世纪初，Korbinian Brodmann 通过分析细胞和组织形态之间的差异，划分出代表某个功能的区域，将大脑皮质大致分成 52 个区域（图 2. 3），不同区域执行不同

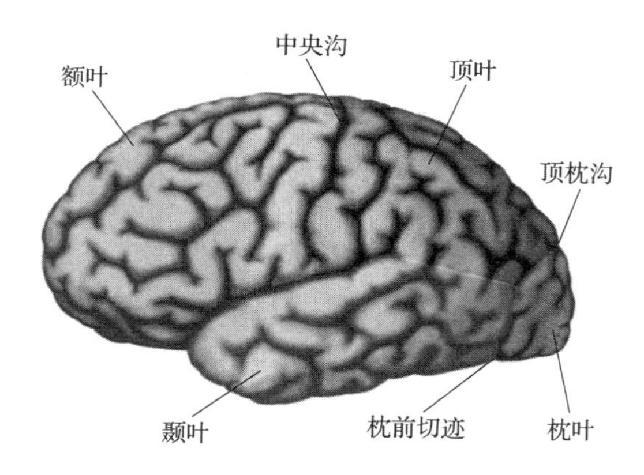

图2.2 左半脑的侧面观（摘自《认知神经科学：关于心智的生物学》[2]）（书后附彩插）

的功能。例如，Brodmann 1 区（即 BA1）表示初级躯体感觉皮层，BA4 是初级运动皮层，BA17、BA18 和 BA19 区与视觉功能相关。

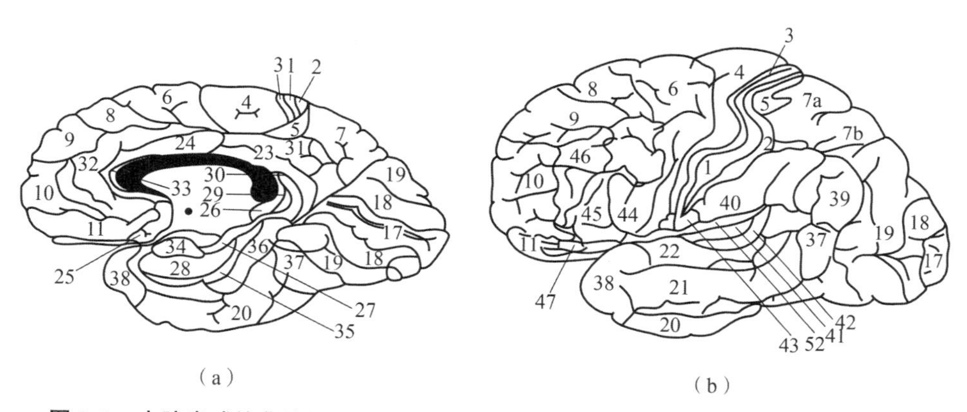

图2.3 大脑半球的背外侧面和内侧面示 Brodmann 分区（摘自《神经解剖学》[3]）

（a）大脑半球的背外侧面；（b）大脑半球的内侧面

此外，通过不同的解剖分层模式，可将大脑皮层分为新皮质、异质皮质和中间皮质。新皮质是人类进化过程中不断扩展的大脑皮质，包含额叶、颞叶、顶叶、枕叶，占大脑皮质体积的90%，一般由六层细胞构成，仅发现于哺乳动物。新皮质参与高级脑功能，如感知觉、语言、认知功能。异质皮质是最古老的大脑皮质，通常仅有一层到四层神经元，包含海马旁回和初级嗅皮层（primary olfactory cortex，也称旧皮层）。中间皮质是新皮质和异质皮质的中间过渡皮质，包括扣带回、海马旁回、脑岛和眶额叶。

上述分区方法是基于解剖形态，另一种方法则为按照脑区功能划分，将大脑皮质按照功能划分为感觉区、运动区和联合皮质三部分。感觉区参与感觉信息接收和处理，分为躯体感觉区、视觉区、听觉区。大脑还接收来自视觉、嗅觉、听觉和味觉等感觉器官的信息。视网膜上的光感受器将光刺激转化为电信号，然后将其发送至枕叶的视觉加工皮层。听觉皮层位于颞叶外侧。顶叶中的躯体感觉皮质位于中央沟后部，围绕着中央后回及其邻近区域（即 BA1、BA2、BA3），这些区域还接收来自丘脑的躯体感觉输入，包括触觉、痛觉、温度感觉等。

运动区负责运动产生和控制，而额叶在运动准备和执行中起到十分重要的调节作用。运动皮质分为初级运动区、运动前区和辅助运动区。初级运动皮层（BA4 区）包括中央沟前部和中央前回的大部分结构，负责计划、控制、运动执行，尤其是与延迟反应有关的动作。辅助运动区和运动前区（均在 BA6 区）执行类似功能，但控制不同的肌群。辅助运动区的轴突直接支配远端肌肉的运动单位，而运动前区主要支配近端肌肉的运动单位。

联合皮质与多种脑功能相关。这些区域接受多类感觉信息，对输入信息进行分析、加工和储存，在感觉输入和运动输出之间起着“联合”的作用，很难将其单纯划分为感觉还是运动。联合皮质参与对形状、物体纹理的识别、身体形象的感知，以及身体各部分之间的关系和位置的感知等；此外还参与大脑高级认知功能，使我们能够有效地互动交流，并支持抽象思维和语言。例如，左侧半球的顶－颞－枕联结中的联合区域对于语言加工十分重要，而右侧半球的对应位置则与注意定向有关。

顶叶中的初级躯体感觉区和次级躯体感觉区接收痛觉、触觉、温度感觉以及本体感觉等信息。味觉区一般位于顶叶的岛盖部和附近的岛叶周围皮质。顶上小叶与对侧肢体的精巧技能性运动有关，实现上下肢运动时的配合。

枕叶是最小的脑叶，处理视觉信息。颞叶包括听觉、视觉和多通道加工区域。听觉性语言区在颞上回后部。颞叶中与语言有关的皮质为 Wernicke 区，与躯体感觉、挺举和视觉的联合皮质有广泛联系，该区域损伤将导致失语症。颞叶还与知觉和记忆功能相关。此外，刺激非听觉性颞叶皮质可引起躯体和内脏的活动。

额叶与躯体运动、语言和高级脑活动（各类认知加工和情绪管理功能）有关。例如，前侧额叶皮质对于中枢神经系统内多个区域之间的协调加工有重要作用。外侧前额叶负责当前知觉信息和已存储知识之间的相互作用，是工作记忆（working memory，WM）的重要成分。内侧额叶与前额叶皮质协同工作，负责监控正在进行的活动，从而调节认知控制程度。此外，内侧前额叶（medial pre－frontal cortex）激活与自我知觉相关。眶额皮质在社会化情境的决策中有十分重要的作用，通过辨认适用于特定情境的准则来帮助人们选择正确的行为。

2.1.2 边缘系统和基底神经节

边缘系统位于丘脑两侧、大脑内侧颞叶下方，参与情绪的感知和产生。1937 年，James Papez 便提出了一个涉及情绪反应的神经系统，即由扣带回、下丘脑、丘脑前核以及海马构成的“经典”的边缘叶（图 2.4）。随后 MecLean 扩展了该系统，加入杏仁核、眶额皮质和基底神经节的部分区域，将其命名为边缘系统。

海马能够短暂存储外界信息，将其传输至皮层，形成对刺激的长期记忆。该区域参与学习、记忆过程，在空间记忆和情境记忆中起着重要作用，在编码新信息和提取信息的过程中被激活。杏仁核是一个杏仁状的核团，位于颞叶内侧，参与情感反应和社会性过程。一系列研究表明，杏仁核是情绪状态表达以及对情绪性刺激产生认知的关键结构，与恐惧性条件反射高度相关，在负性情绪尤其恐惧刺激下激活。杏仁核还参与情绪学习过程，接受感觉系统的刺激。在情绪和记忆交互作用中，杏仁核和海马存在密切的信息交流。杏仁核能够调节海马依赖性记忆的编码和保存。当情绪刺激发生时，海马能够把刺激的情绪意义变成表征，进而影响杏仁核的反应。眶额皮质位于前额叶，是指大脑皮质最前方、额下回后外侧、岛叶后方和直回内侧部的皮质，接受来自背内侧丘脑、颞叶、腹侧被盖区、嗅觉系统和杏仁核的神

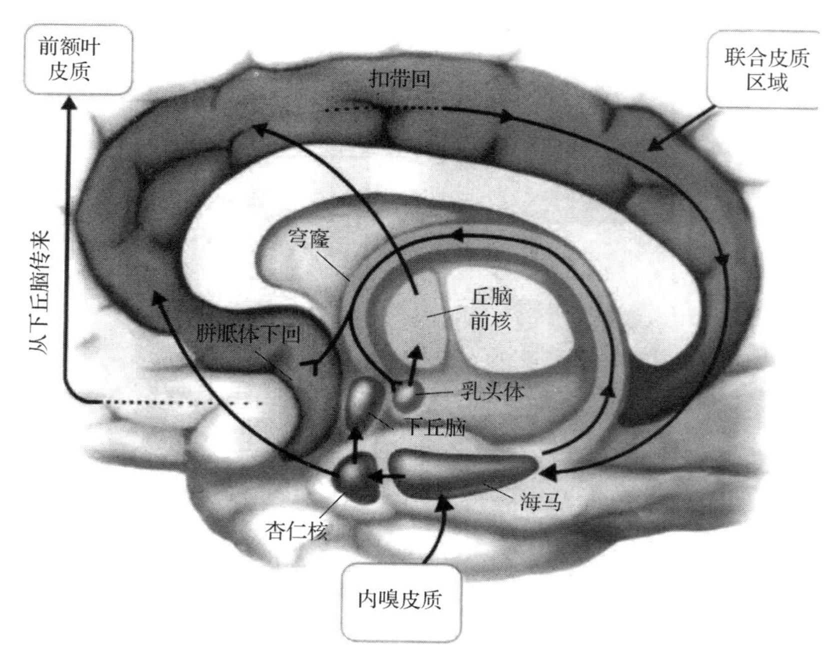

图 2.4　右半球内侧面示意边缘系统的主要联系（摘自《认知神经科学：关于心智的生物学》[2]）（书后附彩插）

经信号输入。眶额皮质参与奖赏功能、情感加工和价值评估等。例如，当识别恐惧面部表情或听到愤怒的语调时，眶额皮质被激活。研究表明，眶额皮质与奖励信息的编码有关，也是在决策过程中对结果进行利弊权衡的重要区域。此外，眶额叶受损还会影响物体视觉分辨转换作业（reversal of visual discrimination task）任务中转换作业的操作能力。

基底神经节是指前脑中的一组皮质下核团，与控制运动、学习记忆、奖赏功能相关，主要包括苍白球、尾状核、壳核、丘脑底核和黑质五部分（图 2.5）。实验表明基底神经节能够控制和调节运动皮层和运动前皮层区的活动，其任何一部分损伤都会影响运动协调性，且不同位置的损伤会造成不同的运动异常。基底神经节对运动功能的调节主要是通过与大脑皮质 – 基底节 – 丘脑 – 大脑皮质环路的联系来实现的。来自皮质的传入纤维主要投射至纹状体。起自纹状体的投射纤维沿着两条通路进行。直接通路起始于 D1 多巴胺受体神经元，投射至苍白球内侧和黑质网状结构的一部分。间接通路则起自含有 D2 多巴胺受体的神经元，经过苍白球外侧部分和丘脑底核，然后投射至苍白球内侧、黑质网状结构和丘脑。丘脑的输出投射再与皮质建立联系，将信号传到大脑皮层，调节机体运动，实现基底神经节对运动功能的调节作用（图 2.6）。正常情况下，直接通路和间接通路相互制约且保持平衡。如果通路中的某个环节或神经递质代谢出现异常，平衡便会打破，导致各种类型的运动障碍，如帕金森病（PD）、强迫症和物质成瘾等。（见 3.5.4 小节）

2.1.3　间脑

间脑位于端脑和中脑之间，主要包含丘脑和下丘脑。丘脑位于间脑背侧，是皮质下区域和大脑皮层之间传递信息的主要结构，被认为是皮层下核团与大脑皮层信息传输的通道

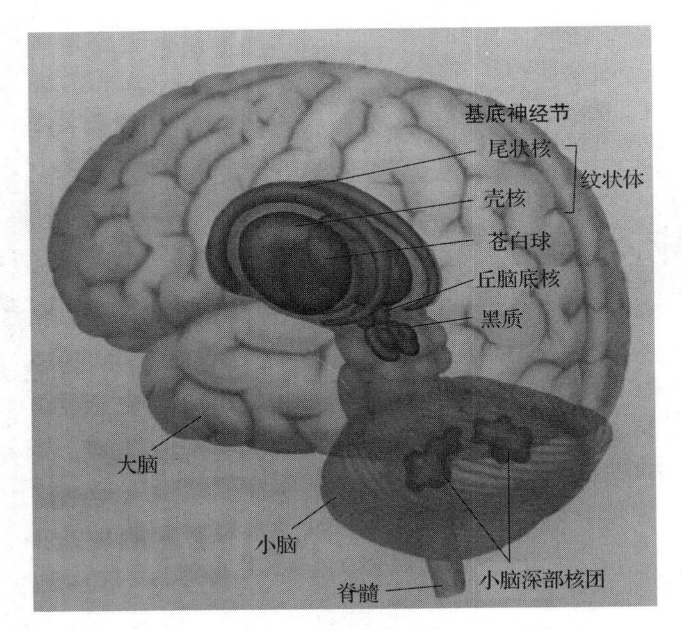

图 2.5　基底神经节（摘自百度图片）（书后附彩插）

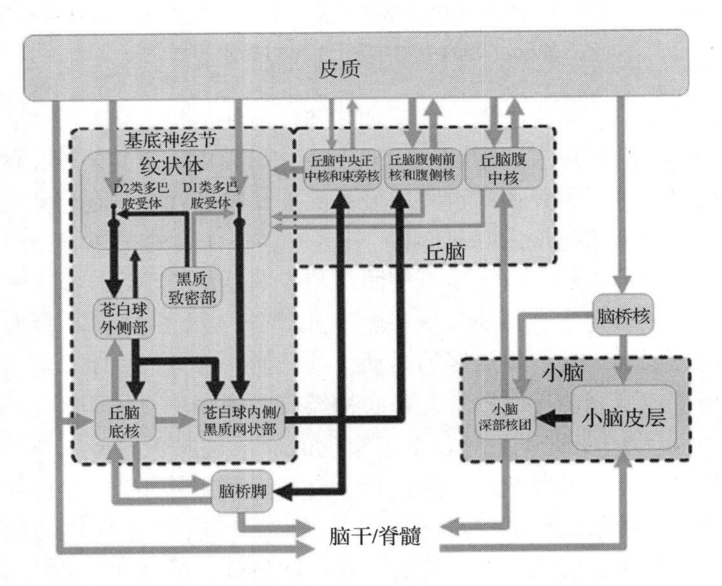

图 2.6　基底神经节通路（摘自 Wichmann 2019[4]）

（图 2.7）。丘脑向大脑皮层传递各类感觉信号，调节意识水平、睡眠和警觉性等多种功能。丘脑内不同核团负责处理不同类型的感觉信息输入，接收感觉信号并将其发送至相关功能的初级皮质区域。例如，来自视网膜的信息被发送到丘脑外侧膝状核，而丘脑外侧膝状核又将视觉信息传输至枕叶视觉皮质。与之相似，内侧膝状核（medial geniculate nucleus，MGN）在中脑下丘和初级听觉皮层之间传递听觉信息。丘脑腹后侧核团则是躯体感觉传递中枢，其将触觉和本体感受信息传递给初级躯体感觉皮层。除了将感觉信息传输至皮层，丘脑还与基底神经节、新皮质以及内侧颞叶之间进行双向信息传导，参与多种高级认知和情感功能[5]。

下丘脑位于丘脑下方，包括位于第三脑室底部的一些神经核团及神经束，通过垂体将神经系统与内分泌系统连接起来。下丘脑可以合成和分泌某些神经激素（又称释放激素或下丘脑激素），这些激素反过来刺激或抑制垂体激素的分泌。释放激素产生于下丘脑核，沿着轴突运输到正中隆起或垂体后叶，根据人体需要储存和释放激素。此外，下丘脑还负责自主神经系统的其他功能，参与调动机体应激反应。例如，当人受到惊吓时，下丘脑协调躯体本能的应激反应，调节自主神经系统，促使心率上升、骨骼肌供血增加。而在休息时，下丘脑调节自主神经系统，在确保脑的营养基础上增加肠胃蠕动，促使血液进入消化系统。此外，下丘脑还具有控制体温、饥饱、依恋行为、口渴、睡眠和调节昼夜节律等功能。

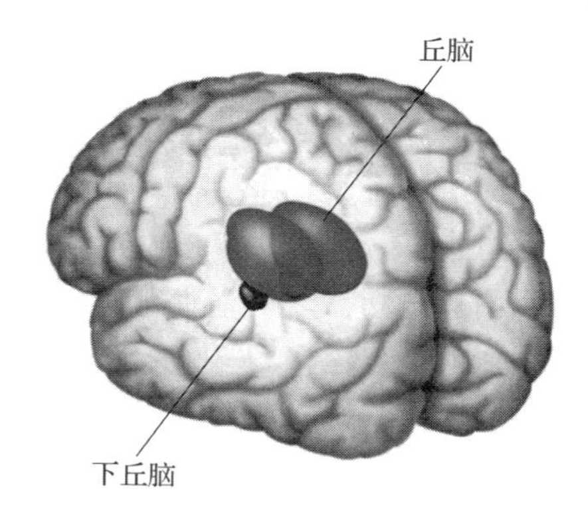

图 2.7　丘脑和下丘脑解剖（摘自《认知神经科学：关于心智的生物学》[2]）

2.2　小　　脑

小脑，顾名思义为小的大脑，为覆盖于脑干结构上部、处于脑桥水平位置的一块神经结构。小脑虽然只占大脑总重量的10%，但其包含的神经元和回路比大脑的其他部位都要多。小脑内有几个重要的组成部分，包括小脑皮质、4 对深层核团以及内部的白质（图 2.8）。小脑能够调节运动控制，维持身体平衡，还参与一些认知功能，如注意力和语言等。

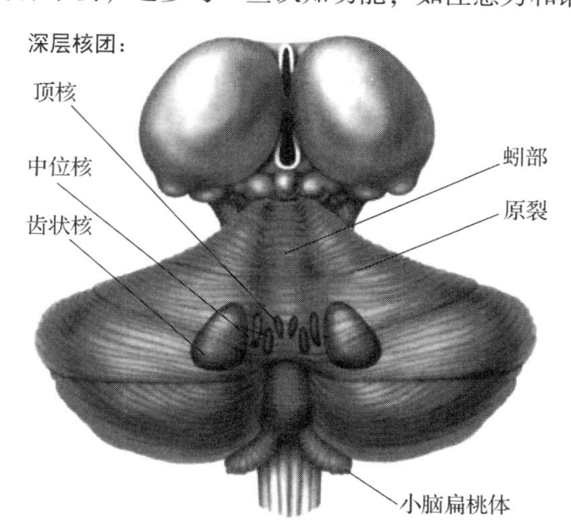

图 2.8　小脑背侧观的大体解剖（摘自《认知神经科学：关于心智的生物学》[2]）

目前对小脑了解最多的是运动功能。小脑并不直接控制运动，而是整合有关身体和运动指令的信息并调节运动。大脑皮质发送向肌肉的运动信息和执行运动时来自肌肉、关节等的信息均可传入小脑。小脑对传来的神经冲动进行整合，并通过传出纤维调整和纠正肌肉运动，从而协调运动行为。因此，当小脑受损时，运动的大小和方向会变得不稳定，常引起运动症状，具体表现取决于小脑的受损部位及受损方式。例如，小叶的损伤可能导致平衡的丧失，特别是由于平衡困难而改变的不规则的步态。外侧区域的损伤通常会导致自主和计划动作出现问题，从而导致运动力量、方向、速度和动作幅度方面的错误。中线部分的损伤可能会破坏整个身体的运动，而偏向外侧的损伤更有可能破坏手部或四肢的精细运动。小脑上部的损伤容易导致步态障碍和其他腿部的协调问题，而下部损伤更有可能导致手的不协调或目标不明确的运动，以及运动速度方面的问题。

2.3 脑　干

脑干位于大脑后部，自下而上由延髓（medulla）、脑桥（pons）和中脑（mesencephalon，又称 midbrain）组成，延髓部分下连脊髓，延髓和脑桥共同构成后脑（hindbrain）（图 2.9）。

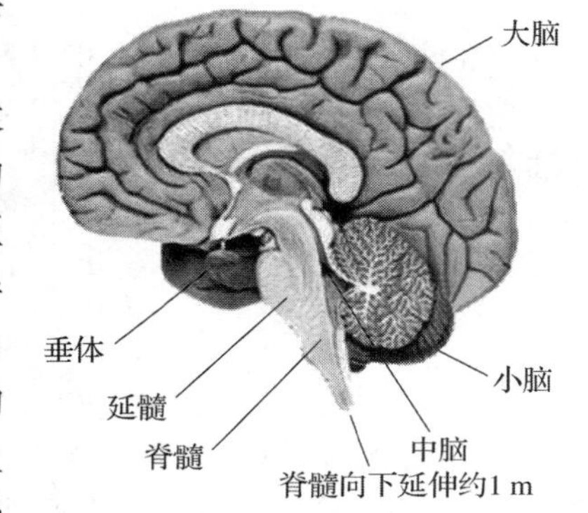

图 2.9　脑干、小脑及脊髓

（摘自百度图片）（书后附彩插）

从脊髓到延髓、脑桥、中脑、间脑、大脑皮质，大脑结构和功能变得越来越复杂，但并不意味着脑干的功能仅仅是辅助性的。相反，脑干损伤是非常严重，甚至会危及生命的问题。脑干有三个主要功能。第一，传导作用。所有从身体传递到大脑和小脑的信息（反之亦然）都必须经过脑干。在整个神经系统参与运动控制的结构中，脑干处于脊髓以上中枢结构的最底部，起着“承上启下”的作用。除皮质脊髓束外，其他对脊髓中间神经元和运动神经元有运动控制影响的下行通路都起源于脑干。第二，部分颅神经起源于脑干。这些颅神经分布于面部、头部和内脏。第三，脑干具有控制心血管系统、呼吸、疼痛、警觉性、意识等与生命相关的功能，其损伤大多是致命的。

2.3.1　延髓和脑桥

延髓位于大脑最下部，与脊髓相连，是一个锥形的神经元团块。延髓包含心脏、呼吸、呕吐和血管舒缩中枢，负责从呕吐到打喷嚏等无意识的自主功能。延髓包含具有感觉和运动功能的神经元。听觉神经元的轴突传递听觉信息，与延髓的蜗神经核形成突触，蜗神经核向大脑的其他结构投射突触。此外，延髓腹侧面有两对非常重要的核团（薄束核和楔束核），是从脊髓上行的躯体感觉信息的最主要的中继站，两个核团和内侧丘系交叉，将来自身体对侧的本体感觉和精细触觉冲动上传至背侧丘脑与大脑皮质。血管栓塞（如脑卒中）会损伤锥体束、内侧丘状肌和舌下核，导致内侧髓质综合征。进行性延髓麻痹是一种侵袭供应延髓肌肉的神经疾病，是儿童期发生的进行性延髓麻痹。

脑桥是脑干的一部分，位于中脑和延髓之间，小脑的前方。脑桥主体由大量神经束及其中散布的脑桥核团组成，这些神经纤维是从皮质到脊髓、脑干以及小脑区域投射的延续，到了脑桥后变为更小的围绕着脑桥核团的神经束，一部分继续向其终点走行，另一部分则止于脑桥区域的核团。脑桥损伤往往会引发一些综合征，如 millard - gubler 征，若梗死发生在腹侧脑桥，损伤到皮质脊髓束纤维、面神经及展神经纤维，则引起同侧面神经瘫，有时还会出现展神经瘫和对侧肢体偏瘫。

2.3.2　中脑

中脑包括顶盖、被盖和腹侧部分。顶盖由上丘和下丘的成对结构组成，是脑导水管的背盖部。下丘是听觉通路的主要中脑核，接收来自几个外周脑干核以及听觉皮层的信息输入。下丘臂到达后丘脑的内侧膝状核。上丘与特殊的视觉功能有关，并将其上臂送至后丘脑的外侧膝状体。

接着，我们将介绍部分中脑的内部结构。导水管周围灰质区中含有多种参与疼痛脱敏通路的神经元。此区域的神经元突触受到刺激时，会激活中缝核中的神经元，这些神经元投射到脊髓的灰柱中，阻止痛觉的传递。红核是一个运动核，它向较低的运动神经元发送下行通道。黑质致密部是中脑腹侧部分神经元集中的部位，黑质细胞富含黑色素，是脑内合成多巴胺的主要核团，多巴胺参与运动和奖赏功能，其合成减少与帕金森病有关。脑干中央有网状结构，网状结构由许多错综复杂的神经元合成，主要功能是控制觉醒、注意、睡眠等不同层次的意识状态。

2.4　脊　　髓

脊髓是由神经组织构成的细长管状结构，从脑干的延髓延伸到脊柱的腰椎。包围着脊髓的中央管，内含脑脊液。脑和脊髓共同构成中枢神经系统。脊髓的功能主要是将神经信号从运动皮层传递给身体，以及从感觉神经元的传入纤维传递给感觉皮层。脊髓是脊柱间神经元群的位置，这些神经元群构成了被称为中枢模式发生器的神经回路。这些神经回路负责控制节奏性运动的运动指令，如走路。它也是协调多种反射的中心，包含躯体反射和内脏反射。此外，脊髓前角细胞对于所支配的骨骼肌具有神经营养作用，前角细胞的损伤可导致其支配的肌肉发生萎缩。前角细胞对于躯体骨骼亦有营养作用，前角细胞受到损伤后，由受损节段所支配的骨骼将会出现骨质疏松等现象。

脊髓损伤可由脊柱损伤引起（拉伸、挫伤、施加压力、切断、撕裂等）。椎骨或椎间盘可能会碎裂，导致脊髓被锋利的骨头碎片刺穿。通常，脊髓损伤的受害者会在身体的某些部位失去感觉。轻者可能只会失去手或脚的功能，重者可能导致截瘫、四肢瘫痪或脊髓损伤部位以下的全身瘫痪。脊髓上运动神经元轴突的损伤会导致典型的同侧缺损，包括反射亢进、张力亢进和肌无力等症状。下运动神经元受损可导致肌张力下降、反射功能下降和肌肉萎缩。此外，脊髓损伤可引起脊髓休克和神经源性休克。脊髓休克是一种感觉和运动功能的暂时缺失，仅持续 24～48 小时。神经源性休克持续数周，受伤部位下方的肌肉因长期得不到伸缩，可导致肌肉张力丧失。脊髓损伤最常见的两个区域是颈椎（C1，C7）和腰椎（L1，L5）。脊髓损伤也可以是由疾病引起的非创伤性的，如横断面脊髓炎、脊髓灰质炎、脊髓肿瘤、椎管狭窄等。

2.5 自主神经系统

脑和脊髓以外的神经系统称为外周神经系统，分为躯体外周神经系统和自主神经系统（也称内脏外周神经系统）。外周神经系统的主要功能是将中枢神经系统信号传输到四肢和器官，在大脑、脊髓和身体其他部分之间起着中介作用。与中枢神经系统不同，外周神经系统不受脊柱和颅骨的保护，也不受血脑屏障的保护，其易受到毒素和机械性的损伤。

其中的自主神经系统由支配内脏器官、血管和腺体的神经元组成，通过控制无意识反应来调节生理功能（图2.10）。大脑和脊髓通过神经节神经元与具有平滑肌的器官连接，如心脏、膀胱和其他与心脏、外分泌和内分泌有关的器官。自主神经活动最显著的生理效应是瞳孔收缩、扩张和唾液分泌。

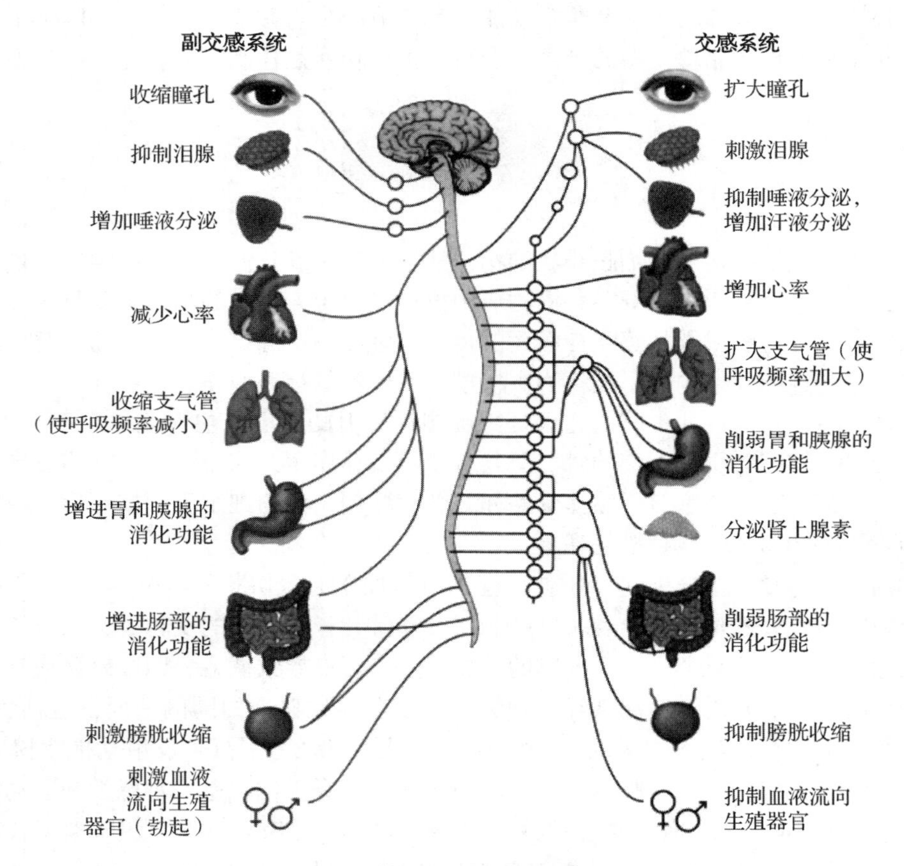

图2.10 自主神经系统的结构（摘自《认知神经科学：关于心智的生物学》[2]）

ANS分为交感系统和副交感系统两个部分。ANS总是处于激活状态，但二者不会同时激活，要么处于交感神经兴奋状态，要么处于副交感神经兴奋状态。交感神经系统在遇到精神压力或威胁性刺激时活动加强。交感神经兴奋时，去甲肾上腺素和肾上腺素等神经递质被释放，增加心率和肌肉的血流量，同时降低与应激应对过程不相干的系统的活动，如消化系统。副交感神经系统主要利用神经递质乙酰胆碱作为中介，促使身体在休息和消化状态下的功能维持。因此，当副交感神经系统支配身体时，消化系统活动增加，而心率和其他的交感神经反应减少。与交感神经系统不同，副交感神经系统中参与一些自主控制功能，如排尿和排便。这两个系统通常以拮抗的形式共同作用，促进与维持人体的正常功能。

2.6　神经可塑性

神经可塑性是一个持续的过程，支持神经突触的短期、中期和长期重建，以优化大脑网络功能。可塑性起着至关重要的作用：①在发育过程中，神经系统的可塑性允许其改变自身的形式，包括细胞类型、细胞位置以及细胞之间相互联结的方式；②在个体发育过程中，学习会诱发大脑回路中神经元间突触强度的变化；③另一种可塑性发生在脑损伤之后，指的是损伤后的外周或中枢神经系统在功能重塑基础上部分或完全的功能恢复；④可塑性机制可以稳定大脑动态功能，以维持系统功能的稳态塑性。

2.6.1　神经可塑性机制

目前研究者已经提出一些可塑性假说。从微观层面，神经可塑性机制可以归纳为两点。第一，重复的神经冲动改变突触传递过程：突触前膜的持续刺激对突触后神经元影响的增加或减少。在记忆形成过程中，这种依赖于活动的突触可塑性是在适当突触的水平上被诱导的。突触可塑性主要包括两种模式：①长时程增强（LTP）：LTP 是海马中发现的一种机制，即在短时间内快速重复高频刺激，突触传递效率长时程增强；②长时程抑制（LTD）：与 LTP 相反，LTD 指长时间内重复低频刺激，突触传递效率长时程降低。LTP 强化记忆的形成，而 LTD 对记忆内容进行选择、确信、核实，二者相互影响，调节学习和记忆功能。第二，大脑中神经元和神经胶质细胞的表型变化能够影响其可塑性。体外实验和在动物上均可以观察到树突棘和轴突的生长或神经突触发生。皮层接受域的经验依赖可塑性伴随着突触更新而增加，这表明经验驱动突触的形成和消除，这些变化可能是神经回路自适应重构的基础。脑损伤可能激发突触可塑性机制，树突棘的数量、大小和形状在损伤后可以发生迅速变化，以促进功能恢复。生长因子和神经营养因子的参与也可能引起可塑性。轴突可以自发再生和伸长，然而在神经元受损后细胞外环境中的或与髓鞘相关的分子将会抑制这种轴突生长。神经胶质参与控制突触的数量。星形胶质细胞表现出高度的表型可塑性。在神经元迁移、成熟和退化过程中，星形胶质细胞的形态发生了明显变化，表明星形胶质细胞必须不断适应大脑环境的变化[6]。

大脑微观层面的变化能够引起宏观尺度上的功能重组，导致大脑功能可塑性。例如，由于功能区域的动态组织，在同一区域内同一功能可能由多个皮层区域执行（功能冗余），当涉及主要功能的部位受损时，可以通过相邻部位的参与得到补偿。这些皮质与受损区域位于同一区域，损伤后通过代偿机制产生局部超兴奋性。再如，当病变中区域内的再分布不足以恢复功能，则由同一功能网络的其他区域进行代偿。当能够参与功能恢复的单峰联合区受到损伤时，背外侧前额叶或顶叶皮质等异峰联合区也可能进行补偿。

神经可塑性机制还尚未完全明了，是神经科学研究的重要领域，希望在不久的将来能够更清楚地认识神经可塑性机制。

2.6.2 人脑可塑性

大脑的可塑性贯穿人的一生，部分实验现象表明人脑的可塑性非常强。以 M1 区为例，按照解剖学、神经化学和功能，M1 区被细分为 4 个前区和 4 个后区，当运动过程中需要更高的注意力控制时，后区更容易激活。M1 区域中的一些皮质部位可能与肌肉运动相关，而其他部位可能与姿势和更复杂的动作相关，尤其双手动作。肌肉和运动的皮层表征可能组成嵌合体，促进学习过程中 M1 区的内在重塑。针对技能学习的神经成像研究也证明了这一点。在邻近位点观察到扩大的激活，以促进获得新的运动序列。初级感觉运动区除了复杂的运动控制功能外，还参与认知功能、运动技能学习、心理意象和计算。

人类大脑存在可塑性，探讨脑损伤、学习和训练某项任务时大脑皮层结构和功能可塑性变化是脑可塑性研究的重要方向。脑可塑性研究在一定程度上说明大脑的某些功能在成年后仍然可以通过学习和训练习得。然而，学习是如何引起脑活动状态变化的，大脑皮层功能的变化与脑内神经元、突触之间存在怎样的联系，脑发育的关键期和可塑性的关系等一些更深入的问题，目前还不太清楚，这也是将来研究需要阐明的问题。

2.6.3 基于神经可塑性的治疗

目前以改善神经可塑性为作用的治疗主要包括药物治疗、认知行为训练、物理调控等，以下我们简要介绍这几种治疗[7]。

1. 药物治疗

改善神经可塑性是中枢神经系统药物的重要机制。在此我们来列举一些药物改善神经可塑性的例子。比如，作为镇静催眠药的苯二氮䓬类药物，其作用的突触 $GABA_A$受体和突触外 $GABA_A$受体的调节剂（THIP 和神经甾体）可以诱发腹侧被盖区多巴胺能神经元的可塑性。作用于突触和突触外 $GABA_A$受体的药物均可抑制中脑腹侧被盖区的 $GABA_A$能中间神经元，激活中脑腹侧被盖区多巴胺能神经元，由此抑制和诱导谷氨酸能神经的突触可塑性。乙酰胆碱酯酶抑制剂（IAChE）主要用于治疗痴呆，可以缓解与记忆问题相关的胆碱能阻滞，促进海马的长期记忆巩固，诱导海马 LTP。美金刚是另一种用于治疗阿尔茨海默病（Alzheimer's disease，AD）的药物。作为对该通道具有中等亲和力的非竞争性 NMDAR（N－甲基－D－天冬氨酸受体）拮抗剂，美金刚调节神经元的钙内流。美金刚对 NMDAR 的中等亲和力使它们能够恢复生理水平的通道激活。美金刚用于阿尔茨海默病患者，被认为能够保护神经元，改善学习和记忆缺陷。

2. 认知行为训练

临床上常使用认知行为训练改善脑功能。康复治疗旨在改善患者的功能和生活质量。利用活动依赖（activity－dependent）的神经可塑性进行特定功能的康复可以使康复效果最大化。这一原理可以应用于不同的功能，如运动控制、语言和认知。关于脑卒中后运动恢复的临床试验表明，训练强度对于功能的长期改善至关重要。在利用啮齿动物和非人灵长类动物模型对训练效果的研究进一步表明，运动拓扑的可塑性是功能改善的关键机制。对存在言语及阅读障碍的儿童使用康复训练便是一个很好的例子。具有这类功能障碍的儿童即便在智力正常的情况下，也存在阅读和写作方面的困难。在训练早期，快速变化的语音通过放大和重复播放来消除言语歧义。结果表明，经过训练后，孩子们的自然语言理解能力有了很大提高。越来越多的证据表明，针对特定任务的训练项目也可能有助于改善老年人的认知功能。此外，有研究发现，利用视频游戏的计算机化程序可以改善视觉感知缺陷，以及与年龄相关的认知功能退化。如何将一个认知领域的特定任务训练推广到更广泛的功能领域是另一个研究热点。

3. 物理调控

物理调控技术主要包括有创和无创两大类，其改善脑功能的机制均是基于对神经可塑性的调节。脑深部电刺激是主要的有创神经调控技术，采用对特定神经结构（例如，帕金森病中的丘脑底核或苍白球）进行刺激电极慢性植入的治疗方式。研究表明，对特定核团进行手术损伤可以缓解震颤和运动迟缓的症状，这与电刺激对运动功能相关脑区功能的抑制有关。深部电刺激已被批准用于治疗顽固性震颤、帕金森病和其他的运动障碍。人们还在积极研究将其用于治疗抑郁症和其他精神疾病。

无创神经调控技术包含经颅电刺激（transcranial electric stimulation，tES）、经颅磁刺激（transcranial magnetic stimulation，TMS）等。经颅电刺激将微弱电流从头皮传输向颅内皮层区，而经颅磁刺激将磁物理能量传输至脑内，二者通过影响特定皮层区兴奋性纠正脑功能紊乱，目前已被广泛用于治疗神经精神疾病，本书第 9 章将详细阐述。

2.7 小　　结

神经系统是机体调节生理活动的主要系统，本章简要介绍了神经系统的结构组成及各部分功能，并且介绍了对于调节脑功能至关重要的神经可塑性机制。理解神经可塑性的病生理机制，更好地调节神经可塑性，可为神经精神疾病患者的功能恢复和生活质量改善开辟新的途径。

参 考 文 献

[1] BEAR M F, CONNORS B W, PARADISO M A. Neuroscience: exploring the brain [M]. 3rd ed. Baltimore, MD: Lippincott Williams & Wilkins, 2007.

[2] GAZZANIGA M S, IVRY R B, MANGUN G R. 认知神经科学：关于心智的生物学 [M]. 北京：中国轻工业出版社，2011.

[3] 李云庆. 神经解剖学 [M]. 西安：第四军医大学出版社，2006.

[4] WICHMANN T. Changing views of the pathophysiology of parkinsonism [J]. Movement disorders, 2019, 34 (8): 1130 - 1143.

[5] SHERMAN S M, GUILLERY R W. Exploring the thalamus and its role in cortical function [M]. Cambridge: MIT Press, 2009.

[6] DUFFAU H. Brain plasticity: from pathophysiological mechanisms to therapeutic applications [J]. Journal of clinical neuroscience, 2006, 13 (9): 885 - 897.

[7] GANGULY K, POO M M. Activity - dependent neural plasticity from bench to bedside [J]. Neuron, 2013, 80 (3): 729 - 741.

第 3 章

脑与认知神经科学

认知是指通过思想、经验和感觉获得和理解知识的心理过程，是最基本的心理过程，包括感知觉和智力等多方面，如注意力、知识形成、记忆、判断和评价、推理和计算、问题解决和决策指定、理解和语言的产生，均为认知的范畴。知觉通常由视觉、听觉、嗅觉、触觉和味觉五种感觉整合而成，它们互相协调，构成认知功能的基础。本章将在介绍听觉、视觉和躯体感觉工作机制的基础上，对学习与记忆、情绪、注意等高级认知功能进行介绍。

3.1 视　　觉

在大脑能够完成的众多极为复杂的功能中，视觉系统扮演着重要角色。人类所感知的外界信息中有 80% 来自视觉。利用视觉系统，人们能够从客观世界的杂乱场景中抽取像素及空间信息，分析感兴趣目标或区域，形成对场景内容的理解和认识。因其信息量大、利用率高，视觉在人类所有认知方式中占据着主导地位。

3.1.1 视网膜

眼睛是生物提供接收和处理视觉信息的结构。眼睛能够探测到环境中由物体发射或者反射的光，角膜折射光线，晶状体进行适应性调节，使光线聚焦在视网膜上。改变瞳孔直径能够改变进入眼睛的光。当光线通过角膜和晶状体聚焦，图像会被反转，然后通过充满眼腔的玻璃体到达视网膜，视网膜神经元进而对光线进行处理，形成视觉。

视网膜最里面的一层存在数百万的感光细胞，细胞内对光敏感的视色素吸收光，触发光感受器膜电位的变化，将外界视觉信息转化成大脑能够处理的视觉神经信号。感光细胞可以分成视杆细胞和视锥细胞两大类。视杆细胞具有长长的筒状外段，其中包含大量膜盘，对光敏感性高，主要在昏暗的光线下进行感知，并提供黑白视觉。视锥细胞则拥有一个稍短的锥形的外段，其中含有的膜盘数也相对少，在光线充足的条件下发挥作用，负责感知颜色以及用于阅读等任务所需的高灵敏度视觉。因此，在夜间照明或暗视情况下，只有视杆细胞在视觉中起作用。相反，视锥细胞在日间或明视情况下活动更强。另外，视杆细胞中都具有同样的视色素（视紫红质），而视网膜上有三种含有不同色素的视锥细胞（红、绿、蓝视锥色素）。视锥细胞的视色素差异可以引起不同波长的光敏感，从而促进色觉。

视网膜的中央凹和周边结构存在差异。视杆细胞和视锥细胞的分布不均匀。一般来说，相较于视锥细胞，视网膜较外周区域中视杆细胞的比例更高，使得周边区域对光更敏感。几乎所有的视锥细胞都分布在中央凹。例如，当一个带颜色的物品从头部的一侧移到视野中央时，最先能分辨出物品和形状，继而识别出颜色。

3.1.2　视觉的中枢神经通路

在视网膜上将视觉信息进行汇集，通过双极细胞传至神经节细胞（视网膜的传出细胞）。许多神经节细胞轴突形成一束视神经，神经节细胞是视网膜的唯一输出细胞。通过视神经，视觉信息被传递到中枢视觉系统。在视网膜中视神经节细胞的数量远远少于感光细胞，因此通过视神经传递的信息是对视觉信息的精细汇聚，这也表明大脑的高级视觉中心是高效的处理器，能够从压缩的视觉信息中恢复视觉信息的细节。

双眼视神经交叉的地方称为视交叉。在这个位置，来自视网膜鼻侧纤维的交叉使得外部环境的视觉信息投射到对侧的大脑中。也就是说，左视野中接受的视觉信息投射到右侧大脑半球中进行加工处理，而右视野中的信息将投射至左侧大脑半球。

携带视觉信息的视神经中，超过 90% 的轴突与丘脑背侧的外侧膝状体核（lateral geniculate nucleus，LGN）形成突触连接，构成视网膜－膝状体通道。剩余 10% 的纤维则投射到其他皮质下结构，如中脑的上丘、枕核。需要注意的是，虽然 10% 可能在一个投射中并不算多，但由于人类视神经十分丰富，10% 可能就与猫的视网膜神经节细胞总数相当（图 3.1）。

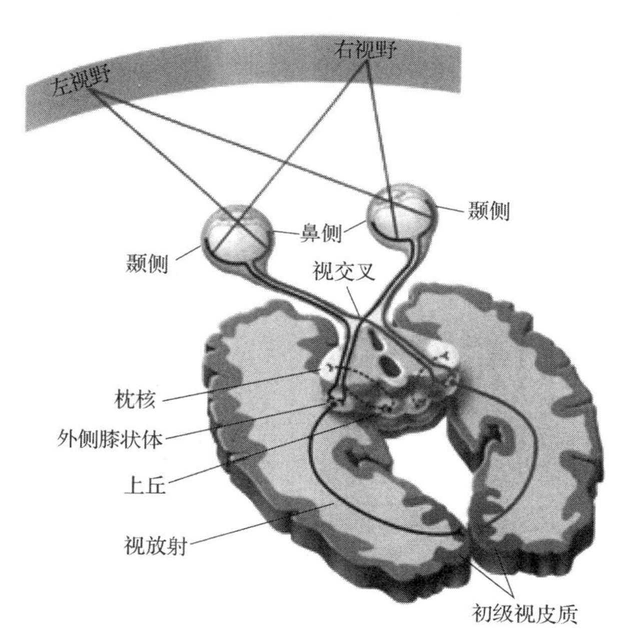

图 3.1　视觉系统的初级投射通路（摘自《认知神经科学：关于心智的生物学》[1]）（书后附彩插）

经外侧膝状体传输的视信息几乎全部投射至枕叶的初级视皮质（primary visual cortex，V1 区），与高级视皮质 V2、V3 区以及位于枕叶、颞叶和顶叶中更高级的视皮质相联系，称为膝状体－皮质通路，这一通道是视觉形成的主要通道。

3.1.3　视觉加工机制

外侧膝状体核轴突最初的投射区是初级视皮质，也就是解剖定义上的纹状区，是肉眼可见的一条清晰的条带（“纹状”由此而得），在 Brodmann 分区中定义为 BA17，是大脑视觉区中研究最多的皮质。与外侧膝状核和上丘一样，每个大脑半球的初级视觉皮质只接收来自视野对侧半部分的信息。相邻的纹区外皮层特和视觉相关。紧邻 V1 的脑区称为 V2（BA18），能够接受来自 V1 的输入。对纹区外视区（V2～V5）的确切边界，生理学家和解剖学家使用的标准往往不同。

目前，已知有两层视觉信息处理通路：其一是自初级视皮层由背侧延伸向顶叶的背侧通道，即 where 通道，负责对运动视觉、空间方位等信息的分析。视觉信息从 V1 区，经过次级视皮层 V2 区、V3 区，中颞叶区及后顶叶皮层，最后到达背外侧前额叶。其二由腹侧投射至颞叶，称为腹侧通道，即 what 通道，负责对物体的辨认。该通道通过 V1、V2、V4 区，以及下颞叶皮层，到达腹外侧额叶前部。

视觉通路上各个层次的神经细胞，由简单到复杂，所处理的信息分别对应于视网膜上的一个局部区域，层次越深，涉及的区域就越大。而在各个层次内部，信息则是并行处理的，在同一个层次内的神经元往往具有相似的感受野形状和反应特性，并完成相似的功能。然而，大脑对外界信息并非一视同仁，而是表现出特异性。这是由于大脑能够存储信息的容量远远低于感受系统可以提供的信息总量，在视觉系统中尤为突出。在此情况下，要实时处理全部信息是不可能的，视觉系统只能有所选择地对一部分信息进行处理。另一个原因在于，对观察者来说，并非全部的外界环境信息都重要，所以大脑只需要对部分重要的信息做出响应并进行控制，这种特异性称为神经系统的注意机制。

3.1.4 视知觉缺陷

视觉系统的正常功能是感知、处理和理解周围环境所必需的。在感知、处理和理解光输入方面的困难可能会对个人日常交流、学习和完成日常生活的能力造成负面影响。

研究表明新生儿对颜色的感知有限，74% 的新生儿能辨别红色，36% 的新生儿能辨别绿色，25% 的新生儿能辨别黄色，14% 的新生儿能辨别蓝色。视网膜和大脑中调节视力的神经细胞在婴儿中尚未发育完全。在儿童期，视觉的深度感知、焦点、跟踪和其他方面都在不断发展。国外的一些研究证据表明，学龄儿童在户外自然光下暴露的时间长短可能对其是否出现近视有一定影响，这种情况在儿童期和青少年期变得更明显，在成年后会稳定下来。部分儿童的近视和散光为遗传所致。视力是通常受到衰老影响的感官。随着年龄增长，晶状体会发生许多变化。例如，随着时间的推移，晶状体会变黄，最终可能变成褐色，这种情况被称为“暗发性白内障”或“暗发性白内障”。虽然晶状体变黄的原因有很多，但长期暴露于紫外线和老化是两个主要原因。此外，老花眼也是老年人常见的眼部疾病之一，表现为远视，其晶状体灵活性减弱，降低了眼睛适应能力，导致不能适应正常的阅读距离，焦点往往在远距离保持固定。

青光眼是一种从视野边缘向内发展的失明，可能导致视野狭窄。该病通常涉及视神经外层，有时是由于积液和眼睛压力过大造成。盲点是一种失明，它会在视野中产生一个小盲点，通常由初级视觉皮质损伤引起。同侧偏盲是指视野的整个同侧损伤，通常由初级视皮质损伤造成。面孔失认症又称脸盲症，这类病人的面部识别功能受到损害，而其他视觉过程并未受到影响，与梭状回受损密切相关。

3.2 听　　觉

听觉在我们日常生活中扮演着重要角色。当我们不能看到一个物体时，往往可以通过听觉识别出它的存在、辨别它的细节，甚至接收来自它的信息。此外，我们有能力区分一系列不同寻常的声音，从复杂的交响乐，到温暖的谈话，到沉闷的轰鸣声的体育场。信息从耳蜗流向耳蜗核（cochlear nucleus），从耳蜗核发出的信号通过一系列相互联系紧密的中继核向上传递到脑干。脑干具有声源定位和抑制回声的作用。大脑皮层听觉区进一步分析听觉信息，解构复杂的声音信息，如说话。本节主要讨论大脑如何分析声音，并概述目前治疗听觉受损的方法。

3.2.1 听觉系统

人类听觉系统有三个主要组成部分，包括外耳、中耳和内耳。

外耳组成部分是耳郭，这是软骨支撑的皮肤的突出褶皱。耳郭能够有效地捕捉声音，将其通过外耳道聚焦在鼓膜上。耳郭的波纹状表面能够收集不同频率的声音，当它们来自头部不同但特定的位置时，听觉效果最好。大多数哺乳动物的外耳具有不对称性，声音在进入耳朵的过程中会根据其来自的垂直位置而受到不同程度的过滤。外耳道在鼓膜或鼓膜处结束，鼓膜为直径约 9 mm 的薄隔膜，当声波到达鼓膜时，会随着声波的波形而振动。

中耳由位于鼓膜内侧的一个充满空气的小腔室组成。在这个腔体内有 3 根最小的骨头，统称为听小骨，包括锤骨（malleus）、砧骨（incus）和镫骨（stapes），它们由关节连成一串，称作听骨链。听小骨有助于将振动从鼓膜传递到内耳，即耳蜗。镫骨通过卵圆窗将声波传输到内耳，卵圆窗是一层可弯曲的膜，将充满空气的中耳与充满液体的内耳分隔开来。圆窗是另一种可弯曲的薄膜，用来缓冲声压。附着于听小骨的两块肌肉包括镫骨肌和鼓膜张肌，能够防止强声波损伤内耳。声波就是经过外耳道振动鼓膜，推动听骨链，最后通过镫骨底板，经卵圆窗传到内耳。

相较于外耳和中耳，内耳的结构十分复杂而且精密，分为半规管、前庭和耳蜗三部分，其中耳蜗是听觉的主要部分，与听神经协同作用共同将声音信号传入大脑听觉中枢。内耳有一系列管道和腔隙，分为前庭阶、中阶和鼓阶。前庭膜将前庭阶和中阶分开，基底膜将中阶和鼓阶分开。在耳蜗底部，前庭阶和卵圆窗接触，而鼓阶与圆窗接触。在前庭阶和鼓阶中的液体称为外淋巴液，中阶内充满内淋巴液。位于基底膜上的是含有听觉感受神经元的科蒂氏器官（organ of Corti），其中包含的毛细胞是初级听觉感受器。当收到来自中耳声波的传播时基底膜振动，导致毛细胞的膜电位发生变化并释放神经递质，使得支配毛细胞的听觉神经产生兴奋和冲动，将声音信息传到听觉中枢。通过这个过程，声音信息从机械信号转化为神经信号。

来自耳蜗的声音信息通过听神经传到脑干耳蜗核，接着被投射到中脑顶盖的下丘（inferior colliculus）。下丘整合听觉输入和大脑其他部分的输入，参与潜意识的反射，如听觉惊吓反应。下丘依次投射到丘脑的内侧膝状核。作为中继站的丘脑将声音输出信息投射到位于颞叶上部的初级听觉皮层（primary auditory cortex，A1 区）。声音被认为首先是在初级听觉皮层有意识地感知到的。初级听觉皮层周围是 Wernickes 区，负责解释声音，是理解口语单词所必需的区域。

此外，我们需要注意的是：①除了上文所提的投射外，还有其他投射和脑干核团参与听觉感知与传输。例如，下丘不仅将轴突投射至 MGN，同时也投射至上丘，听觉和视觉信息在上丘整合，然后传输至小脑。②听觉通路具有较强的反馈。比如，脑干神经元轴突与外毛细胞接触，听皮层借助轴突将听觉信息传递至 MGN 和下丘。③除了耳蜗核，脑干的听觉核团均接受来自耳的输入。

3.2.2 声音的定位机制

在日常生活中，对声音的有效定位十分重要。比如，蝙蝠能够通过回声定位来狩猎，人在穿越马路时对汽车喇叭声的准确定位可能会挽救生命。

听觉系统依靠整合双耳信息来实现定位。试想一下这样的情景，当你闭上眼睛并捂住一只耳朵时，一只鸟从头上飞过，此时对鸟的定位与双耳定位时的情况无异。但若通过说话声音对人进行定位，耳的定位能力就会下降。这是由于我们对声音的定位机制在水平平面和垂直平面是不一样的。水平定位需要对到达两只耳朵的声音进行比较，而垂直定位则不需要（图 3.2）。

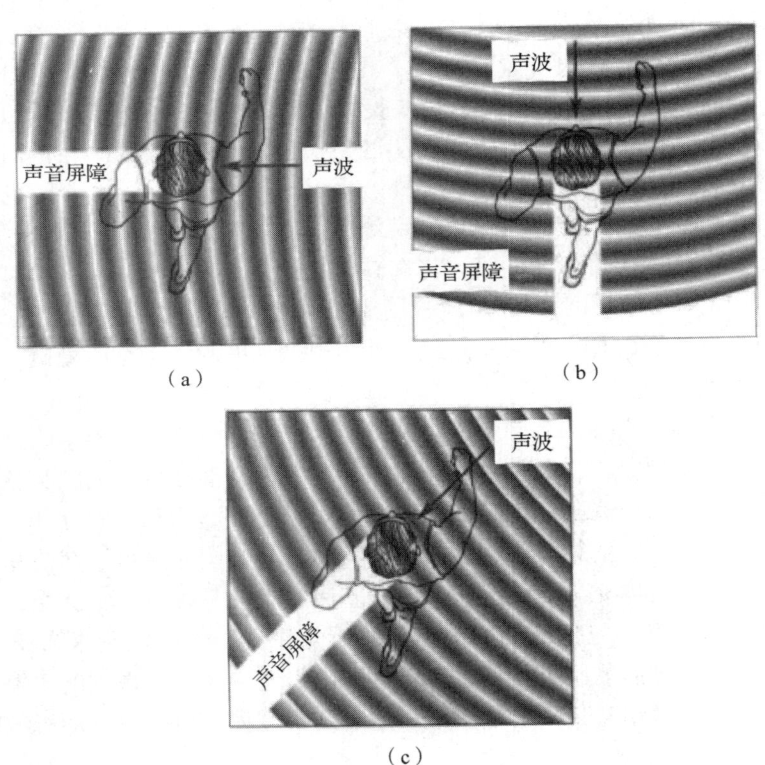

图 3.2　两耳强度差作为判定声源位置的依据（摘自 *Neuroscience*: *Exploring the Brain*[2]）（书后附彩插）

(a) 当声音来自右侧时；(b) 当声音来自正前方；(c) 当声音来自斜向方

当高频声音来自右侧时，声音通过头颅到达左耳会有某种衰减，因此左耳的声音强度低于右耳，说明声音来自右方。当声音来自正前方，则对脑后形成声音屏蔽，但是声音到达两耳的强度是相同的。当声音来自斜向方，将对左耳形成部分屏蔽。

首先我们来介绍下水平平面的声音定位机制。声音到达双耳的时间差称为耳间时差。这个容易理解，如果一个声音突然从你的左面传来，先到达你的左耳，再传入右耳，这中间的时间差就叫作耳间时差。一般频率为 20 ~ 2 000 Hz 范围内的声音能够通过双耳时差进行声音定位。对于 2 000 ~ 20 000 Hz 范围内的声音，由于声波波长小于双耳间距离，利用时间差定位的方法不再有效，此时大脑会通过耳间声音强度的差别（即双耳强度差异）进行定位。由于声音通过头颅时会形成某种衰减，因此如果声音从右边传来，左耳所接收到的声音强度会低于右耳，反之亦然。接着神经元会利用声音强度差对声音进行定位。由于低频声波能够绕过头部，故而低频声波到达双耳的强度大致一样，因此低频声波能够通过双耳时间差进行定位。高频声波通过双耳强度进行判断，大脑根据判断耳间时间和耳间声音强度的差别，实现水平定位。

在垂直平面上，耳间时差和双耳强度差异没有太大变化，因此无法通过双耳时差和双耳强度差异进行垂直定位。那么我们是通过何种机制进行垂直定位呢？前文中，我们已经了解了耳郭具有不规则的褶皱，这些褶皱对输入的声音形成反射。当声源沿着垂直方向移动时，直接通路和反射通路之间的延迟也会发生改变。这种直接和反射声组成的复合声，在来自上方和下方时具有微小的不同。另外，当声源位置较高时，外耳使高频声更有效地进入耳道。若耳郭被覆盖，垂直平面的声音定位将受到严重损害。

3.2.3　听力障碍

听力障碍也称听力受损，是指听力部分或完全丧失，主要有三种类型：传导性听力损失、感觉神经性耳聋和混合性听力损失。听力损失可能发生在一侧或双耳。听力问题会影响儿童的语言能力，而成人的听力障碍会影响正常社交和工作。听力损失可以是暂时性的，也可以是永久性的，可能由许多因素引起，包括遗传、衰老、接触噪声、感染、耳外伤以及药物或毒素。导致听力丧失的一种常见情况是慢性耳部感染。听力测试发现，至少有一只耳朵听不到 25 dB 声音时，就可以诊断为听力丧失。听力损失可分为轻度（25 ~ 40 dB）、中度（41 ~ 55 dB）、中度（56 ~ 70 dB）、重度（71 ~ 90 dB）或更严重（大于 90 dB）。

过去几十年，关于听力障碍的治疗技术取得了显著进步。对于大多数具有听力障碍的患者，助听器能够将声音放大到足以激活存活毛细胞的程度。目前的助听器可以为个人量身定制，针对个人听力损失的实际情况进行弥补，这样就能在佩戴者最不敏感的频率下最大限度地放大声音，而对那些仍然听得很清楚的频率几乎没有增强。

助听器能够最大限度激活未受损的毛细胞，但是当一个人的大部分或全部耳蜗毛细胞退化时，再强的放大也无助于听力恢复。生物医学工程的一项巨大突破——人工耳蜗解决了这一问题。人工耳蜗包括一组微型电极，由体外言语处理器将声音转换为一定编码形式的电信号，通过植入体内的电极系统直接兴奋听神经来恢复、提高及重建听力障碍者的听觉功能。目前人工耳蜗已经被广泛应用，帮助成千上万的人改善了听力。

3.3　躯体感觉

躯体知觉并非简单的触知觉。躯体知觉能够对多种刺激做出反应，如碰到发烫的火炉会迅速产生抬手反应、针扎手时会感到疼、物体对皮肤产生压力时会有感觉等。总体来说，躯体知觉包括由机械刺激引起的感觉、由温度刺激引起的温度觉以及由伤害性刺激引起的痛觉。而由机械刺激引起的感觉中，按照刺激作用区域的差异，分为作用于身体表面的触压觉（即触觉）和作用于肌肉与关节的位置觉。

触觉从皮肤开始，皮肤是最大的触觉感知器官，包含有毛皮肤和无毛皮肤两种类型，如手背和手掌。人体皮肤从外到内依次由表皮、真皮和皮下组织三部分组成。皮肤能够阻止细菌、真菌等入侵人体。本节中我们将以触觉为例，阐述大脑对躯体感觉的加工机制。

3.3.1 触觉的中枢神经通路

通过触压觉可以感知物体的大小、形状和质地。在这个过程中，触摸和压力被皮肤中的躯体感受器编码成为信号。皮肤下的躯体感觉感受器分布于整个机体，并不是集中在某个小部分特殊的位置。这些感受器大多数是机械感受器，对弯曲、压力等物理变形较为敏感。常见的躯体感受器包括梅克尔小体（Merkel's cell）、迈斯纳小体（Meissner's corpuscles）和环层小体（pacinian corpuscles）。梅克尔小体存在于基底表皮和毛囊中，属于慢适应感受器，可以对低频振动（5~15 Hz）和深度静态触摸（如形状和边缘）做出反应。由于感受野小，其常分布于指尖等位置，能够探测一般的触摸，并对刺激位置进行编码。迈斯纳小体又称触觉小体（tactile corpuscles），位于真皮乳头，对中度振动（10~50 Hz）和轻微接触有反应。迈斯纳小体位于指尖和嘴唇，其感受野小且边界清楚。不同于梅克尔小体的神经末梢，迈斯纳小体神经末梢能够做出快速反应，属于快适应感受器，拥有阅读盲文和感受温和刺激的能力。环层小体属于快适应感受器，感受野较大，能够探测到皮肤深层压力，对振动较为敏感。鲁菲尼小体（Ruffini's corpuscle）属于慢反应感受器，感受野大，除了感知触觉，还能传递温度信息。

除了触觉感受器，皮肤中还存在一些能够编码疼痛的感受器，这种特化的细胞有些有髓鞘，有些无髓鞘。有髓鞘的纤维能够产生较为短暂的疼痛，而无髓鞘的纤维则负责持续时间长的灼痛。此外，一些位于肌肉和肌腱连接处的特化神经细胞提供了本体感受线索，使得感觉和运动系统表征关于肌肉与四肢状态的信息（本体感受）。

触觉感受器能够通过脊髓将触压或振动皮肤的信号传递到大脑，其中背柱－内侧丘系通路（dorsal column－medial lemniscal pathway）是触压觉的主要传导途径（图 3.3）。传入神经元的外周轴突与背根神经节中的神经元胞体相连接，与脊髓神经元形成突触，经背柱上行，终止于背柱核（dorsal column nuclei）。背柱核位于脊髓和延髓交界处，此时路径中的信息仍然代表同侧。背柱核的神经元是背柱－内侧丘系的第二级神经元。背柱核神经元的轴突经延髓腹内侧投射到对侧丘脑。从这一部位向上，一侧脑的躯体感觉系统与来自对侧的躯体感觉有关，即身体一侧的信息主要在相反一侧的半球得到表征。背柱核的轴突在内侧丘系（medial lemniscus）白质束上行。内侧丘系向上穿过延髓、脑桥和中脑，与丘脑的腹后核（ventral posterior nucleus）神经元形成突触。第三级神经元由腹后外侧核（VPL）发出，其轴突投射到初级躯体感觉区。

头面部的皮肤触压觉主要由三叉神经传导，其传递通路与背柱内侧丘系的性质一致，第一级传入的神经末梢到达三叉神经感觉主核，在这里发出第二级神经元的轴突，经三叉丘系到达对侧丘脑腹后内侧核（VPM）的第三级神经元，然后再传递到躯体感觉皮质。

需要注意的是，处理痛觉和温度信息的通路不同于处理触觉、本体觉和运动觉的背柱－

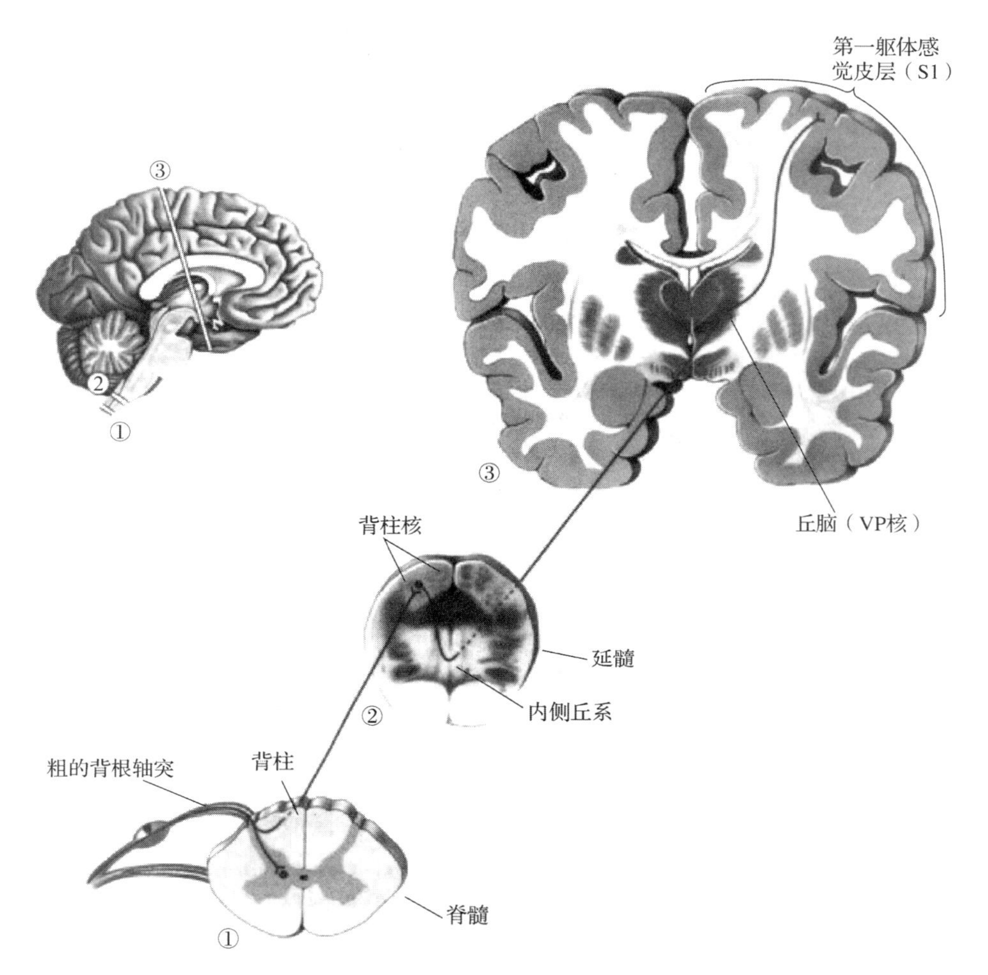

图 3.3　背柱 – 内侧丘系通路（摘自 *Neuroscience*：*Exploring the Brain*[2]）（书后附彩插）

注：①～③表示对应位置的横切面。

内侧丘系通路，大脑通过前外侧系统来处理痛觉和温度信息。除皮质投射之外，包括触觉在内的所有躯体感觉信息还能被投射到一些皮质下结构。

3.3.2　躯体感觉皮质

与躯体感觉系统有关的皮层大部分位于顶叶（图 3.4）。通过之前的描述，我们已知最初的躯体感觉皮质区是初级躯体感觉皮质（primary somatosensory cortex，S1 区）。S1 区位于中央沟后部，称为中央后回，包括 BA1、BA2、BA3 区，是主要的躯体感觉皮质。S1 区具有身体的躯体定位表征，以一种倒置的方式有序排列，即躯体感觉侏儒图（图 3.5）。躯体感觉侏儒图中的定位描述的是指尖、唇等触觉感受器对外周不同的支配。初级躯体感觉皮质的每个大脑半球只包含身体另一侧的表征。初级躯体感觉皮质的数量与身体表面的绝对大小不成正比，而是与身体部位皮肤触觉感受器的相对密度成正比。身体部位皮肤触觉感受器的密度通常表示所属身体部位所经历的触觉刺激的敏感性程度。因此，人类的嘴唇和手比身体的其他部位具有更大的代表性。实验表明，皮质代表区并非固定不变，而是可以在皮质感觉输入受损后改变，甚至可以由外周的特殊刺激而改变。此外，躯体定位图在不同物种之间存在差异。对于每个物种，在通过触摸感觉外部世界的过程中最重要的身体部位都具有最大面积的皮质表征。比如猴子的手、手指和唇的代表区要比躯干和四肢的代表区大。大鼠和小鼠通过胡须探索外界，大部分外界信息从胡须获得，故而相应皮层区就更大。

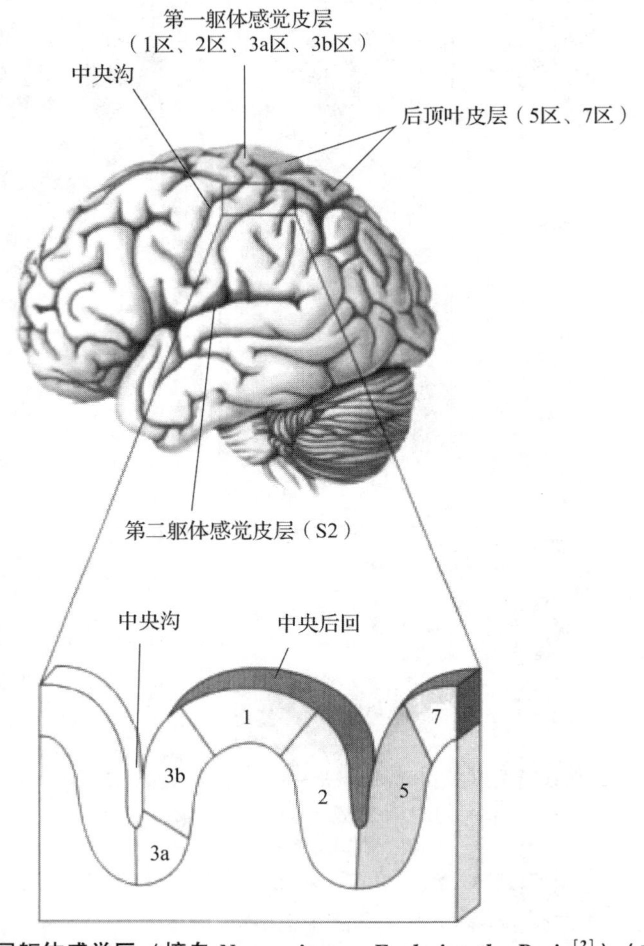

图 3.4　皮层躯体感觉区（摘自 *Neuroscience*：*Exploring the Brain*[2]）（书后附彩插）

次级躯体感觉皮质（secondary somatosensory cortex，S2 区）能够建立更加复杂的表征。S2 区位于 S1 区后侧和腹外侧的皮层条带内，接受来自丘脑和 S1 区的信息输入。功能神经成像学研究发现，S2 区在轻触、疼痛、内脏感觉和触觉注意的反应中被激活。S2 区与特定的触觉感知有关，与杏仁核和海马区整合在一起，能够对记忆进行编码和强化。不同于 S1 区，S2 区能够接受双侧感受野，对位于身体两侧相似区的刺激有所反应。

还有一些重要的躯体感觉皮质位于由 BA5 和 BA7 组成的后顶叶皮层，构成躯体感觉联合皮质，接收来自 S1 区和丘脑枕核的输入，这些区域具有更加复杂的功能，接受多种不同形式的输入。BA5 整合来自皮肤机械感受器的触觉信息以及来自底层肌肉和关节的本体感受输入，还整合来自两只手的信息。BA7 接受来自视觉、触觉的本体感受输入，允许立体感知

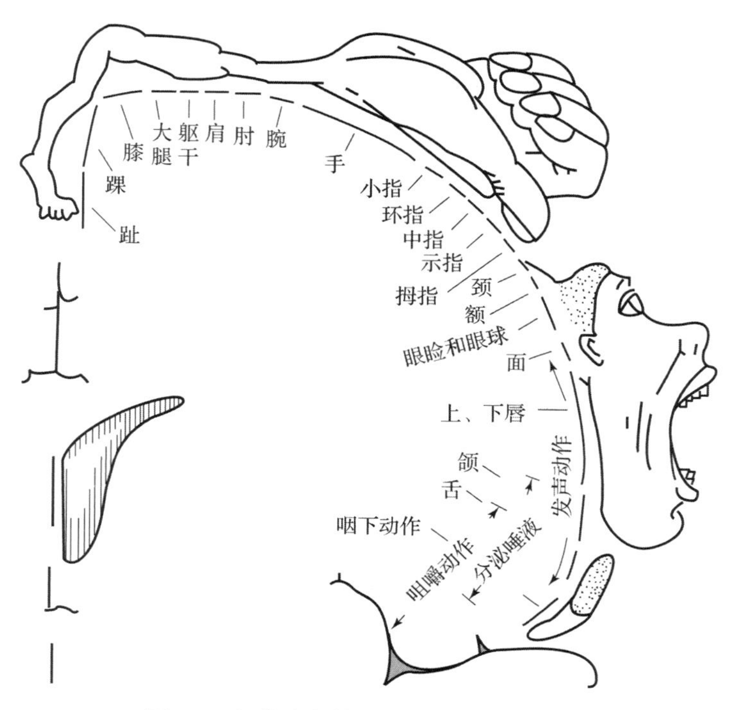

图 3.5 躯体感觉侏儒图（摘自百度图片）

和视觉信息的整合。后顶叶皮层能够将信息投射到额叶运动区，在感觉启动和运动引导中起重要作用。一般来说，后顶叶皮质对感知、解释空间关系以及精确的机体图像是必需的，也是机体在空间活动时动作的协调必不可少的，这其中牵涉到将躯体感觉信息与其他感觉系统，尤其是视觉系统信息的整合。

3.4 嗅觉及味觉

嗅觉和味觉是我们熟悉的化学器官，经常共同使用，它们都来自化学刺激，感知环境中的化学物质。

生活中我们能够不断接受释放到环境中的化学物质。嗅觉和味觉等感觉器官对这些化学物质的检测能够为我们提供重要信息。例如，通过嗅觉和味觉对这些化学物质进行检测，我们能够分辨食物的可用性，并从中获得乐趣或威胁。此外，它们还引发消化等摄入食物相关的生理变化。在许多哺乳动物中，嗅觉还能引起对同一物种成员的生理反应和行为反应。人类和其他哺乳动物能够辨别各种各样的气味和味道。虽然人类的嗅觉能力与其他哺乳动物相比较有限，但我们仍然能够感知成千上万种不同的气味分子，而且这种感知能力有很强的可塑性。香水师经过严格训练后，能够辨别多达 5 000 种不同类型的气味。品酒师则能够根据味道和香气的组合，分辨出 100 多种不同的味道成分。

嗅觉或味觉分子是由鼻子或嘴中的特殊感觉细胞感知的，这些细胞将信息传递给大脑。在嗅觉系统中，感觉细胞是位于鼻腔后部特殊神经上皮内的嗅觉感觉神经元。味觉刺激的感觉细胞是一种特殊的上皮细胞，称为味觉细胞，它们聚集在味蕾中。味觉细胞能够感知苦、甜、咸和酸四种基本的味觉刺激。我们体会到的各种各样的味道便是由这四类分子构成的复杂混合物产生的，还有在咀嚼和吞咽时从鼻腔后部到达嗅觉系统的挥发性分子。躯体感觉系统也对味觉起作用，它能够感知食物的质地，并将味觉定位于嗅觉系统对味道的感知。接下来，我们将介绍嗅觉和味觉信息传递的神经通路及其加工机制。

3.4.1 嗅觉机制

人类通过鼻子中的嗅觉感觉神经元来感知气味，这些神经元存在于鼻腔顶部黏膜的嗅上皮中，嗅上皮包含数百万个嗅觉感觉神经元。嗅觉感觉神经元在神经元中是独特的，它们存活时间短，平均寿命只有 30～60 天，周而复始地生长、死亡和再生。嗅觉感觉神经元的树突和轴突从其细胞体的反侧面延伸出来，形成双极神经细胞。当嗅觉感受到气味分子时，信号通过筛板的骨质结构投射到嗅球，在那里的轴突与嗅球神经元（即嗅小体）形成突触，后者将信号传递给嗅皮质。

嗅皮质大致定义为接受嗅球直接投射的皮质部分，分为五个主要区域：①前嗅核，通过前联合的一部分连接两个嗅球；②梨状皮质；③扁桃体部分；④嗅结节；⑤内嗅皮质的一部分。后四个区域的信息通过丘脑传递到眶额皮质，嗅觉皮层也另外与额叶皮层直接联系。因此也将嗅皮质中位于额叶和颞叶皮质在腹侧的联合处称为初级嗅皮层。该区域的神经元连接眶额皮质，也称为次级嗅觉加工中心。嗅觉信息从杏仁核传递到下丘脑，从嗅内区传递到海马。通过丘脑到眶额叶的传入通路负责嗅觉和辨别气味，眶额叶受损后会导致无法辨别气味。相反，通向杏仁核和下丘脑的嗅觉通路被认为调节对嗅觉的情感和动机，以及气味的行为和生理学影响。

人类的嗅觉敏锐度差别很大。即使在没有明显嗅觉异常的人群中，敏感性也可能相差 1 000倍之多。最常见的嗅觉异常是特异性嗅觉缺失。患有特殊嗅觉缺失症的人对特定气味的敏感度变低，而对其他气味的敏感度可以维持正常。正常人群也可能对一些特殊气味剂存在嗅觉丧失，而 1%～20% 的人对少数嗅觉无法感知。例如一项研究发现，12% 的人对麝香表现出特殊的嗅觉缺失，可能是因其体内缺乏相应的气味受体。

3.4.2 味觉机制

味觉和气味经常综合起来，因为两种感觉都是由来自外界的化学物质刺激产生的。味觉感受器聚集在舌头、上颚、咽部、会厌和部分食道的味蕾中，包含多个能够检测到味觉分子的味觉感受细胞。与嗅觉感受器不同的是，味细胞没有轴突，但与味蕾中传入的轴突形成化学突触。微纤毛从味细胞顶端投射到味蕾的开孔，与溶于舌表面的唾液中的味质接触。味觉刺激通常分为咸、酸、苦、甜和鲜（一般说的是氨基酸味）五类。每种味觉刺激都有不同的传导机制，能够转换不同的化学信号形式。鲜、甜和苦味化合物结合于味细胞上的 G 蛋白偶联受体，而咸和酸直接作用于味细胞上的离子通道，产生感受器电位。

味觉信息的主要流向是从味蕾到初级味觉轴突，至脑干、丘脑，最后到达触觉及味觉皮层。第Ⅶ、Ⅸ、Ⅹ对脑神经携带初级味觉轴突并将味觉信息传至大脑，其中第Ⅶ对脑神经携带前 2/3 舌头的味觉，第Ⅸ对脑神经携带后 1/3 舌头的味觉，而第Ⅹ对脑神经携带一些口腔后面的味觉。初级嗅觉皮质与眶额皮质的次级加工区域相连接。人们所体验到的复杂味觉，是由味觉细胞传递的信息经眶额皮质加工后整合得到的。

食物的味道很大程度上来自嗅觉系统提供的信息。从食物或饮料中释放出来的挥发性分子伴随着咀嚼和吞咽等动作，通过舌头、脸颊和喉咙被吸入鼻腔后部。虽然鼻子的嗅觉上皮细胞对味觉有很大贡献，但味觉是在嘴里感知的，而不是通过鼻子。体感系统参与了这种定位，而舌头的体感刺激和气味进入鼻子的鼻后通道的巧合，使气味在口中被感知为味道。通常躯体部分感觉也包含在味觉系统中，这种成分包括食物的质地，以及辛辣、薄荷味食物和碳酸引起的感觉。

3.5 运动控制

正如前文所描述的，我们的感知觉反映了感觉系统探测、分析和估计环境变化，并做出恰当反应的能力。除感知觉外，运动也是动物和人类赖以生存的基本功能。我们的运动敏捷性和灵巧性反映了运动系统计划、协调和执行动作的能力。芭蕾舞演员娴熟的旋转，网球运动员有力的反手，钢琴家和微雕艺人的指法技巧，以及读者协调的眼球运动，都需要高超的运动技能。一旦经过训练，运动系统能够自动地为这每一项技能执行运动程序。

运动是动物行为的基础，是由受中枢神经系统控制的许多肌肉彼此协调收缩，作用于骨骼系统和其他肌体软组织而完成的。成年人有大约 206 块骨骼，形成许许多多的活动关节，在 600 多块肌肉的作用下可产生无数简单或复杂、快速或精细的动作。因此，对这些肌肉活动进行的神经控制具有相当高的复杂性。按照运动系统的复杂性和在控制上的随意程度，将运动大略分为三类：较为简单且非随意性的反射活动，复杂且有目的性的随意运动，以及介于二者之间、兼有随意和反射两个特性的节律性运动。随意运动是有目的的运动，复杂或精细的随意运动需要经过反复练习才能被熟练掌握和准确操作。复杂运动的计划、控制、学习、适应和掌握都需要依靠感觉信息反馈，还常常受到注意力、主观动机和情绪等方面的影响，这表明运动控制和大脑的感觉系统及与动机、学习、记忆等高级认知功能相关的神经结构都有密切联系。

外部世界在脑内的映像是由感觉神经系统将光、声、味、嗅、触等物理或化学能量转变成神经信号后形成的。这些感觉信号和感觉映象被大脑整合后用以产生和控制对环境做出的复杂行为反应。大脑运动系统将整合后产生的指令信息转换成一系列严格控制的肌肉收缩，最终实现运动行为。

运动系统由机体内所有的肌肉和控制它们的神经元组成。研究证明，即使将猫和狗的脊髓与中枢神经系统的其他部分分离很长一段时间，仍然可以激发出它们后肢的节律性运动。在脊髓内部，有大量的协调控制某些运动的神经环路，特别是那些控制定型运动（即重复性运动）的环路，这些运动被大脑的下行指令所影响、执行和修饰。因此，运动控制可以划分为两部分：脊髓对肌肉收缩的命令和控制；脑对脊髓运动程序的命令和控制。

在本节中，我们将讨论运动系统的组成成分以及它们之间是如何互相联系的，接着了解运动系统中特定部位的病理改变是如何导致运动障碍的。

3.5.1 运动的脊髓控制

身体可以运动的部分称为效应器。对于大多数动作来说，我们会想起那些离身体中线较远的远端效应器，如手臂、手和腿、脚趾。但是我们同样能够用离身体中线较近的效应器产生运动，如肩、肘、盆骨、腰、颈和头等。上下颌舌以及声道是发出声音的核心效应器，眼睛则是视觉的效应器。

各种形式的运动都产生自控制一个或一组效应器肌肉状态的变化。肌肉由弹性纤维组成，弹性纤维可以改变长度和张力的纤维组织。肢体运动是肌群－主动肌的协调收缩，同时起相反作用的肌肉－拮抗肌舒张的过程。比如在屈肌反射中，因为屈肌激活和伸肌抑制导致受影响的肢体从痛觉刺激处缩回。

躯体肌肉组织受到脊髓内躯体运动神经元的支配，向脊髓提供输入。这些运动神经元也称“下运动神经元”，分为α运动神经元（alpha motor neuron）和γ运动神经元。α运动神经元直接负责产生肌力。一个α运动神经元和它支配的所有肌纤维构成了运动控制的基本成分，即运动单位。肌肉收缩是由一个运动单位和多个运动单位的共同活动引起的。支配一块肌肉的α运动神经元集合，叫作运动神经元池。一个运动单位中的肌纤维数量从几个（例如用于屈伸手指的肌肉中）到几千个（如在肢体大的近端肌肉中）。α运动神经元通过在神经肌肉接头处释放神经递质乙酰胆碱与肌纤维进行通信，使得肌肉纤维收缩。γ运动神经元能够调节肌缩敏感性。α运动神经元和γ运动神经元的激活对传入纤维的输出产生相反作用。一般情况下，当α运动神经元活动增加时，γ运动神经元相应增加，从而调节肌梭对牵拉刺激的敏感性。

α运动神经元有很多输入来源，大致分为三种，我们一一进行介绍。第一，α运动神经元能够接受肌肉本身的感觉反馈。我们关注一种特化的结构——肌梭。在这个部位，能够获取本体感觉，使我们能够感知身体在空间的位置和躯体的运动状态。肌肉拉长时肌梭拉伸，引起传入纤维轴突末梢去极化。传入纤维轴突的动作电位的发放增加，又通过突触传递使α运动神经元去极化和发放频率增加，导致肌肉收缩和缩短。例如，当医生敲击膝盖下的肌腱、检查大腿反射弧的完整性时，会发生膝反射。第二，大多数到达α运动神经元的输入来自脊髓中间神经元。脊髓中间神经元接受初级感觉轴突、脑的下行轴突和下运动神经元轴突侧枝的突触输入。同时，脊髓中间神经元本身也彼此相互连接而形成网络，这种网络能够对多种输入信号做出反应，并产生能够导致协调性肌肉收缩活动的运动程序。第三，α运动神经元接受脊髓下行纤维的输入。下行纤维起源于一些皮质和皮质下结构，发出的信号可能是兴奋性或者抑制性的，是自主运动的基础。

3.5.2 下行脊髓通路

这一部分我们来探讨大脑是如何影响运动系统的。中枢运动控制系统是以等级性方式构成的。前脑处于最高水平，而脊髓则位于最低水平。将运动控制系统分为三个水平是有意义的。中枢运动控制系统的最高水平以新皮层的联合皮层和前脑基底神经节为代表，负责运动战略，即确定运动的目标和达到目标的最佳运动策略；中间水平以运动皮层和小脑为代表，负责运动的战术，即肌肉收缩顺序、运动的空间和时间安排，以及如何使运动平滑而准确地达到预定目标；最低水平则以脑干和脊髓为代表，负责运动的执行，即激活那些发起目标定向性运动的运动神经元和中间神经元，并对姿势进行必要调整。

运动神经元能够接受的脊髓下行纤维输入主要源于大脑皮层和脑干。这些信息主要沿着两条主要的通路下行到脊髓，分别为外侧通路和内侧通路。外侧通路参与肢体远端肌肉装置的随意运动，该通路受皮层直接控制。内侧通路参与身体姿势和行走运动，受脑干控制。

外侧通路中最重要的一条是外侧皮层脊髓束，起源于中央沟前方大脑皮层的运动和前运动区（BA4区和BA6区）以及顶叶的躯体感受区。纤维下行通过内囊和大脑脚到达延髓锥体，形成锥体束，此后锥体束发生交叉，交叉后集中在脊髓外侧，形成外侧皮层脊髓束。外侧皮层脊髓束纤维主要终止于脊髓外侧灰质中的中间神经元和运动神经元，这些神经元控制与精细操作活动有关的远端肌肉。外侧通路中很小一部分是红核脊髓束，起源于中脑的红核。发自红核的轴突几乎立即在脑桥发生交叉，然后沿脊髓下行终止于中间神经元，偶见终止于运动神经元，这些神经元与外侧运动系统有关。红核脊髓束对脊髓屈肌运动神经元产生兴奋作用，并对伸肌运动神经元起抑制作用。外侧通路受损能够引起肢体远端肌肉控制失调。

内侧通路主要源于脑干，并将其输入分布于支配近端肌群的内侧运动神经元。这些纤维束包括前庭脊髓束、顶盖脊髓束、脑桥网状脊髓束和延髓网状脊髓束。腹内侧通路利用平衡、体位和视觉环境的感觉信息，反射性地维持躯体的平衡和姿势。前庭脊髓束和顶盖脊髓束在身体运动时保持头部的平衡，并使头部转动以便对新的感觉刺激产生反应。前庭脊髓束起源于延髓前庭核，该核团接转来自内耳前庭迷路的感觉信息。前庭迷路包括充满液体的半规管和颞骨上与耳蜗紧密相连的小腔室。当头部运动时，迷路内的液体流动激活毛细胞，通过第Ⅷ对颅神经给前庭核发出信号。前庭脊髓束中的一部分纤维双侧性地下行投射到脊髓，激活颈部脊髓控制颈部和背部肌肉的神经环路，指挥头部运动。保持头部稳定是相当重要的，当身体运动时，只有保持头部稳定，才能保证外部环境在视网膜稳定地成像。前庭脊髓束的另一部分纤维同侧向下投射到腰段脊髓，通过增强腿部伸肌运动神经元的活动，使我们保持直立和平衡的姿势。顶盖脊髓束起源于中脑的上丘，此处接受视网膜的直接输入。上丘又叫视顶盖，除了视网膜的直接输入，还接受来自视皮层的投射，以及携带躯体感觉和听觉信息的传入纤维的输入。依靠这些输入，上丘构造了关于我们周围世界的图像。对图像任何一点的刺激会引起一个头部和眼睛运动的朝向反应，以使空间事物在视网膜中央凹成像。网状脊髓束主要起源于脑干网状结构，该网状结构沿脑干长轴，在其核心部走行，恰好在中脑水节和第四脑室下方，是一个神经元和神经纤维相互交织的复杂网状结构。网状结构接受许多来源的输入，参与众多功能。为了便于介绍其运动控制功能，我们将其分为两部分，这两部分分别发出两条下行通路：脑桥（内侧）网状脊髓束和延髓（外侧）网状脊髓束。脑桥网状脊髓束沿同侧下行，终止于脊髓节段中间神经元，后者转而向内侧伸肌运动神经元提供双侧兴奋。延髓网状脊髓束沿双侧下行，向支配近端肢体的运动神经元提供抑制性输入。

3.5.3 参与运动控制的皮质及皮质下结构

通过上文介绍，我们知道大脑皮质能够直接或间接地控制脊髓神经元的活动。其中提供直接联系的皮质脊髓束主要起源于初级运动皮质（primary motor cortex，M1）或 BA4 区（图 3.6）。该区域位于额叶背侧区，是运动系统的主要区域，并与其他运动区域协同工作进行运动计划和执行。在初级运动皮质，运动表征沿着中央沟的褶皱从脚趾（大脑半球顶部）到嘴（底部）有序排列，但一些身体部位可能被部分重叠的皮质区控制。初级运动皮质的每个大脑半球只包含身体另一侧的运动表征，其数量与身体表面的绝对大小并不成正比，而是与身体的相对大小成正比。

澳大利亚神经学家 Alfred Walter Campbell 推测，与 BA4 区相邻的 BA6 区可能是负责技巧性随意运动的区域。之后 Penfield 的研究支持了该观点。BA6 分为外侧区域［运动前区（premotor cortex，PMA）］和内侧区域［辅助运动区（supplementary motor area，SMA）］。PMA 主要与网状脊髓束神经元联系，从而支配近端肌肉的运动单位，SMA 则直接支配远端

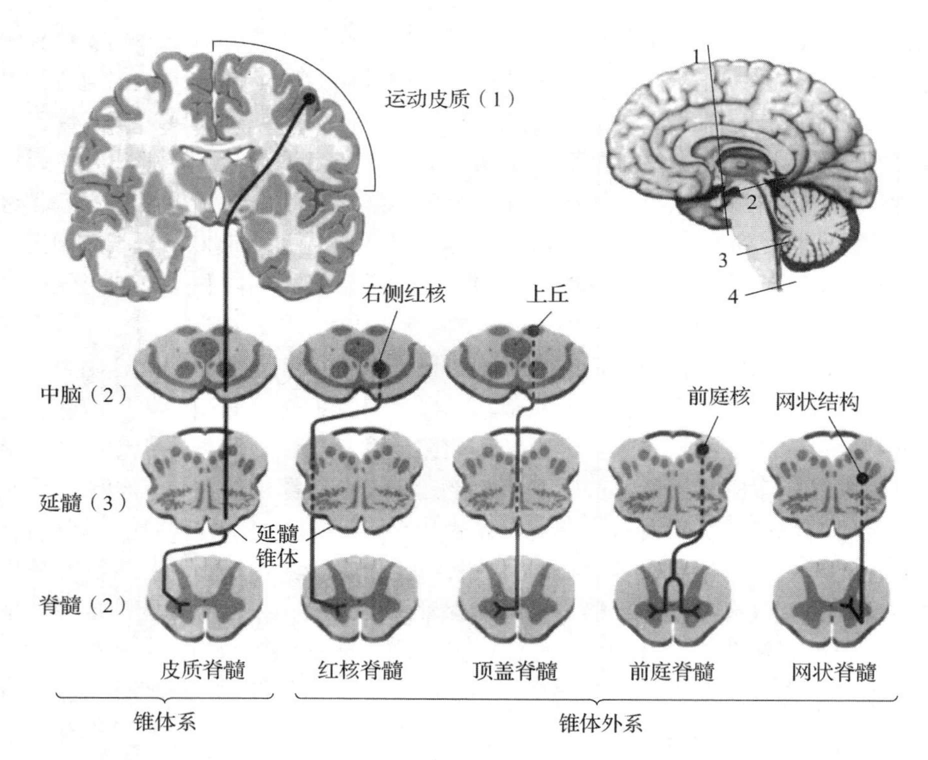

图 3.6　大脑通过锥体和锥体外系支配脊髓（摘自《认知神经科学：关于心智的生物学》[1]）

肌肉的运动单位。

此外，后顶叶皮层能够接受来自躯体感觉、本体感觉和视觉的输入，从而在脑海中形成身体图像。该皮质受损可能会造成身体影像和空间位置的感觉异常。额叶前部区域与顶叶有着广泛联系，对抽象思维、行为预测等有着十分重要的作用。除皮质区域外，前文提到的小脑和基底神经节（见 3.5.4 小节）对于运动控制也扮演着重要角色。

3.5.4　运动障碍

与基底神经节功能障碍相关的运动障碍有多种，其中以运动功能减退为特征的包括运动障碍疾病（最著名的是帕金森病）及多动性运动障碍［以亨廷顿舞蹈症（Huntington's disease）和偏瘫为例］，运动障碍可以通过基底神经节－丘脑皮质的“运动回路”受损来解释（图 3.7）。

帕金森病是最常见的运动障碍疾病，黑质致密部神经元的变形，使其对纹状体神经元的兴奋作用减弱，导致直接通路被抑制，同时间接通路相对被激活，最终导致从苍白球至丘脑的抑制增加，因而皮质活动和运动功能减弱。患者可表现为阳性症状和阴性症状，即肌肉活动性增加的运动失调和肌肉活动性降低的运动失调。阳性症状包括静止性震颤和肌肉强直。静止性震颤即患者远端效应器官出现明显的快速颤抖，在病人自主性运动发起时减轻甚至完全消失。帕金森病病人的皮质兴奋性降低表现为动作减退，其发动动作十分缓慢。虽然皮质可以继续选择运动计划，但是仍然需要基底神经节通过降低皮质的抑制性来发起计划。另外，帕金森病病人自主运动灵活性降低。正常被试通过调整主动肌爆发的程度而产生不同幅

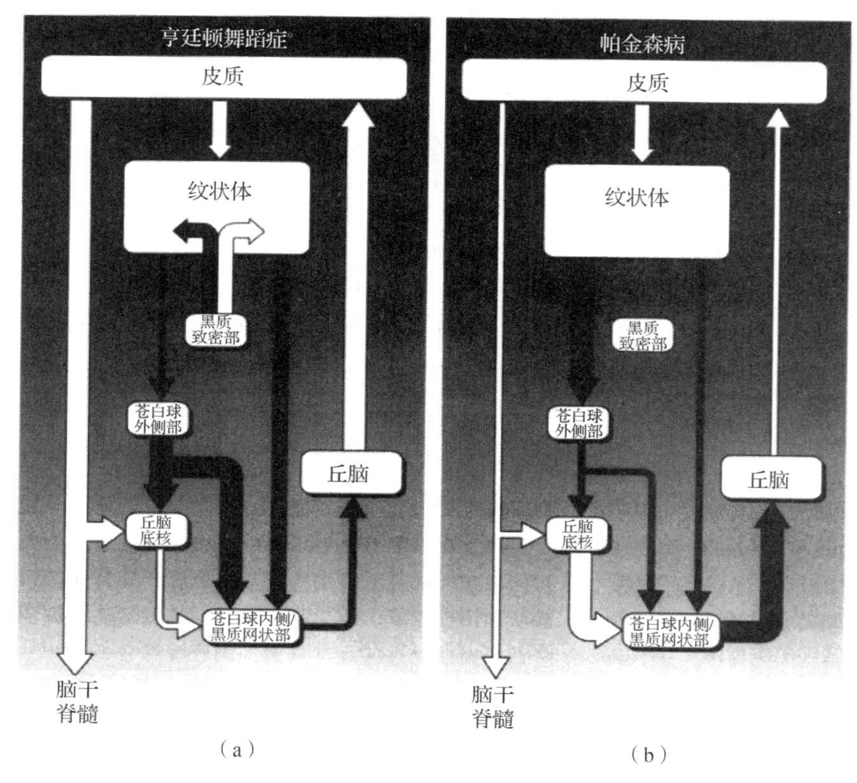

图 3.7　亨廷顿舞蹈症和帕金森病的运动障碍（摘自《认知神经科学：关于心智的生物学》[1]）

（a）亨廷顿舞蹈症；（b）帕金森病

度的动作，而帕金森病病人不得不产生一系列的微小脉冲以移动较远的距离。无创神经调控技术为帕金森病治疗提供了新途径。目前已公布的多中心试验提示了重复经颅磁刺激（rTMS）用于治疗帕金森病运动迟缓症状的可行性。此外，通过脑电生物反馈技术，可以调节与帕金森病运动症状密切相关的 β 频段、与工作记忆有关的 Theta 频段，以及对 SMR（sensorimotor rhythm，感觉运动节律，12～15 Hz）频段与 Theta 频段联合调节来改善平衡能力，减少肌张力障碍。基于实时 fMRI（functional magnetic resonance imaging，功能磁共振成像）的神经反馈技术便是通过调节辅助运动区来改善运动功能。

亨廷顿舞蹈症是一种退行性障碍，通常在 40～50 岁开始出现临床症状。该病最初发作并不明显，随着病情发展逐渐造成精神状态和运动功能的改变。病人易激动、神志不清，对日常活动失去兴趣。之后会出现运动方面的异常，如笨拙、平衡问题，病人手臂、躯干和头可能不断地运动且姿势扭曲，这些非自主运动逐渐支配病人的运动功能。亨廷顿舞蹈症造成的神经缺陷不仅限于运动功能，随着运动问题的恶化，可以发展为皮质下类型的痴呆症，症状区别于老年痴呆等皮质类痴呆症。病人往往伴有记忆缺陷，特别是运动技能习得和问题解决任务的损伤。亨廷顿舞蹈症病人的大脑皮质和皮质下区域存在大面积病变，基底神经节的萎缩较为明显，且纹状体的细胞死亡率高达 90%。这些变化在对病人的脑成像检查中也能清楚地观察到。早期阶段纹状体的变化主要发生在形成间接通路的抑制性神经元上，这些变化导致基底神经节输出减少，继而丘脑神经元兴奋性增强。另一种运动技能亢进 - 单侧抽搐症，也与间接通路损伤有关，但其损伤集中于丘脑底核。该区域受损的病人会产生猛烈且不受控制的运动，可能持续很多年，需要进行特殊防范才能确保其运动症状不产生自伤或伤人的后果。

3.6 记　忆

环境改变行为最重要的心理机制是学习和记忆。学习是我们获取外界知识的过程，而记忆是对知识进行编码、存储和检索的过程。

许多重要的行为都是后天习得的。事实上，我们之所以成为今天的我们，很大程度上是因为我们学到了什么、记住了什么。学习能让我们掌握运动技能，学习能让我们交流所学的知识，传播可以代代相传的文化，但并非所有的学习都是有益的。学习也会产生功能失调的行为，而这些行为在极端情况下会构成心理障碍，故对学习的研究是理解正常行为和行为障碍的基础。心理疗法通常是通过创造一个环境，让人们能够学会改变自己的行为模式，因而治疗心理问题。

在对学习和记忆的研究中，我们对几个问题感兴趣，如学习的主要形式是什么？什么类型的外界信息最容易学习？不同类型的学习可以产生不同的记忆过程吗？记忆将如何存储和检索？本章中我们将一一探讨。

3.6.1　记忆类型

在认知神经科学的研究中，学习与记忆可以归结为三个主要阶段，即对输入信息的编码、存储以及提取。所有信息都经过这些过程的加工处理，进入长时记忆系统，转换为个体的知识与经验，个体随即可以通过提取这些记忆信息来解决实际问题。

按信息维持时间的长短，记忆结构可以分为三个部分：感觉记忆（sensory memory）、短时记忆（short-term memory，STM）和长时记忆（long-term memory，LTM）（图3.8）。

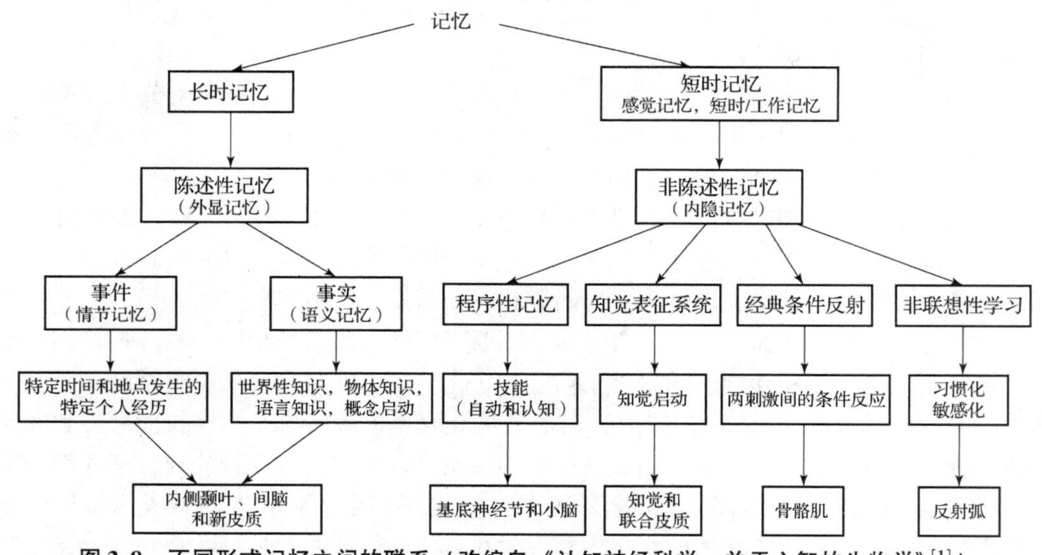

图3.8　不同形式记忆之间的联系（改编自《认知神经科学：关于心智的生物学》[1]）

感觉记忆又称瞬时记忆或感觉登记，它允许个体在原始刺激停止后仍然保留对感觉信息的印象。例如，一个孩子在晚上挥舞荧光棒画圈，当旋转足够快时，似乎会留下一条轨迹，形成一个连续的图像。这个“光圈”在视觉感官中存储为图像记忆。感觉记忆还包括声像记忆和触觉记忆。感觉记忆的形成有以下四个特点：第一，痕迹的形成仅仅依赖于对刺激的注意。第二，存储在感觉中的信息是特定于模态的。例如，声像记忆专门存储听觉信息，触觉记忆专门存储触觉信息。第三，每个感觉记忆存储都含有大量细节，因而可以获得非常高的信息分辨率。第四，每个感觉记忆存储都很简短，持续时间也很短。一旦感觉记忆跟踪衰减或被新的内存替换，存储的信息将不可再访问，并最终丢失。感觉记忆与高级认知功能无关，一个人不能有意识地思考或选择感觉记忆中存储了什么信息或者存储多长时间。感觉记忆能够提供给我们整个感官详细体验的细节，通过短时记忆提取相关的信息片段，再通过工作记忆进行处理。

短期记忆是短时间内以一种活跃的、随时可用的状态将信息储存在大脑中的记忆，但不对该记忆进行操作[3]。短期记忆持续时间短。例如，短期记忆可以用来记住刚刚背诵过的电话号码。短时记忆的另一个特征是容量有限。1956 年，美国心理学家 Miller 便对短时记忆容量进行研究，测试了在短时间内记忆的项目数，结果表明保持在短时记忆的刺激项目大约为 7 个，短时记忆数字广度为 7 ± 2 个组块。不同于感觉记忆，短时记忆能够清楚目前正在处理和加工的刺激信息，能够整合各个感觉通道获得的刺激信息，并构成完整的信息图像。短时记忆对刺激信息的加工，最主要以听觉形式来编码并保持或储存。之后的研究证明，对视觉代码的加工存在于短时记忆的最初阶段，再过渡到听觉代码。认知心理学家将听觉代码、口语代码和语言代码结合起来，合称为 AVL 单元。作为短时记忆的信息加工代码，AVL 单元能够解释记忆对刺激信息的加工处理、编码以及存储。工作记忆作为短时记忆的一种，有很重要的意义，在接下来的章节中会有介绍。

长时记忆是 Atkinson - Shiffrin 记忆模型的一个阶段，存储在长时记忆的信息能够被长期保存着。长时记忆的信息大部分来源于短时记忆的反复加工，还有部分来源于由于印象深刻而一次性存储于长时记忆的刺激信息。长时记忆存储的信息庞大且复杂，包含了个体在成长中所学习和了解到的一切知识与经验，这些信息构成一个有组织、有体系的知识与经验系统，对个体学习与行为决策有至关重要的意义。例如，在个体接受新信息时，该系统能够有效地对这些信息进行编码加工，更好地进行存储。个体能够从中有效地提取有用信息，解决遇到的问题。长时记忆通常分为陈述性记忆和非陈述性记忆。对事实和事件的记忆称为陈述性记忆，通常指能够通过有意识的过程而接触和访问的知识，如中国首都是北京，我们在课本上学习的知识和日常生活常识等。其余的长期记忆统称为非陈述性记忆，是指那些无意识的回忆，如对于运动和认知技能的记忆（即程序性记忆）、习惯化和敏感化引发的简单学习行为。例如，游泳、经典条件反射和非联想学习等。

1968 年，认知心理学家 Richard Atkinson 和 Richard Shiffrin 提出的记忆模块模型指出（图 3.9），信息首先被存储在感觉记忆中，被注意选择的事件将进入短时记忆，在被不断复述中形成长时记忆。信息在三个阶段由于衰退、干扰或者二者结合均有可能丢失。之后，关于记忆是否需要在短时记忆中编码后才可以存储到长时记忆中的问题，记忆领域的心理学家和神经科学家展开了激烈讨论。在随后对脑损伤病人的记忆研究中证实，短时记忆的内容通过记忆巩固过程能够到达长时记忆。但是记忆巩固的过程并不一定需要以短时记忆为中介，可直接对感觉信息进行巩固进而达到长时记忆[4]。

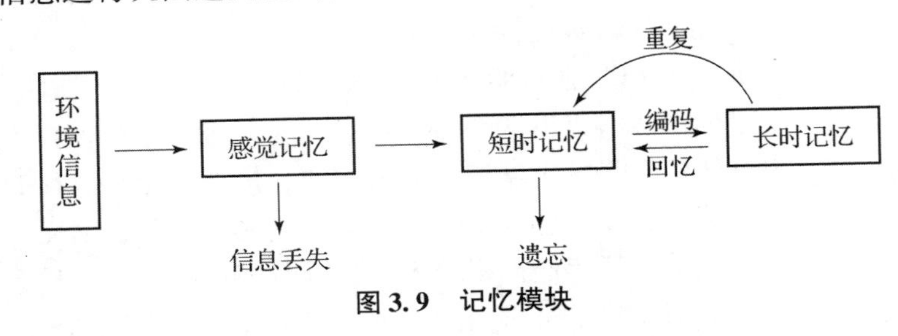

图 3.9 记忆模块

3.6.2 工作记忆

工作记忆是指个体在执行认知任务中对信息暂时储存与操作的能力，被认为是语言理解、学习、计划、推理和一般流体智力等基本认知功能的关键环节。

1. 工作记忆的理论模型

1974 年，Alan Baddeley 和 Hitch 提出了工作记忆的多成分模型。日常生活中看似简单的方面，如对话、添加数字列表、开车等，都依赖于工作记忆机制，这种机制整合了跨时间的每时每刻的感知和演练，并将它们与同时获取的有关过往经历、行动或知识的信息相结合[5]。该模型中工作记忆存储和控制的成分分离，包括三个不同的组成部分：中央执行系统（控制）、参与语音记忆的语音回路、参与视觉空间存储和加工的视觉空间模板（存储）(图 3.10)。中央执行系统类似计算机的 CPU（中央处理器），能够记住自己做了什么，组织和管理各个子系统功能，对编码和提取策略的控制，操纵注意系统以及从长时记忆中提取信息。语音回路负责以声音为基础的信息储存与控制，能够通过默读重新激活消退了的语音表征，还可以将书面语言转换为语音代码。视觉空间模板主要负责储存和加工视觉空间信息，包含视觉和空间两个分系统。

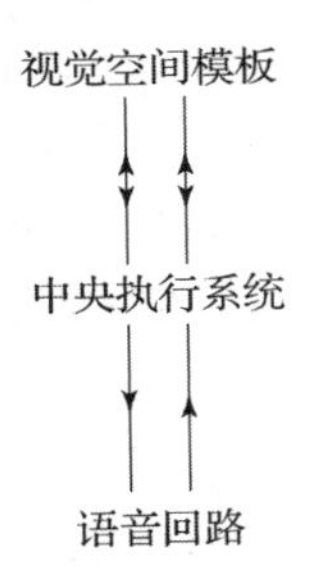

图 3.10 工作记忆模型的精简表示

我们通常用工作记忆来对外界信息进行短时记忆，直到能把它们记下来成为长期记忆。Alan Baddeley 对工作记忆的声学信息提出一种语音回路机制。语音回路包括两种：一种是无声或默读的复述系统，可以通过阅读单词或数字来获取语音记录；另一种是语音直接激活的短期记忆存储系统（语音存储）。这个理论模型目前已有神经解剖学基础以及影像学研究证据的支持。在一项任务中，要求受试者默念屏幕上显示的字母列表，然后指出之前是否看到过这些字母。该任务涉及语音回路的两个部分。第二个任务要求受试者做出押韵判断。字母再次出现在屏幕上，受试者被要求指出与字母 B 押韵的字母何时出现。此任务由默读复述但非语音存储系统参与。结果表明，语音存储涉及左侧额上回，而默读复述系统涉及 Broca 区。

在对视觉的描述中，我们知道大脑分析视觉场景的功能至少涉及两大并行路径：通过下颞叶处理物体颜色和形状信息的腹侧通路与通过后部顶叶皮层处理对象位置信息的背侧通路。位于主沟腹侧的区域在工作记忆中存储有关物体形状和颜色的信息。脑沟后面的区域保存着物体在空间中的位置信息。对猿猴和人类的研究表明，前额叶关联区域的不同可以影响视觉记忆的不同方面。研究发现前额叶皮质的一些神经元对物体形状和位置也存在反应，这表明它们可能整合了关于物体和空间的信息，这些神经元可能接收来自背外侧前额叶和腹外侧区域的信息输入。

此外，对语音和视空间信息的工作记忆也与其他脑区有关。例如，左侧缘上回的损伤能够造成听觉 - 言语记忆功能异常；右侧大脑半球的损伤能够造成严重的视空间短时记忆缺陷，左侧半球损伤能够导致以视觉呈现的语言材料的短时记忆受损。

Baddeley 提出的工作记忆模型存在一些缺陷，如该模型中语音回路和视觉空间模板是分离的，但之后的研究证明，许多言语单元是言语和视觉编码的结合，表明语音回路和视觉空间模板并非完全分离，而是在某种程度上存在着信息的相互作用。因此，Baddeley 于 2000 年修正了工作记忆模型，增加了一个新的子系统即情景缓冲器（episodic buffer），并且加入了工作记忆与长时记忆的联系。该模型把工作记忆分为三个层次：第一层是完成最高级执行控制功能的中央执行系统；第二层负责三类信息的暂时加工，包括原有模型中的语音回路和视觉空间模板，以及一个新的子系统——情景缓冲器；第三层是长时记忆系统，包括视觉语义、情景长时记忆和语言。情景缓冲器是一个与语音回路和视觉空间模板分离的容量有限的存储区，由中央执行系统控制，其多维编码功能使不同系统能够进行整合，从而把信息联结起来形成整合情景。但目前情景缓冲器只是一个假想结构，尚缺乏认知神经科学实验证据的支持。虽然工作记忆模型使人们对工作记忆结构有了较完整的认识，但并没有明确这些成分之间是如何进行信息转化和传递的。工作记忆中的语音回路和视觉空间模板分别以不同的形式加工与存储信息，二者既分离又相互联系，储存的信息可以相互转化。神经影像学的研究表明，语音回路的活动主要由左侧半球参与，视空模板活动主要由右侧半球参与，两种活动条件下参与的脑区几乎没有重叠。两者之间之所以存在联系，是因为它们都受到中央执行系统的控制。语音回路主要负责以声音为基础的信息存储和控制，视觉空间模板主要处理视觉空间运动信息。因此，可以用图形、文字信息研究语音回路和视觉空间模板贮存信息之间的转化（图 3.11）。

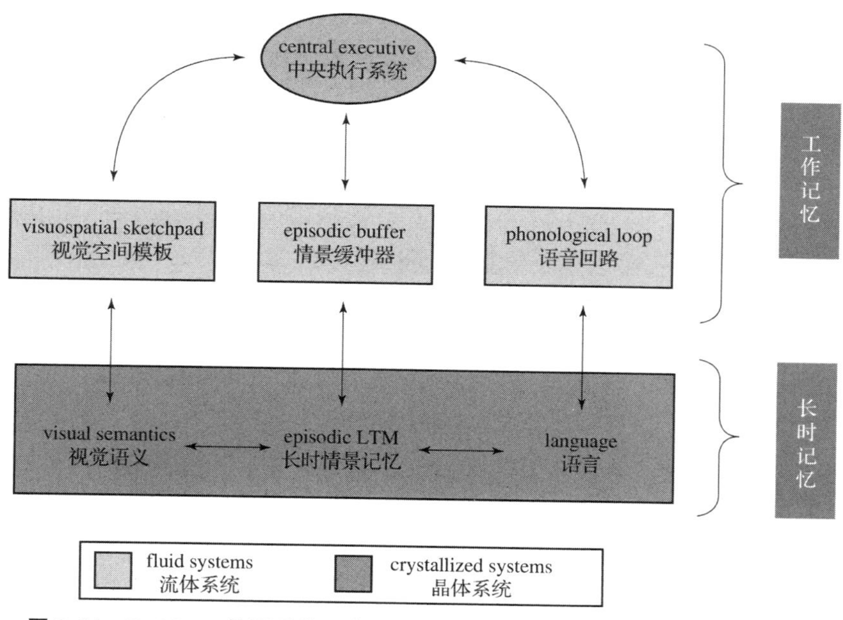

图 3.11　Baddeley 修正后的工作记忆模型（摘自百度图片）（书后附彩插）

2. 前额叶皮质参与工作记忆

外侧的前额叶皮质负责当前知觉信息和已存储知识之间的相互作用，是工作记忆系统中的重要成分。最早的工作记忆相关的神经反应是在猕猴的前额叶中记录到的。在经典的延迟反应任务中，一只猴子可以接触到两个食物槽。在每个试次开始时，猴子可以观察到实验者在其中一个槽里面放入少量食物。然后两个槽都会被覆盖，并且会降下隔板使得猴子不能接触到任何一个槽。一段时间后隔板重新升起，猴子可以选择一个槽重新找到食物。该任务要求动物必须在延迟阶段持续地表征看不到的食物位置。外侧前额叶皮质损伤的猴子在这项任务上的成绩很差。

前额叶皮层（lateral prefrontal cortex，PFC）还参与了一些计划和调节行为等执行功能的工作记忆。例如，曾有一个报道，当铁棒穿过病人 Phineas Gage 的头颅时，对他的额叶皮层造成严重损伤。Phineas Gage 能够适当参与某些行为（例如正常参加工作），但很难进行控制和调节（例如，无法控制情绪，说脏话，性格改变等）。通过 Wisconsin 分牌测试，也能够观察前额叶皮质受损的影响。该测试中，被试需要记住前面分牌的方式以及之前所犯的错误。但是由于前额叶皮质受损，病人无法利用所得到的新的信息调整分牌方式，从而改变其行为。

此外，后顶叶皮层也被认为是工作记忆表征存储的关键脑区。与工作记忆容量相关的脑活动最早在后顶叶区域观察到。之后的研究显示顶内沟（intraparietal sulcus）上下方的功能并不相同，下顶内沟活动对工作记忆中客体的数量敏感，而上顶内沟则对工作记忆中客体的复杂度更加敏感，提示顶叶皮层可能也参与工作记忆精度的维持。

3.6.3 陈述性记忆

在这里，我们用英国的患者亨利·莫莱森（Henry Molaison，H. M.）的报道来理解颞叶受损对记忆的影响。H. M. 在童年时期患上癫痫症，医生采用了各种药物减少他的癫痫发作频率，但是癫痫发作频率和严重程度与日俱增。1953 年，年仅 27 岁的 H. M. 接受了颞叶切除手术，切除了双侧内侧颞叶，其中包括皮质、皮层下的杏仁核和海马体 2/3 的部分（图 3.12）。

手术后的 H. M. 在知觉、智力或性格等方面都未发生明显问题，癫痫发作也有所缓解。从癫痫治疗的角度来说，该手术无疑是成功的，但很快手术后遗症显现出来，H. M. 患上了严重的遗忘症。他并没有完全忘记个人经历，而是能够记住自己的名字和小时候经历过的事情，却无法记住几分钟前刚刚见过的人或发生的事情。

在对 H. M. 记忆机制的研究中发现，他能够记得小时候的事情，是因为在手术前这些事情已经形成了长时记忆，并且颞叶切除手术并没有破坏他长时记忆的能力。同时，H. M. 的短时记忆能力也未受到影响。例如通过反复练习，他能记住一串数字，但是即便任何的干扰都可能使他忘记这些数字。他失去的是形成新的记忆的能力。举个例子，通过练习他能够学会看着镜子中的自己画画（学习的程序性记忆），但无法记得教他的具体过程（学习的陈述性记忆）。通过 H. M. 的病例，我们可以看到内侧颞叶对于陈述性记忆的形成是重要的，该结构受损会引起严重的顺行性遗忘，表现为对造成失忆的事件发生后所接触事物的遗忘。

目前已有文献对内侧颞叶进行了大量研究。内侧颞叶记忆系统是连接代表整个记忆的大脑皮层分布式存储区域的必要系统。这个系统的作用只是暂时的。随着学习时间的推移，储

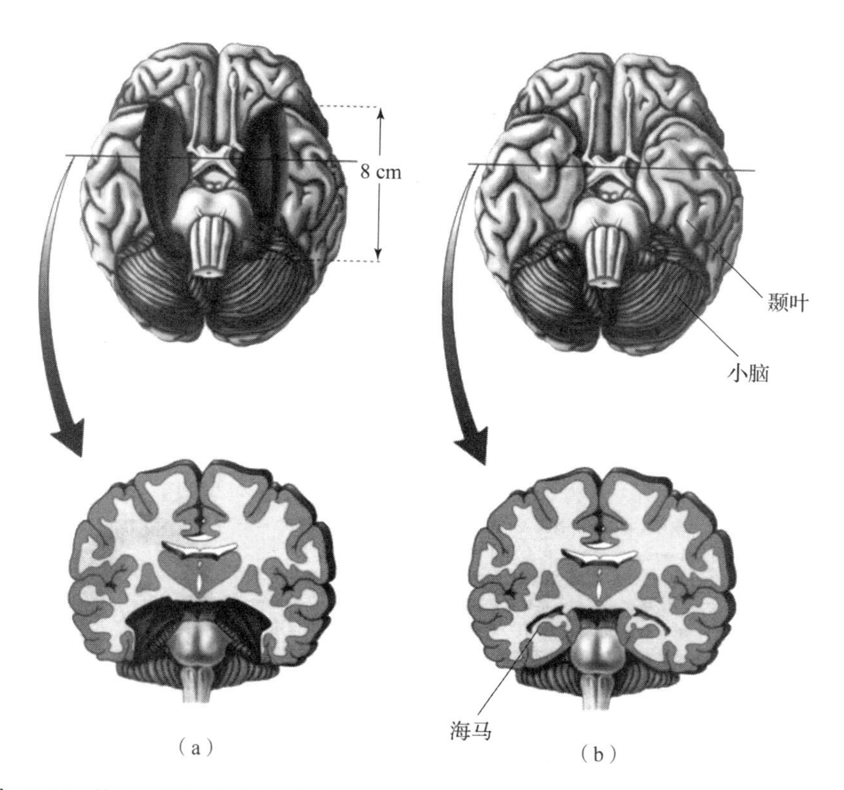

图 3.12　病人 H. M. 的大脑以及正常人的脑（摘自 *Neuroscience*：*Exploring the Brain*[2]）（书后附彩插）

（a）病人 H. M. 的大脑；（b）正常人的脑

存在新皮质中的记忆逐渐独立于内侧颞叶结构。该区域损伤有可能导致无法形成新的陈述性记忆。然而内侧颞叶很大，由海马体和邻近皮质组成，包括内嗅皮质、嗅周皮质和海马旁皮质。因此，很难从人类病例中明确内侧颞叶中到底哪些结构和连接对记忆是重要的。

H. M. 的记忆损伤使科学家们将记忆与海马损伤联系起来，然而大多数病例的损伤并不局限于海马区。海马体在人类记忆中的作用是在 1986 年一位名叫 R. B. 的患者中发现的。1978 年，52 岁的病人 R. B. 在一次局部脑缺血后出现了严重的记忆障碍，无法形成长时记忆。在他去世后，科学家对他的大脑进行了精细的检查。通过对内侧颞叶的检查，R. B. 的海马似乎完整地保留下来。但通过组织学分析，研究人员发现 R. B. 大脑局部的双侧病变局限于海马 CA1 区的锥体细胞。对病人 R. B. 的研究结果得出了两个结论。首先，海马本身似乎是内侧颞叶记忆系统的一个重要组成部分。其次，由于 R. B. 并不像 H. M. 那样发生了严重失忆，推测 CA1 区域以外的其他海马区域参与记忆功能。同时，海马体可能具有重要的空间表征。在动物实验中，海马损伤会干扰对空间和上下文的记忆，海马单个细胞可以编码特定的空间信息。此外，对正常人大脑的功能成像显示，空间记忆引起的右侧半球海马活动较对单词、物体或人的记忆更加强烈。这些发现与右侧海马体损伤导致空间定位问题的发现是一致的，而左侧海马体的损伤导致了非文字记忆的缺陷。

除内侧颞叶外，前额叶皮层与陈述性记忆也存在关联。前额叶皮层对记忆的形成虽然不是必需的，但前额叶皮质损伤能够损害用于上下文相关的陈述性记忆（即关系记忆）。

另一个与记忆有关的区域是间脑。参与记忆过程的间脑区域包括丘脑前核、背内侧核及下丘脑的乳头体。这些区域的损伤可能是由于慢性酒精中毒引发的新陈代谢问题、卒中等所致。例如，在酒精性科尔萨科夫综合征中，长期酗酒会引起体内维生素缺失，造成大脑的器质性损伤，损伤通常累及背内侧核及下丘脑的乳头体。

3.6.4 程序性记忆

程序性记忆（procedural memory）是长期记忆的一部分，是指知道如何做事的能力，包括对知觉技能、认知技能，以及运动技能的记忆。顾名思义，过程性记忆存储关于如何执行某些过程的信息，如走路、说话和骑自行车等。程序性记忆是有关如何做某件事情或关于刺激和反应之间联系的知识。

程序性记忆是内隐记忆的一种，有时被称为无意识记忆或自动记忆，并不涉及有意识的思考。内隐记忆是利用过去的经历来记住事物，而无须有意识地提取。内隐记忆不同于陈述性记忆或外显记忆，后者能够显式存储和有意识地回忆事实与事件。程序性记忆和陈述性记忆都有独立的神经机制。二者的区别是，程序性记忆允许你记住如何骑自行车，即使你已经很多年没有骑过自行车，而你需要依靠陈述性记忆来回忆去附近公园和回家的路线。陈述性记忆是可以解释的，但对大多数人来说，利用语言描述陈述性记忆是比较难的，如给某人指明去商店的路，这就涉及陈述性记忆[6]。

在大脑中，前额皮质、顶叶皮质和小脑都参与了运动技能的早期学习过程。小脑尤其重要，因为它需要协调熟练动作和动作时机所需的动作流。虽然我们在出生时就拥有了生命所需的所有神经元，但它们必须通过经验来编程，以完成诸如视觉和听觉功能，以及行走和说话等任务。当重复的信号加强突触时，程序性记忆就形成了。尽管程序性记忆是基础功能，但很多程序性记忆要复杂得多，需要更长的时间才能形成。

脑部某些区域的损伤，如小脑和基底神经节，会影响程序学习。据报道，基底神经节或小脑功能障碍会导致程序性记忆障碍。与年龄匹配的健康对照组相比，帕金森病、亨廷顿舞蹈症或脊髓小脑退化患者在运动型程序性记忆任务的改善方面表现出恶化。

3.6.5 记忆障碍

记忆障碍在老年人中常见。阿尔茨海默病是一种最常见的与认知能力下降相关的神经退行性疾病，主要表现为进行性记忆障碍（图3.13）。目前主要的发病假说有：基于β-淀粉样蛋白（amyloid beta-protein，Aβ）沉积（老年斑）的Aβ假说、基于神经纤维缠结的tau蛋白假说、基于长期炎症反应所致脑损伤的炎症假说，以及基于神经突触功能失调和神经元死亡的神经保护假说。

阿尔茨海默病最关键的病理特征为Aβ的沉积和神经元纤维缠结。由Aβ、超磷酸化tau蛋白共同作用于神经元突触，致使线粒体功能异常，神经元功能丧失、死亡。Aβ假说认为，脑内Aβ的生成与清除之间的动态平衡被打破，清除减少和生成过多造成Aβ过度沉积。tau蛋白假说认为，阿尔茨海默病患者的认知衰退与神经元纤维缠结的沉积密切相关，这与tau蛋白的病理变化相关。患者大脑中纤维缠结普遍存在，磷酸化tau蛋白数倍增加，遍及整个大脑，导致突触损伤和认知减退。研究发现，Aβ和tau蛋白之间存在互相作用，tau蛋白可以加剧Aβ导致的神经元毒性、神经炎症变化等病理效应，导致记忆损害和学习障碍。

目前药物是阿尔茨海默病的主要治疗手段之一，多项药物临床试验宣告失败，现有的经

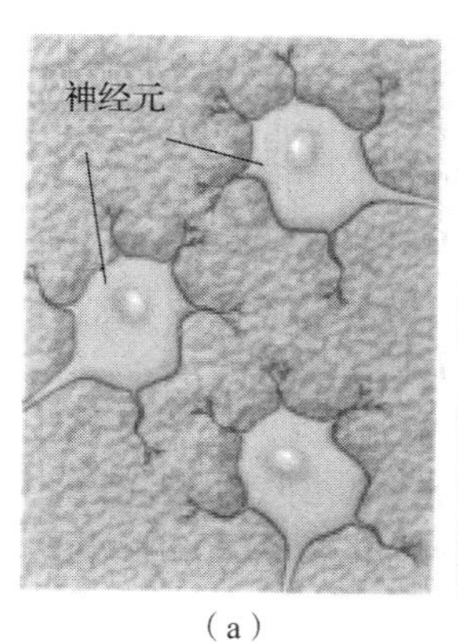

(a)

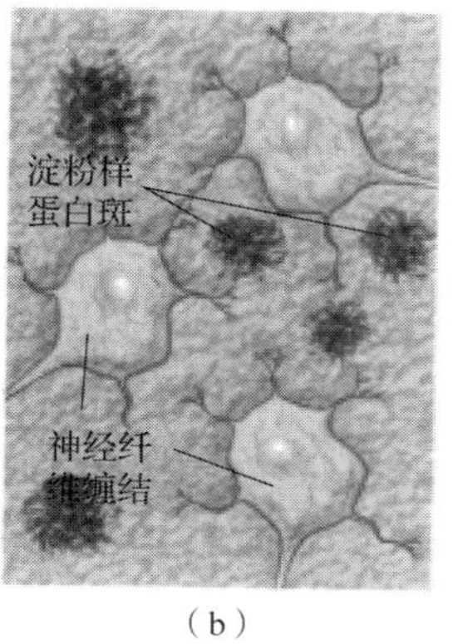

(b)

图3.13 正常人和阿尔茨海默病患者的皮质(书后附彩插)

(a)正常人;(b)阿尔茨海默病患者

过FDA(美国食品药品监督管理局)批准的药物疗效欠佳,并且只是针对患者的认知症状,随着病情进展,疗效也会下降。针对Aβ的主动免疫接种和针对抗-Aβ抗体的被动免疫接种的免疫疗法均以失败告终,而针对tau蛋白相关的免疫治疗新方法正在研究中。随着对阿尔茨海默病发病机制了解的增加,各种治疗技术的研发和成熟,人类将有望找到治疗阿尔茨海默病安全有效的方法。

鸡尾酒会效应

在一个嘈杂混乱的鸡尾酒会中,你在与你的一位朋友聊天,而同时周围有许多人都在相互交谈,还有乐队奏着音乐,你被各个方向的声音包围。然而你却能在一定程度上专注于你与朋友的聊天,而选择性地忽视周围的声音,即使有一个声音很大的说话者,也不一定能影响你的注意。这便是英国心理学家E. C. Cherry(1953)研究的被称为“鸡尾酒会效应”的现象。

3.7 注　　意

3.7.1 注意功能

俄罗斯教育家乌申斯基曾精辟地指出,“注意是我们心灵的唯一门户,意识中的一切必然都要经过它才能进来”。注意是一种意向性活动,它不像认知那样能够反映客观事物的特点和规律,但它和各种认知活动密不可分,在各种认知活动中起着主导作用。人的所有心理活动总是和注意联系在一起的。由于注意,人们才能集中精力去感知事物,深入地思考问题,不被其他事物所干扰。

“鸡尾酒会效应”是注意的一个典型例子,那么注意是什么呢?注意是指人的心理活动对一定对象的指向与集中。注意是机体认识事物的开始，是视觉、听觉、触觉、嗅觉和味觉五大信息通道对客观事物的关注能力。

William James 在 1890 年便指出注意是对心理资源的一种占用，即在同时出现的一系列信息中选择某一项，以及从大脑系统内的思维序列中选择目标的行为，说明注意的核心在于对刺激信息进行选择性加工分析，而忽略其他刺激。下面我们通过一个实验来进一步了解注意的相关机制。

实验过程如图 3. 14 所示，整个实验中要求观察者一直注视位于屏幕中央的一个小点。受试者的任务是对目标刺激做出判断，说出刺激出现在注视点的左侧还是右侧，或者根本没有出现。每次测试开始时，注意点上会出现一个提示信号（加号、左箭头、右箭头），加号表示小圆点在左右出现的概率相等，左箭头表示目标小圆点出现在左边的概率是右边的 4 倍，同理可得右箭头表示目标小圆点出现在右边的概率是左边的 4 倍。提示信号消失后会有一个长短不一的延迟，其间注视点一直存在。一半测试会在延迟后不给刺激，而另一半测试会有一个小圆圈在注视点的左方或右方闪现 15 ms。受试者必须保持其眼睛注视前方，对

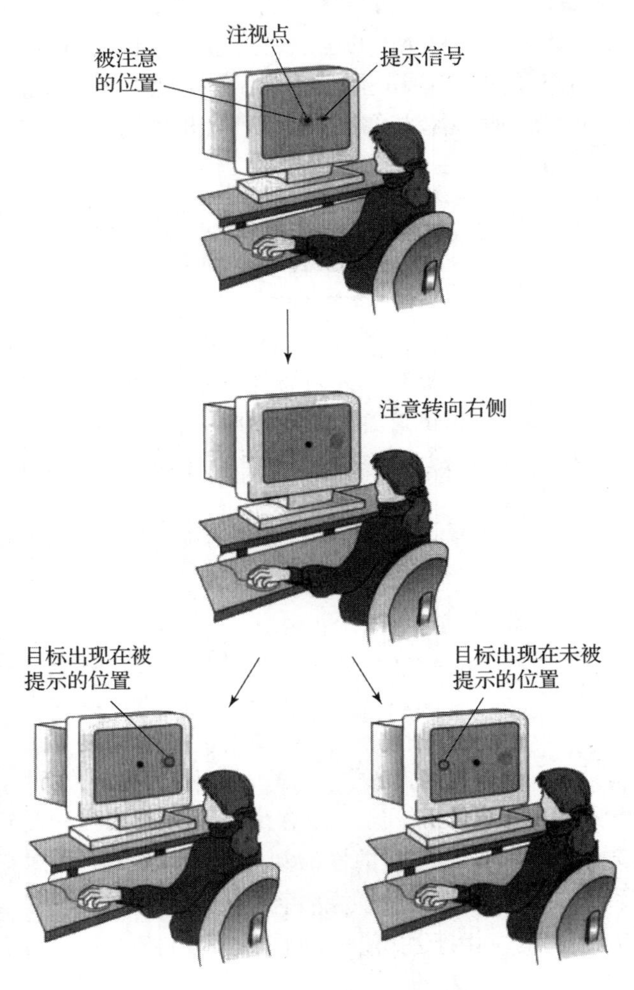

图 3. 14　实验过程（摘自 *Neuroscience*：*Exploring the Brain*[2]）（书后附彩插）

快速闪现的小圆圈做出正确反应。

通过收集受试者的数据得到，在中央信号出现加号的测试中，受试者探测到目标刺激的百分率约占出现目标刺激测试次数的 60%。提示信号是右箭头时，受试者探测到右侧目标刺激的百分率约占出现在右侧目标刺激测试次数的 80%，而提示信号指向右方时，受试者检测到左侧目标刺激的百分率大约只占出现左侧目标刺激测试次数的 50%。提示信号指向左方的结果与指向右方的结果一样。这个结果表明，提示信号引起的期待效应影响了受试者对随后出现的目标刺激的探测能力。尽管受试者眼睛没有移动，但是箭头的提示使受试者把注意转移到箭头所指方向。

由上述实验可知，注意具有指向性和集中性。指向性是指心理活动有选择地关注一些现象而避开其余对象，即通过机体的心理活动对外界刺激过滤选择，利用认知系统对外界刺激进行筛选得到与机体内心需求相关的特定信息，同时有效地阻止了其他刺激信息进入我们的意识。集中性是指心理活动停留在被选择对象上的强度和紧张性，表现为对于筛选得到的刺激信息的专注程度，即维持该刺激在认识系统中的加工行为的活跃程度，活跃程度越高，注意集中性越强。由于认知系统中注意资源的容量有限，所以注意的指向性和集中性为我们提供了处理外界事物的一种选择机制，从而大脑系统能够捕获与机体自身相关的刺激进行加工处理，更好地适应外界环境。

按注意产生和维持时有无目的及意志努力程度的不同，可以把注意分为不随意注意、随意注意和随意后注意。不随意注意也称无意注意，指的是事先没有预定目的，也不需要意志努力的注意，不随意注意主要可以搜到刺激物的活动变化、新异性、强度和人的情绪和精神状态等。随意注意也称有意注意，是指有预定目的且需要意志努力的注意。随意后注意也称有意后注意，指事前有预定目的又不需要意志努力的注意。随意后注意是注意的一种特殊形式。

3.7.2　意识

意识是指有机体对外界以及自身的觉察和感知，具有不同的类型和状态[7]。有人曾将意识解释为："从无梦的睡眠醒来之后，除非再次入睡或进入无意识状态，否则在白天持续进行的感觉、知觉或觉察的状态。"生理学上，意识脑区指可以获得其他各脑区信息的脑区。意识脑区最重要的功能即辨识真伪，它可以辨识自身脑区中的表象是来自外部感官，还是来自想象或回忆。此种辨识真伪的能力是其他脑区没有的。人在睡眠时，意识脑区兴奋度降至最低，此时无法辨别脑中意象的真伪，大脑进而采取了全部信以为真的方式，这就是"梦境"。意识脑区的存储区域称作"暂存区"，如同计算机的内存一样，只能暂时保存信息。意识还是"永动"的，你可以试一下使脑中的意象停止下来，即会发现这种尝试的徒劳。有研究认为，意识脑区其实没有思维能力，真正的思维都发生在潜意识的相关脑区中，我们所感知到的思维其实是潜意识将其思维呈现于意识脑区的结果。

认知心理学领域传统的研究普遍认为注意与意识之间存在密切联系，当注意一个刺激时，就能够意识到它的属性而移除注意，对刺激的意识也随之消退。早在 1890 年，William James 在《心理学原理》一书中写道，注意是指在同时存在的几个可能的观察对象或思考对象中，大脑能够清晰、生动地牢牢抓住其中一个对象的过程，其本质是意识的聚焦和集中。

大量的行为和电生理证据表明，注意能够调节意识加工。研究发现注意能够提高有机体对刺激的主观敏感性，增强刺激的表征强度。相反，如果没有注意，意识加工便不会发生。例如，在注意瞬脱范式中，当注意转移到其他任务时，原本能够被清楚看到的刺激被试却没有看到。在无意视盲范式中，当被试不注意时，即使刺激自中央窝的呈现时间长达 700 ms，也不能被发现。阐述注意与意识密切关系的有两个模型，即门控模型和聚光灯模型[8]。

门控模型：注意的门控模型肯定了意识对注意的依赖性。该模型认为注意是刺激形成意识的门控机制，是把守意识觉知的大门。刺激必须经过注意的分析与筛选才可以进行觉知，然后才可以产生有意识的内容，而没有被注意选择的刺激则不能进入意识。

聚光灯模型：20 世纪 80 年代，Posner 创建了经典的“线索—靶子”实验范式来研究视觉空间注意，发现对注意位置的靶刺激识别要快于对非注意位置的靶刺激识别，还提供了重要的 ERP（event - related potential，事件相关电位）证据——得到注意的刺激诱发的早期 ERP 成分（P1 和 N1）波幅高于无效提示，这种视觉空间注意效应被形象地比喻为“聚光灯”效应。该模型认为人脑同步加工视觉信息的能力是有限的，不能同时对进入视野范围内的所有刺激都进行有效加工，而注意就像聚光灯一样，可以聚焦于视觉空间的某一区域，起到选择信息的作用。只有在聚光灯照射范围内的刺激才能得到有效的知觉分析和进一步的加工，而不在该范围内的刺激则被忽视。这也就是说人们会意识到被注意选择的信息，也只有被注意选择的信息才能被意识到，不被选择的信息虽然也可能进行某种加工，但不会进入意识。Baars 也曾将注意比作“聚光灯”，认为注意的聚光灯专门照在工作记忆的舞台上，形成意识经验和意识体验，是意识产生的必要前提。虽然关于注意的聚光灯模型还有很多疑问，如聚光灯在什么位置、由谁控制等，但该模型肯定了注意与意识之间的因果关系，为进一步研究奠定了基础。

Posoner 在 1994 年写道，了解意识必须了解与注意相关的脑网络。在空间注意中，相比被忽略的刺激，被注意的刺激会产生更强烈的神经反应，而这个现象在多个视觉皮质区中都有出现。纹外皮区域是特异化的对颜色、形状或运动信息进行知觉加工的脑区，其受到单个刺激特性的视觉注意的调节。高度集中的空间注意除了影响视觉加工，还可以调节丘脑中下皮质中继核中视觉系统的活动。丘脑中枕核、后顶叶和前额叶皮质构成的网络依据选择性注意对视觉皮质的兴奋性起到中介作用。在注意过程中，前顶叶和更靠近腹侧的脑区群（包括颞顶联合区和外侧额下皮质）也起着重要作用。

以上都是说明意识对注意有依赖性，当然意识与注意的关系还存在其他观点的论述，也有其他的实验证据提示注意与意识独立，无论哪种说法都还需继续学习和探索。

3.8 小　　结

本章主要介绍人类的五种基本感觉。每一种感觉都存在独特的神经通路和加工模式，将外部刺激转化为可以被大脑加工的神经信号。五种感觉协同工作，形成对世界的丰富的感知能力。进一步介绍了大脑的高级认知能力，如学习与记忆、情绪、注意与意识，阐明了这些功能相关的心理过程和神经机制。

参考文献

[1] GAZZANIGA M S, IVRY R B, MANGUN G R. 认知神经科学：关于心智的生物学 [M]. 北京：中国轻工业出版社，2011.

[2] BEAR M F, CONNORS B W, PARADISO M A. Neuroscience: exploring the brain [M]. 3rd ed. Baltimore, MD: Lippincott Williams & Wilkins, 2007.

[3] JONIDES J, LEWIS R L, NEE D E, et al. The mind and brain of short - term memory [J]. Annual review of psychology, 2008, 59 (1): 193 - 224.

[4] 王志良，谷学静，李明. 脑与认知科学概论 [M]. 北京：北京邮电大学出版社，2011.

[5] POSTLE B R. Working memory as an emergent property of the mind and brain [J]. Neuroscience, 2006, 139 (1): 23 - 38.

[6] OFEN N, KAO Y C, SOKOL - HESSNER P, et al. Development of the declarative memory system in the human brain [J]. Nature neuroscience, 2007, 10 (9): 1198 - 1205.

[7] 王永春. 注意在不同意识状态下感觉运动加工中的作用机制 [D]. 西安：陕西师范大学，2018.

[8] 吕勇，王春梅. 意识与注意的关系——注意对意识产生的充分性与必要性探析 [J]. 心理与行为研究，2016 (1): 127 - 133.

第4章

脑电信号处理及分析

脑电信号是由大脑神经元产生的自发性、节律性电活动。脑电信号的产生与变化是脑细胞活动的实时体现，这一电现象伴随生命始终，人脑只要没有死亡，就会不断产生电信号。我们通常所说的脑电图（electroencephalogram，EEG）一般是由头皮表面电极记录得到的信号，反映神经细胞的整体活动。本章首先介绍脑电信号的发展概况及电生理学基础，然后介绍事件相关电位与脑电的关系及相关前沿研究，最后详细介绍脑电信号的分析处理方法。

4.1 脑电信号

4.1.1 脑电发展历史

人类对脑电现象的认识始于19世纪末20世纪初。1875年，英国利物浦生理学教授Richard Caton在暴露的兔子和猴子大脑表面记录到与心跳或呼吸无关的电现象，该现象随着动物被麻醉或缺氧而改变，在动物死亡后消失。1890年，波兰生理学家Adolf Beck在兔子和狗的大脑自发电活动中发现了光刺激感官可以改变脑震荡节律的现象。随着动物脑电的发展，电生理仪器也在不断改进。1924年，德国生理学家Hans Berger记录了第一个人类的脑电图，明确描述了人脑电活动，并且将此命名为脑电图（electroencephalogram，EEG），这一发现是脑电发展的里程碑。但是当时电生理学家正在致力于研究末梢神经纤维的电活动，而对中枢神经系统少有涉及，因此Hans Berger观察到的EEG节律被大多数电生理学家认为是一种噪声。1934年，Adrian等研究并肯定了脑电信号的存在。Fisher和Lowenback首次发现了癫痫样尖峰。自此，脑电信号的存在得到了科学界一致认可。

关于脑电的大量研究带动了脑电信号记录装置的改进，脑电记录电极由最初的1个通道到现在普遍使用的16导、32导及64导，最多达到了512导，空间分辨率不断提高。随着脑电采集记录设备的发展，脑电图波形变得越来越精确但也更加复杂，微弱的脑电非常容易受到其他生理电信号的影响。最初简单的定性分析已经不足以支持在复杂多变的脑电信号中发现具有意义的信息。1932年，Dietch首次发表了采用傅里叶变换（Fourier transformation）进行脑电信号分析的文章。到20世纪六七十年代，计算机技术迅猛发展，人们开始利用数字信号处理技术定量分析脑电信号，使得脑电研究更具有客观性。

作为一种探索脑部活动的手段，脑电及其事件相关电位被广泛应用于神经科学、认知心理学、神经语言学、心理生理学等领域。1935年，Gibbs、Davis和Lennox描述了发作间期棘波和临床失神发作的三周期模式，开始了临床脑电的研究。1936年，英国的W. Gray

Walter 根据脑瘤患者慢波出现的位置，提出了对于脑瘤的脑电图定位方法，将脑电研究引入临床诊断。目前 EEG 记录主要应用于癫痫等神经疾病的辅助诊断。

4.1.2　脑电信号电生理基础

头皮脑电是相隔一定距离的脑内神经元群电活动的总和。大脑有数十亿个神经元产生电荷，神经元由膜转运蛋白将离子泵出或泵入细胞膜，从而不断与细胞外环境交换离子产生电信号，如维持静息电位、传播动作电位等。单个神经元产生的电位太小而无法被 EEG 检测到，因此 EEG 信号反映的是成千上万个具有相同电场方向的神经元同步活动的总和。如果神经元不具有相同的电场方向，那么它们的离子则不会排列成可被监测的电信号。正常脑电头皮电位的主要信号源是大脑皮层Ⅲ层和Ⅳ层椎体细胞。由于电压场梯度随着距离的平方而下降，因此 EEG 难以监测脑内深部结构的电流。

作为一种电生理信号，脑电具有以下特点。

（1）脑电信号是随机非平稳信号。随机性是由于脑电非常容易被规律未知的因素影响，非平稳性是由于构成脑电信号的生理因素始终在变化，并且对外界的影响有自适应能力。

（2）脑电信号是非线性信号。人类大脑是一个高度复杂、自组织的非线性系统，脑电信号是大量神经元电信号的非线性组合。

（3）脑电信号非常微弱。一般头皮脑电信号不超过 $\pm 100\ \mu V$。

头皮 EEG 活动可以显示各种频率的振荡，这些振荡具有一定的特征频率范围和空间分布，与脑功能的不同状态相关联。按照周期长短或频率高低可以将脑电信号分为以下几种节律（图 4.1）。

（1）δ 节律：δ 节律为 0.5～4 Hz，出现在婴儿期或智力发育不成熟的阶段，或者在成年人极度疲劳、深度睡眠或麻醉状态下，也可能出现在严重器质性脑病患者身上。δ 节律曾在经历皮质下横切手术的实验动物脑内记录到，该手术可使大脑皮质和网状激活系统产生功能性分离。因此 δ 节律产生在皮质内，不受脑的较低级部位神经元的控制。

（2）θ 节律：θ 节律为 4～8 Hz，振幅为 10～40 μV。一般 θ 节律主要分布于额叶。研究显示 θ 节律与工作记忆密切相关，并且随着工作记忆的负载增加，θ 振荡活动也相应增强。随着青少年到成年的年龄增长，θ 波的数量逐渐减少，频率和幅度也发生变化。抑郁症等精神疾病患者的 θ 波比健康人更加显著，在老年期和病理状态下也十分常见。

（3）α 节律：α 节律为 8～13 Hz，平均振幅 30～50 μV，主要分布于顶枕区，一般呈正弦波样，是健康成年人清醒、闭眼状态下的脑电波；进入睡眠状态后便消失，清醒状态睁眼时或注意力集中时幅值降低，并逐渐由 β 节律代替。α 节律的频率、振幅、空间分布等信息是反映大脑功能状态的重要指标。

（4）β 节律：β 节律为 13～30 Hz，振幅一般为 5～30 μV。频率较高，一般出现在精神紧张和情绪激动时。β 节律可以进一步分为 $\beta 1$ 与 $\beta 2$ 节律，$\beta 1$ 为 13～20 Hz，受到心理活动的影响；$\beta 2$ 为 20～30 Hz，在中枢神经系统强烈活动或紧张时出现。β 节律出现于整个大脑区域，主要分布于前半脑区与颞区。

（5）γ 节律：γ 节律是一种高频波，分为低 γ（30～70 Hz）与高 γ（70～150 Hz）。γ 节律广泛分布于多个脑区，如海马、丘脑、各种感觉和运动皮层等。其主要参与刺激特征的绑定、选择性注意和记忆任务等感觉认知活动。

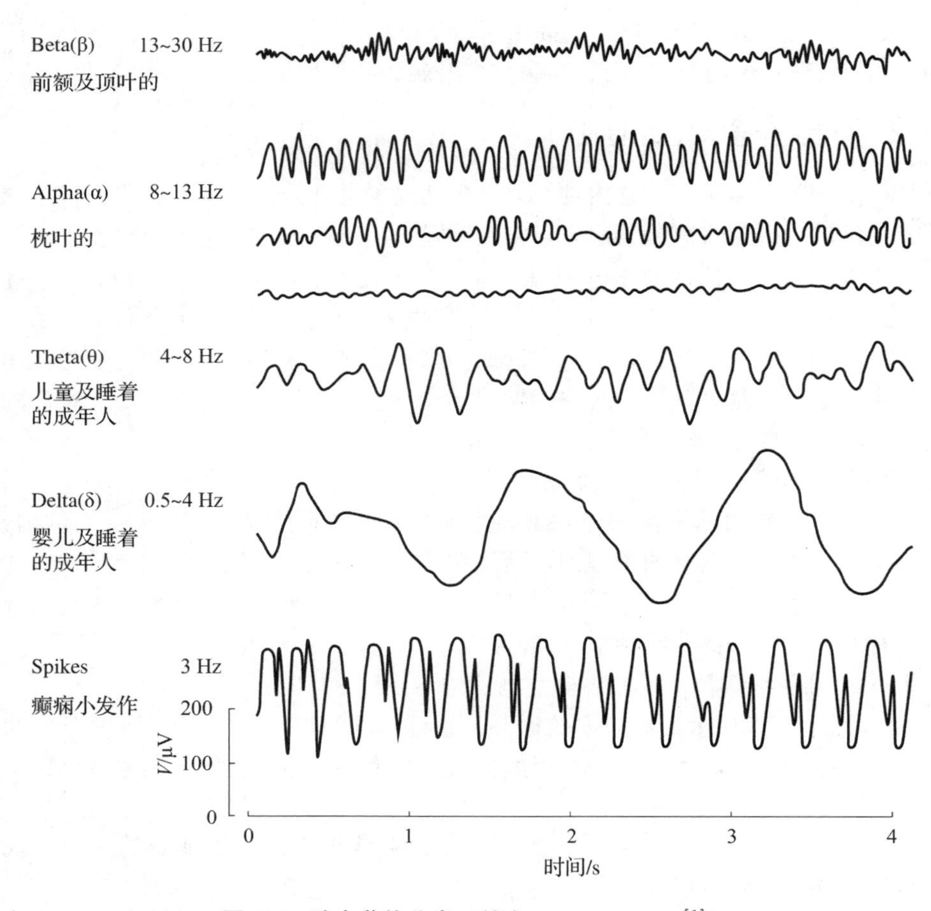

图 4.1 脑电节律分类（摘自 Cameron 1996[1]）

一般认为，与行为认知相关的脑电波段主要集中在 0.5 ~ 30 Hz。除了以上几种脑电的基本节律，常见的还有 μ 节律（8 ~ 12 Hz），为出现在中央区的梳形节律，涉及大脑中控制自主运动的神经元电活动。11 ~ 14 Hz 为睡眠纺锤波，由第 2 阶段非快速眼动睡眠期间丘脑网状核和其他丘脑核的相互作用产生，与海马短期记忆向新皮层的传输有关。

4.2 事件相关电位

4.2.1 事件相关电位发展历史

脑电信号的发现给科学家们研究心理活动机制带来了极大希望。自 1924 年发现脑电信号后的 30 年间，EEG 与心理活动关系的研究逐渐增加。1935—1936 年，Pauline 和 Hallowell Davis 首次在清醒人脑头皮上记录到了感觉诱发电位（evoked potentials，EPs），这是由单次刺激所诱发的电位，因未经叠加而导致诱发电位信噪比低，淹没在脑电信号中。1947 年，Dawson 使用照相叠加技术首次实现了叠加诱发电位的记录。直至 1951 年才正式出现了机械驱动 - 电子存储诱发电位的叠加，并且开辟了事件相关电位研究的新纪元。

诱发电位是指当外界刺激作用时，在大脑局部产生的电位变化，但是随着研究的进行，科学家们发现诱发电位不仅产生于外界刺激，也产生于内部自上而下的心理变化，故此诱发电位改称为事件相关电位。1962 年，Galambos 和 Sheatz 首次发表了由计算机平均叠加的 ERP 论文。1964 年，Grey Walter 等发表了第一个认知 ERP 成分关联性负变（contingent negative variation，CNV），标志着 ERP 研究新时代的来临。此后，科学家们不断发现了不同的与认知或心理因素相关的 ERP 认知成分。随着使用 ERP 方法进行脑功能研究的不断突破，ERP 被认为是“窥视”心理活动的“窗口”。

ERP 的优点在于：①时间分辨率高，其时间分辨率远高于功能磁共振成像技术。长期以来，科学家们希望研究的是认知过程，而不是一个状态，即当事件发生时可以同时检测到脑内的电位变化，因此 ERP 与刺激之间有非常严格的锁时关系，对于认知神经学研究非常重要。②具有可反映大脑自动加工过程的指标。例如失匹配负波（mismatch negativity，MMN）是人脑对外界变化进行自动加工的指标，这些客观波形的应用可以为脑的自动加工研究提供有效手段。③无创，ERP 是一个无创检测技术，安全性高。④设备简单，对环境的要求低，不需要特定场所即可采集。但是 ERP 也有其局限性，如高时间分辨率必定会牺牲空间分辨率，由于颅骨不规则以及容积导体效应、空间分辨率低等原因，128 导电极仅可达到 3 mm 左右，而且可以通过间接计算得到[2]。

4.2.2　事件相关电位原理

ERP 是一种特殊的大脑诱发电位，是由特定的感觉、认知或运动等诱发的大脑神经电生理变化，即当人们在执行某种认知加工时，在头皮表面记录到的电位，也称为认知电位。由 4.1.1 小节我们可以知道 EEG 反映了数千个同时进行且持续的大脑认知过程，成分复杂、不规则且幅值较小，而由心理活动引起的 ERP 更加微弱，通常只有 1～10 μV，这意味着大脑对单个刺激或我们感兴趣的事件的反应会淹没在脑电信号中而无法观测到。因此，为了使 ERP 可以从 EEG 信号中提取出来，实验者须进行多次试验，并将每次刺激的结果叠加并且平均，使随机的大脑活动平均化。当我们想要研究施加某种刺激时人类大脑的反应，这些刺激可以是视觉的、听觉的、触觉的，甚至是嗅觉和味觉的，可以施加刺激 1，刺激 2，…，刺激 N，不断重复同一刺激（通常是 100 次或更多次），实验结束后我们将采集到的 EEG 信号进行分段，并对全部试次进行叠加平均，如图 4.2 所示，最终得到反映人类不同心理活动的 ERP。获取 ERP 波形的数据处理过程即称为 ERP 的数据提取过程。

事件相关电位的某一成分（事件相关电位成分会在 4.2.3 小节展开叙述）具有两个重要特性：其一是潜伏期恒定，其二是波形恒定。而自发脑电的发生则是随机的，因此将多段由相同刺激引发的脑电信号叠加时，自发脑电及噪声的值有正有负，叠加后会出现正负相抵消的情况，ERP 波形会随着叠加逐渐趋于稳定并被突显出来。

4.2.3　事件相关电位成分

通常来说，可以把一个“成分”称为一个“波”，但成分的表征含义稍有不同，它指的是由脑内加工产生的波形，而任何一个 ERP 的波动都可以称为一个波。常见的 ERP 成分命名方法有两种：①按照潜伏期命名。正波命名为 P，负波命名为 N，随后标出潜伏期；例如，300 ms 左右出现的正波称为 P300。②按照功能意义命名。有些成分的功能意义较为明

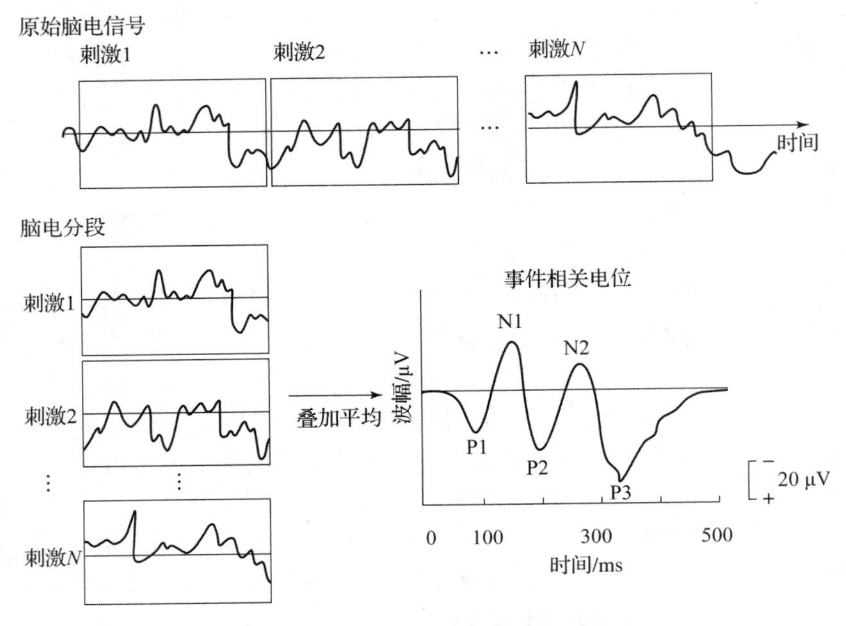

图 4.2　事件相关电位分段叠加示意图

确，可以按其意义命名，如失匹配负波、加工负波（processing negativity，PN）等。从临床应用角度出发，ERP 成分通常可以分为两大类：一是与刺激的物理属性相关的外源性成分，与感觉或运动功能有关，如脑干听觉诱发电位等；另一类是与心理因素相关的内源性成分，如 P300 等。研究 ERP 的科学家们经过 40 多年的积累，确定了一些经典的 ERP 成分，这些成分与人类心理学认知密切相关，ERP 也成为一个了解大脑认知活动的“窗口”。以下将会详细介绍几种 ERP 成分。

1. 关联性负变

关联性负变又称伴随负反应、伴随负变化、偶发负变化或期待波，如图 4.3 所示。这是 1964 年 Walter 和 Cooper 等发表在 *Nature* 杂志上的第一个认知成分，是在研究诱发电位特性，观察闪光和短声相继刺激的相互效应时，偶然发现的一种电位负变化。但受试者执行图 A，对短声进行反应与执行图 B，对闪光进行反应时则仅在刺激出现时观察到波动。图 C 是当告知受试者短声出现后 1 s 将出现闪光时的反应。当执行图 D 的任务即告知受试者短声出现后 1 s 将出现闪光时尽快进行按键反应，按键后闪光即中断。在图 D 中，短声成为预备信号，闪光成为命令信号。在预备信号之后，可以记录到一个持续时间较长的负向偏转的慢电位，当受试者对命令信号进行运动反应后，负向电位很快偏转回到基线，将此负向偏转电位变成 CNV。

CNV 被认为主要与多种心理因素有关，如期待、意动、朝向反应、觉醒、注意、动机等，可以被认为是一个综合的心理准备状态，如紧张或应急状态。

2. P300

对 P300 的观察（后来被命名为 P3b 的成分）源于 20 世纪 60 年代中期。1964 年，Chapman 和 Bragdon 发现 ERP 对视觉刺激的反应因刺激意义而异。他们向受试者展示了数字和闪光两种视觉刺激。受试者依次观察这些刺激，对于每两个数字，受试者被要求做出简单的决定，如告诉两个数字中的哪个数字更小或更大，或者是否相等。Chapman 和 Bragdon 发现数

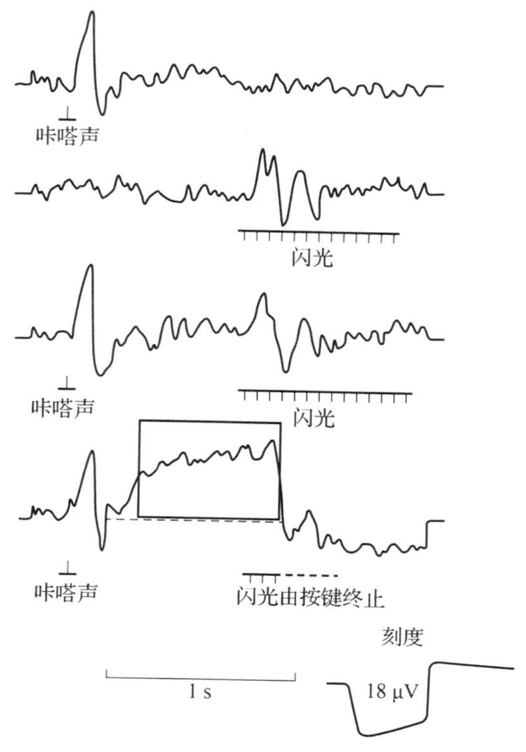

图 4.3 关联性负变（摘自 Walter et al. 1964[3]）

字与闪光均引起了预期的感觉反应（例如视觉 N1 成分），并且这些反应的幅度随着刺激的强度以预期的方式变化。此外，ERP 对这些数字而非闪光的反应存在一个较大的正值，在刺激出现后大约 300 ms 达到峰值。Chapman 和 Bragdon 推测存在一个对数字有特异性反应的波形，即 P300。1965 年，Sutton 和他的同事正式发表了两个实验的结果（图 4.4），进一步探索了这种晚期的积极性成分。他们给受试者一个提示，指示接下来的刺激是短声还是闪光，或者给一个提示要求被试猜测接下来的刺激是短声还是闪光。他们发现，当要求被试猜测接下来的刺激物是什么时，晚期阳性成分的振幅比被试知道刺激物是什么时更大。第二个实验中，他们提出了两种刺激类型。刺激有 2/3 的概率是短声，1/3 的概率是闪光。第二种刺激类型的概率与第一种相反。他们发现，在以 1/3 概率出现的刺激下，无论刺激是短声还是闪光，晚期正性成分振幅都更大，这表明刺激的物理类型（听觉或视觉）对于 P300 的产生并无影响。

P300 成分的诱发源于 oddball 范式，如果在 oddball 范式中再加入一种小概率新异刺激，如在以两种不同频率作为标准刺激和偏差刺激的范式中再加入狗吠、猫叫或敲锣等，第三类刺激即为新异刺激。新异刺激会诱发出正成分，最大波幅在额叶，称为 P3a。经过一系列的研究发现，P3a 是朝向反应出现的标志，P3b 则是持续关注目标能力的指标。

EEG 记录的 P300 表现为电压正偏转，潜伏期（刺激和响应之间的延迟）为 250 ~ 500 ms。波形主要分布在顶叶区域。在决策过程中这种信号是否存在及其幅度、脑地形图和能量等特征常被用作认知功能的度量指标。虽然 P300 的神经机制仍然不清楚，但是该信号的可重复性和普遍性使其成为临床和实验室心理测试的重要观察指标[5]。

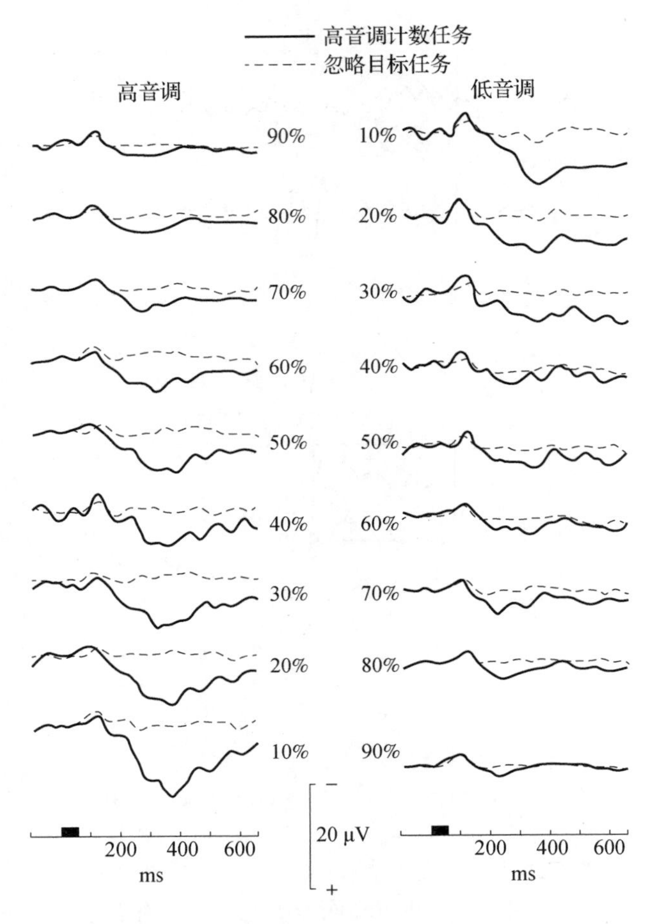

图 4.4　P300（摘自 Duncan - Johnson 1977[4]）

3. 失匹配负波

1978 年，Näätänen 等在研究听觉事件相关电位时首先发现并报道了失匹配负波这种内源性事件相关电位的负成分，一般是由听觉环境中的细微变化引起。与诱发 P300 成分的方法一致，MMN 的获取采用 oddball 范式，即一个实验中有两种类型的刺激：一是小概率出现的刺激（偏差刺激，一般概率约为 20%），二是大概率出现的刺激（标准刺激，一般概率约为 80%）。首先将标准刺激及偏差刺激的 ERP 分别叠加并进行平均，将偏差刺激的 ERP 减去标准刺激的 ERP，此差异波一般是在刺激后 100～250 ms 的负向偏转，如图 4.5 所示。

MMN 是事件相关电位的一个重要成分，由在随机且不断重复的标准刺激中突然出现的偏差刺激所诱发，反映了大脑中不随主观意愿而改变的信息的自动处理，并与前注意加工机制相关，即人脑对刺激差异的无意识加工。另外它也可以反映感觉记忆活动，可能与对意料之外事件进行反应的自动报警机制密切相关，并调节注意等高级认知过程。近年来，大量研究者利用颜色刺激、方向箭头、情绪表情等视觉实验任务来研究视觉的 MMN 脑机制。由于 MMN 的诱发不需要被试主动参与，可将其应用到精神分裂症、抑郁症、自闭症、帕金森病、昏迷等疾病的临床辅助检查中。

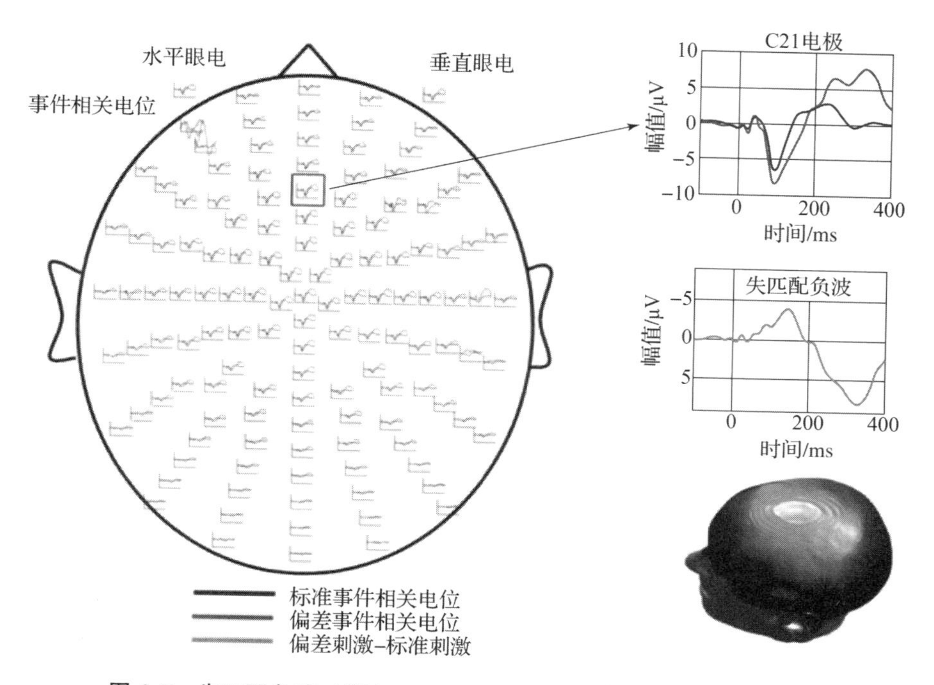

图 4.5　失匹配负波（摘自 Garrido et al. 2007[6]）（书后附彩插）

4. N170

Bentin 及其同事于 1996 年首次描述了 N170，N170 是反映面部神经加工的 ERP 成分。他们让受试者观察人脸及其他物体，发现当受试者观察人面部时，大约在 170 ms 会出现一个负成分，而其他刺激物如动物面部、汽车、身体部位，则不会引起这种反应（图 4.6）。

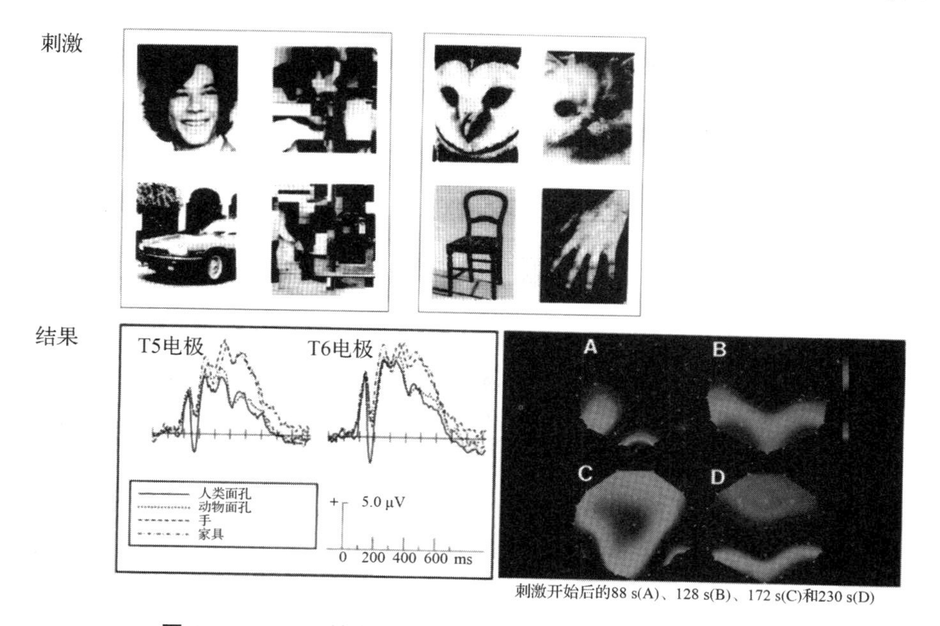

图 4.6　N170（摘自 Bentin et al. 1996[7]）（书后附彩插）

人类可以快速轻松地识别面孔，大量研究尝试去了解大脑是如何处理它们的。早期对面孔失认症即“脸盲”患者的研究发现，颞枕叶的损害可以导致人们识别面部的能力受损或完全丧失。该区域对于面部处理中的重要性在之后的功能磁共振成像研究中得到证实，该研究发现梭形面部区（fusiform face area，FFA）可以选择性响应人脸信息。在大脑中，视觉刺激沿着许多不同的神经回路进行处理。人类进化形成了用于处理脸部刺激独特的神经回路，以识别脸部与他人的关联信息。当刺激被识别为面部后，在梭形面部区域、枕面部区域（OFA）和颞上沟（fSTS）的面部选择区域内发生更为精细的处理。FFA 用于低级任务处理，如区分相似的众所周知的对象之间的细节。OFA 和 fSTS 则用于更高级的任务处理，如将人的身份与其面部联系起来，以及分别基于面部特征排列来处理情绪。一旦面部刺激被处理，就会被编码到记忆中，这就涉及更多的大脑结构，如内侧颞叶和海马。N170 作为面孔处理过程中的一个表征，对面孔检测具有重要意义，这为之后认识面孔和社会信息的联系奠定了基础。

4.2.4 事件相关电位应用

ERP 成分分析是研究和监测人脑信息处理的方法之一。具有特定头皮分布的 ERP 成分的振幅和潜伏期可以反映早期感知觉过程及更高层次的处理，如注意、皮层抑制、记忆更新、错误监控等。ERP 提供了研究受试者认知过程的方法，同时也是一种评估神经精神疾病个体差异的敏感工具。尽管功能磁共振成像等影像学方法可以提供更加精确的激活脑区特征，但 ERP 因其时间分辨率高，仍然是研究大脑的重要工具[8]。

1. 疾病诊断

很多精神疾病患者存在注意、记忆、抽象思维和信息整合等方面的障碍。这些认知功能的损伤会对 ERP 造成影响。接下来我们将举例，便于大家更好地理解 ERP 在疾病诊断中的应用。

大多数关于创伤后应激障碍（post - traumatic stress disorder，PTSD）的研究都报告了 P300 的异常，与正常人相比，PTSD 患者对创伤相关图形 P300 成分振幅较大，如图 4.7 所示，P300 振幅增加被认为反映了对威胁刺激的注意偏向，这为 PTSD 的认知加工损伤机制提供了证据。

MMN 最具前景的临床应用之一是精神分裂症（schizophrenia），大量研究发现精神分裂症患者的 MMN 波幅在频率和持续时间上均显著降低，并且个体 MMN 振幅与疾病严重度和认知功能异常相关。MMN 对于精神分裂症研究的重要性在于：首先，MMN 的产生依赖于 NMDA（N - 甲基 - D - 天冬氨酸）受体信号，在一些猴子中开展的侵入性研究以及人类的 EEG/MEG（脑电图/脑磁图）研究中，NMDA 受体的药物阻断显著降低了 MMN。而在精神分裂症中，NMDA 受体在谷氨酸能突触可塑性中的关键作用是当前精神分裂症病理生理学假设的核心。其次，因为精神分裂症患者认知损伤的特点，需要较为简单的任务范式，并且对注意力的要求不能过高，能够诱发 MMN 的 oddball 范式便很好地满足了这些需求。

尽管事件相关电位的一些成分在疾病中已有很好的应用，但仍然存在一些缺陷，如在抑郁症患者身上发现其 P300 成分较正常人振幅降低，潜伏期延长。由此可见，ERP 在筛查认知障碍类疾病中的特异性、敏感性并不是很高，因而很难成为疾病的特异性诊断指标，目前临床上使用的主要目的是对患者的认知障碍情况进行评估。

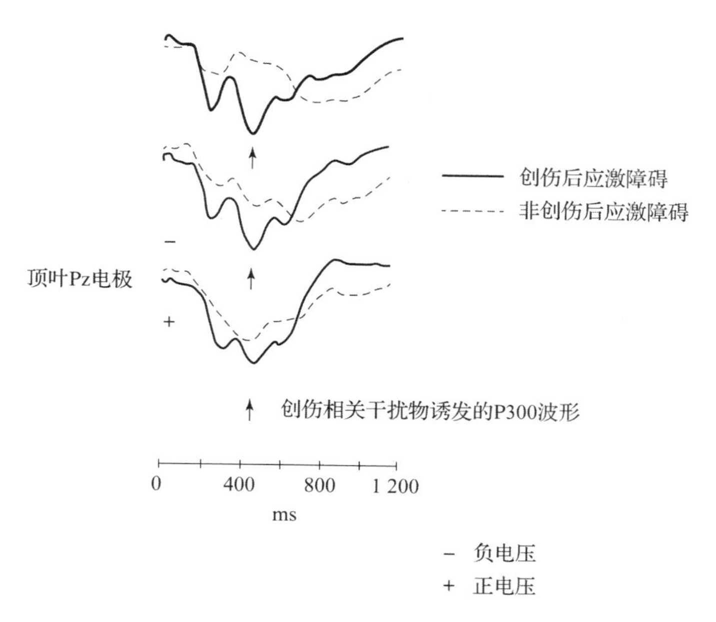

图4.7 PTSD受试者P300变化（摘自Attias et al. 1996[9]）

2. 功能训练

ERP除了在临床上的应用，还可以用于功能训练与评估，如神经反馈（neurofeedback，NFB）、脑机接口、测谎等。脑机接口（brain - computer interface，BCI）技术是通过计算机监测、识别大脑思维意念信号模式，产生可控制或操纵周边通信或工作设备的指令，达到预想操作目的或实现与外界的信息交流。它可以帮助肢体残疾但思维意识正常的患者增强与外界交流的能力。与感觉密切相关的ERP是BCI系统自主意识信息转化的经典范式之一。另外，神经反馈是借助脑电生物反馈治疗仪将大脑皮层各个区域的电活动节律反馈出来，并对特定的脑电活动进行训练，通过训练选择性强化某一频段的脑电波以达到治疗目的。在神经反馈的过程中，可以选择性强化的是某种ERP成分。脑机接口和神经反馈的具体应用将在第7章展开，此处不再赘述。

4.3 脑电信号的预处理

脑电是一种随机性很强的生理信号，其谐波成分非常复杂，节律种类多样，且具有很高的时变敏感性，信号极易被噪声污染，导致脑电信号被覆盖于污染源之下，给信号分析及解释带来非常大的困难。因此，分析脑电信号之前有必要对其进行预处理。

4.3.1 预处理步骤

为得到相对干净的信号，通常对脑电信号进行以下预处理[10]。

（1）电极定位。原始脑电数据中如果不自带有电极的三维（3D）坐标信息，那么就需要手动加入电极定位文件，建立电极的空间位置。

（2）参考电极转换。各个厂家生产的脑电帽参考电极位置会有差异，因此一般都需要转换参考电极位置。理想的参考电极点是电势为零或电位恒定的位置，有效电极的电位是其绝对电位减去同一个参考电极的电位，但是人脑是一个容积导体，理想的参考电极位置是不存在的。因此常见有几种参考电极的设置。首先，以双耳或双侧乳突的平均值作为参考。乳突或耳垂的脑电信号一般较弱，且双侧平均值可以解决大脑两侧半球电位关系的失真问题。其次，将参考电极放在鼻尖，由于双耳或双侧乳突参考不能观察乳突附近的脑源活动，所以在研究乳突附近脑源活动时通常采用鼻尖做参考。另外，平均参考的目的在于消除原始记录数据中参考电极电位变化所形成的误差。对原始记录的脑电信号求出全部记录点的均值，使用各点减去平均值即可得到。

（3）滤波。进行后续分析之前可进行第一步滤波，将需要分析的频段取出，减少一部分噪声。脑电信号一般频段为 0.5～50 Hz。

（4）删除坏区。在记录脑电信号的过程中，由于被试身体挪动、仪器不稳或电极头皮接触电阻过大等因素，信号在某段时间内漂移过大或者溢出，这些信号一般称为“坏段”或“坏通道”，如图 4.8 所示。正常记录的脑电数据幅值一般不会超过 100 μV，这些坏段需要由主试肉眼检查并删除。如果出现坏通道，即某一个电极的值过大，一般采用通道插值的办法将周围通道的值取均值替换原数据。

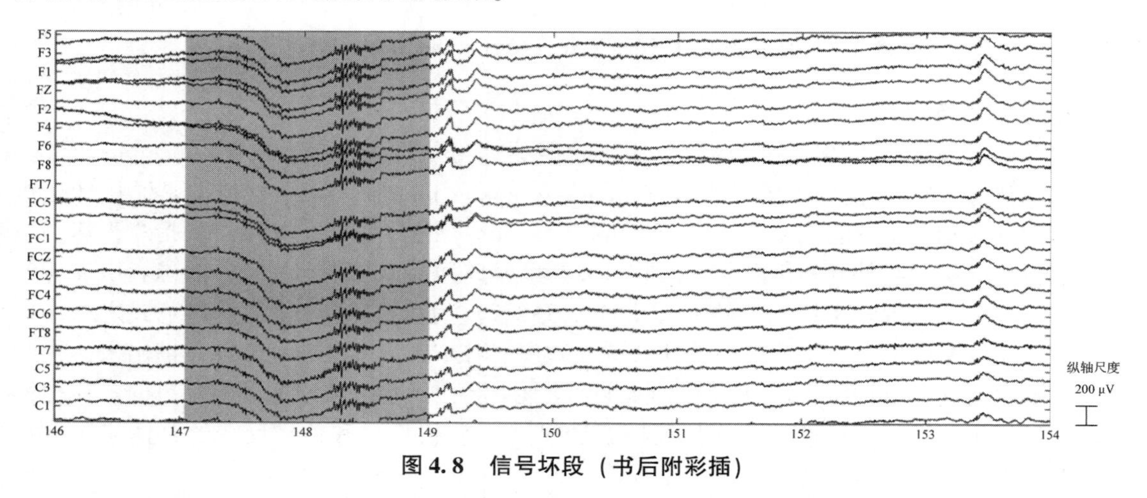

图 4.8　信号坏段（书后附彩插）

（5）删除伪迹。脑电信号干扰源主要分为两类：一类是体外干扰，如交流电源和环境中的电磁干扰；一类是体内干扰，如眨眼、心电、呼吸、肌电等。几种噪声的基本特征如下（图 4.9）：①眼电，由眼动所产生的眼电信号是最常见的伪迹，几乎所有被试都会在前额部分导联产生与眼球活动节律一致的伪迹，眼电信号主要包括水平眼电与垂直眼电，在脑地形图上呈现前额叶集中分布，同时时域波形的节律性与幅值远大于 100 μV，频域能量主要体现为 0～20 Hz 范围内的平滑下降。②肌电，由于被试会不自觉地进行吞咽等动作，由此引起的肌电信号会对脑电信号产生影响，一般情况下在脑地形图中肌电成分主要表现为集中在颞叶的高能量，其频率在 10～2 000 Hz，波形幅值位于 10 μV～15 mV 之间。③心电，在周围环境安静的情况下，可以明显地感受到心跳，甚至听到心跳的声音，因此心电波幅较大，可达数毫伏，但由于心脏距离大脑较远，长距离传输使得脑电电极记录到的心电信号较为微弱，需要注意将其分离。心电信号表现为时域中的 QPRS 波特征。④工频干扰，由频率相对固定的电力系统所引起，我国的供电电压固定工作频率为 50 Hz，在频谱中呈现为 50 Hz 处的尖峰脉冲。

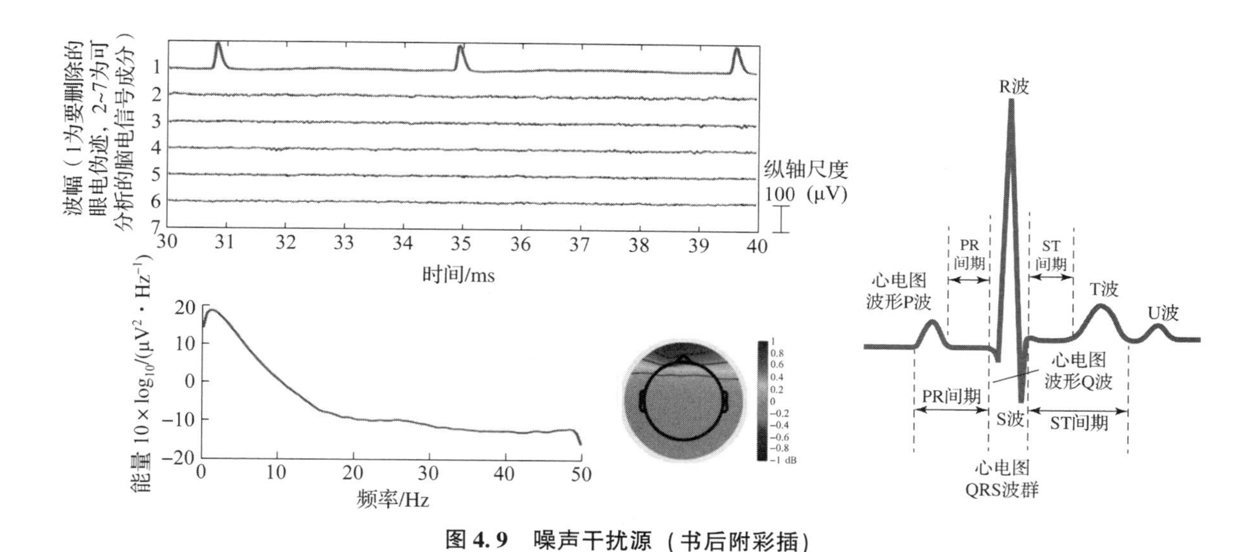

图 4.9　噪声干扰源（书后附彩插）

（6）分段。按被试状态，可以将所采集脑电信号分为任务态与静息态。任务态是指实验者事先设计某种实验任务，如让受试者识别图片、听语音等，在这段时间内连续记录受试者脑电信号，则此段脑电称为任务态脑电，一般从任务态脑电可以提取得到 ERP；静息态是指受试者处于睁眼或者闭眼的休息状态。任务态脑电分段根据实验刺激呈现时间设定，静息态脑电分段则根据采集时间的长短及后续分析需求决定。

脑电信号预处理步骤主要包括上述六步，根据数据类型的不同可能会有顺序或处理步骤上的不同。预处理最重要的一步是删除伪迹，一般这些伪迹难以通过叠加消除且对脑电信号影响非常大，因此需要采用一些特殊的技术方法消除，4.3.2 小节将详细介绍几种伪迹去除方法。

4.3.2　去除伪迹方法

1. 主成分分析

主成分分析（principal component analysis，PCA）是线性模型参数估计的一种常用方法。PCA 假设一个随机信号最有用的信息体包含在方差里。其基本思想是利用正交原理将原来的相关自变量变换为另一组相互独立的变量，即从原始空间中找到一个方向 $\boldsymbol{w}_1$ 使得随机信号 $X(t)$ 在该方向上的投影 $\boldsymbol{w}_1X(t)$ 方差最大化，再在与 $\boldsymbol{w}_1$ 正交的空间找到方向 $\boldsymbol{w}_2$，使得 $w_2X(t)$ 方差最大化，以此类推，得到另一组相互独立的随机变量，记 $\boldsymbol{W}=(w_1, w_2, \cdots, w_n)$，然后选择其中一部分重要成分作为自变量（此时不重要的自变量会被丢弃），最后再利用最小二乘法对选取主成分后的模型参数进行估计。对于脑电信号来说，PCA 将原始信号分解为相互独立的成分，丢弃伪迹成分，再重新估计脑电，可以达到降低噪声的目的。

2. 独立成分分析

在信号处理中，独立成分分析（independent component analysis，ICA）是一种将多变量信号分离为加性子成分的盲信源分离（blind source separation，BSS）方法，即根据源信号的统计特性，仅由观测的混合信号分离出未知原始源信号的方法。ICA 假设子成分 $S(t)=$

$[s_1(t), s_2(t), \cdots, s_M(t)]^T$ 是非高斯信号，并且在统计上彼此独立，$X(t) = [x_1(t), x_2(t), \cdots, x_N(t)]^T$ 是 N 维的观测信号。观测信号与位置源信号服从模型 $X(t) = \boldsymbol{A}S(t)$，利用这些假设，寻找一个线性变换分离矩阵 $\boldsymbol{W}$，希望输出信号 $U(t) = \boldsymbol{W}X(t) = \boldsymbol{WA}S(t)$ 尽可能地逼近真实的源信号 $S(t)$。总的来说，ICA 认为观测信号是若干个统计独立的分量的线性组合，而后者携带更多信息。我们可以证明，当源信号为非高斯分布，那么这种分解是唯一的。

在脑电信号处理中，我们观测到的脑电信号是有效的脑电信号、心电信号、眼动电信号、肌电信号以及其他干扰源所产生的干扰信号的线性组合，这些都是由相互独立的信号源产生。通过 ICA 分解，可以去除干扰伪迹，提取出有效的脑电信号。由于 ICA 计算稳定，较少有数值问题，目前很多脑电采集设备配套软件或者脑电数据处理软件均会内置 ICA 算法，使用起来很方便。

4.4 脑电信号的传统分析方法

针对脑电信号的线性分析方法主要包括时域分析、频域分析与模型分析。

4.4.1 时域分析

时域分析是脑电信号研究最早的分析方法，具有较强的直观性且物理意义明确。大脑的一些重要信息可以体现在时域上，如癫痫患者脑电图检测到的棘波和尖波，睡眠脑电信号的梭形波等。时域分析的优点在于不需要假设脑电是平稳信号，可以描述单个脑电波的幅度和波长（周长），适用于分析时间长度较大的睡眠脑电。时域分析的主要目的是找到脑电信号随时间变化的规律，提取脑电波形特征，包括振幅、频率、时程、瞬态分布、去线下面积等几何特性。其分析方法包括过零点分析、柱状图分析、直方图分析、方差分析（analysis of variance，ANOVA）、峰值监测及波形参数分析等。以下将简要描述过零点分析法。

过零点分析法是将两个相邻零点之间的波形定义为一个半波，过零点的时间通过跨零点的一对点线性插值得到，如图 4.10 所示。该分析需要计算以下指标：①半波宽度，相邻两个零点之间的时间间隔，即插值后得到的半波周期；②半波曲线长度，整波后半波中的波峰、波谷之间的幅度差之和，如波峰、波谷之间的幅度差小于自定义的值，则认为是叠加在信号上的噪声，予以删除；③积分幅度，半波与零基线之间幅度的积累之和。

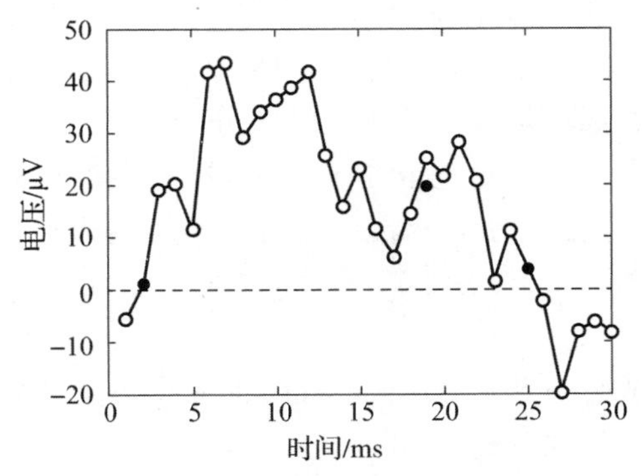

图 4.10 过零点分析法（摘自《脑电信号分析方法及其应用》[11]）

4.4.2 频域分析

频域分析是将脑电信号变换到频域，从频域提取脑电信号相关特征，直接观察 δ、θ、α、β、γ 节律的分布与变化。功率谱估计是频域分析的一种重要方法。但谱估计分析脑电信号的平均谱特征，会丢失脑电的瞬态信息，一般无法检测到癫痫中的棘波和尖波。谱估计法大致可以分为非参数模型谱估计与参数模型谱估计，非参数模型谱估计又称为经典谱估计，主要有自相关法、周期图（periodogram）法、Welch 法等；参数模型谱估计主要有自回归（AR）模型谱估计、滑动平均（MA）模型谱估计、自回归滑动平均（ARMA）模型谱估计等。

1. 傅里叶变换

法国数学家约瑟夫·傅里叶（1768—1830）在研究偏微分方程的边值问题时提出了傅里叶级数（Fourier series，FS）的概念，傅里叶级数可以将任何周期函数或周期信号分解成一组简单振荡函数的和，即可以用正弦函数和余弦函数表示。然而，并非所有的信号都是周期信号，所以对傅里叶级数的概念进行了延伸，即将函数的周期延长并被允许接近于无穷大时可以导出傅里叶变换。当一个函数满足狄利克雷条件即在无穷区间内绝对可积时，则傅里叶变换式（4.1）成立：

$$F(w) = \int_{-\infty}^{\infty} f(t)\,\mathrm{e}^{-iwt}\mathrm{d}t \tag{4.1}$$

式中，w 代表角频率。$f(t)$ 为原函数，$F(w)$ 称为 $f(t)$ 的像函数，二者共同组成了一对傅里叶变换对。在计算机信号分析中，采用离散傅里叶变换（discrete Fourier transform，DFT），通过对离散时间傅里叶变换（discrete - time Fourier transform，DTFT）频域上的采样，使得傅里叶变换在时域和频域上都呈现离散的形式，离散时间序列 $x(1)$，$x(2)$，$x(3)$，…，$x(n)$ 的傅里叶变换为

$$X(\mathrm{e}^{jw}) = \sum_{n=-\infty}^{+\infty} x(n)\,\mathrm{e}^{-jwn} \tag{4.2}$$

2. 功率谱密度

上述傅里叶变换的基本原理均为以下经典谱估计分析方法的基础。功率谱密度（power spectral density，PSD）根据随机信号 $x(n)$ 和自相关函数 $r(k)$ 计算，公式为

$$P(w) = \sum_{k=-\infty}^{+\infty} r(k)\,\mathrm{e}^{-jwt} \tag{4.3}$$

其中，$r(k) = E[x(n)x*(n+k)]$，E 代表数学期望，$*$ 代表复共轭。

3. 周期图法

假设脑电是平稳信号，将脑电信号进行准平稳分段，使信号序列为有限长度，可以得到周期图谱估计：

$$P(w) = \frac{1}{N}\left|\sum_{n=1}^{N} x(n)\mathrm{e}^{-jwn}\right|^2 \tag{4.4}$$

周期图法中，分辨率随着数据长度增长而增加，但方差不会减小。

4. 加窗周期图法

为改变周期图法谱估计性能，减小方差，可以采用与适当谱窗卷积来平滑周期图，即

$$P(w) = \frac{1}{N}\left|\sum_{n=1}^{N} w(n)x(n)\mathrm{e}^{-jwn}\right|^2 \tag{4.5}$$

式中，$w(n)$ 代表窗函数，常用的窗函数有矩形窗、三角窗、汉宁窗、哈宁窗和布莱克曼窗，矩形窗频率分辨率最高，但其旁瓣也最高。

5. 平均周期图法

平均周期图法也能达到减小方差的目的。将总长为 N 的数据分为 M 段，每段长度为 L，分别计算每一段的周期图，然后进行平均：

$$P(w) = \frac{1}{M}\sum_{i=1}^{M}\left(\frac{1}{L}\left|\sum_{n=1}^{N} x_i(n)\mathrm{e}^{-jwn}\right|^2\right) \tag{4.6}$$

平均周期图法频率较周期图法方差减小 M 倍，但频率分辨率下降了 M 倍。

6. Welch 法

Welch 法以加窗进行平滑，以分段重叠求取平均，因此集平滑与平均的优点于一体，但也不可避免地存在缺点。实际应用中由于易于理解，便于计算，多数情况下频率分辨率和方差性能可以满足需要，因此 Welch 法被广泛应用。

该方法将数据分段加窗后求傅里叶变换，分段的数据允许重叠，每个分段数据采用加窗运算。将总长为 N 的数据分为 K 段（可重叠），每段长度为 L：

$$P(w) = \frac{1}{K}\sum_{i=1}^{K}\left(\frac{1}{LV}\left|\sum_{n=1}^{L} w(n)x_i(n)\mathrm{e}^{-jwn}\right|^2\right) \tag{4.7}$$

其中，V 表示窗函数 $w(n)$ 的功率，$V = \frac{1}{L}\sum_{n=1}^{L}|w(n)|^2$

7. 自回归模型谱估计

经典谱估计存在分辨率低、方差性能差的问题，根本原因在于谱估计时需要对数据进行加窗截断，采用有限个数据或其自相关函数来估计无限个数据的功率谱，意味着在窗外的数据全部置为0，但是这种假设并不符合实际。而现代谱估计主要是针对经典谱估计（自相关法、周期图法等）的问题进行改进。MA 模型需要求解非线性方程组进行参数估计，而 ARMA 模型则需要确定 AR 与 MA 的阶数再进行参数估计，过程较为复杂烦琐，因此 AR 模型计算相对简单并且在高信噪比的条件下频率分辨率高，因而更加常用。但 AR 模型谱估计在信号为线性、平稳性的条件下估计性能较好，而脑电信号是非平稳信号，因此进行 AR 模型谱估计时一般将脑电信号分段。AR 模型谱估计法假设所研究的信号 $x(n)$ 是一个输入序列 $u(n)$ 激励一个线性系统 $H(z)$ 的输出，然后使用已知的 $x(n)$ 对模型的参数进行估计，再从 $H(z)$ 的参数估计 $x(n)$ 的功率谱。

AR 模型是一个全极点模型，即

$$x(n) = -\sum_{i=1}^{p} a_i x(n-i) + u(n)$$

p 阶 AR 模型的参数为 $a_i(i=1, 2, \cdots, p)$，$u(n)$ 为白噪声序列，对其进行 Z 变换，则 AR 模型的传递函数为

$$H(z) = \frac{1}{1+\sum_{i=1}^{p} a_i z^{-i}}$$

则 $x(n)$ 的功率谱密度为

$$P_{xx}(w) = \frac{\sigma^2}{\left|1+\sum_{i=1}^{p} a_i \mathrm{e}^{-jwi}\right|^2}$$

其中，σ^2为白噪声序列方差，一般可以采用自相关法、Burg算法、改进协方差算法等进行AR模型参数求解，此处不再对具体算法展开叙述。与经典谱估计方法相比，AR模型谱估计法可以得到连续频率的频谱，模型阶数越高，分辨率越好，但阶数过高会导致存在伪峰值，因此可以使用最终预报误差（final prediction error，FPE）准则法、赤池信息准则（Akaike information criterion，AIC）等方法确定AR模型的阶数。

4.5　脑电信号的现代分析方法

人类大脑是典型的非线性动力学系统，脑电信号是时变的随机非平稳信号。传统线性分析方法在处理维度相似的脑电信号时效果并不是很理想，具有一定的局限性。20世纪80年代，非线性动力学的理论和方法迅速发展，开始在脑电信号分析中应用。

4.5.1　非线性动力学方法

大脑可以被看作一个非线性动力学系统，脑电信号是其输出，具有非线性动力学特征。1985年，Babloyantz等首次将非线性动力学和混沌理论应用于脑电信号分析。目前非线性动力学方法主要有Lorenz散点图、Lyapunov指数、相关维数、复杂度等[12]。

1. Lorenz散点图

假设脑电信号的采样点为$x(1)$，$x(2)$，…，$x(n)$，…，Lorenz散点图的绘制是采用相邻两采样点的前一点值为横坐标（X轴），后一个采样点为纵坐标（Y轴），即

$$\{(x,y)\mid x=x(n),\ y=x(n+1),\ n=1,2,3,\cdots\}$$

Lorenz散点图比较直观，可以看出相邻采样点之间的关系和信号的幅值。一般癫痫病人的Lorenz散点图沿着45°线分布，正常人则分布在小范围的椭圆形区域内，如图4.11所示，说明癫痫病人脑电信号相邻点较为接近，而正常人的信号比较稳定。Lorenz散点图对脑电信号进行粗略的分析，呈现直观的图像特征，并未量化分析。

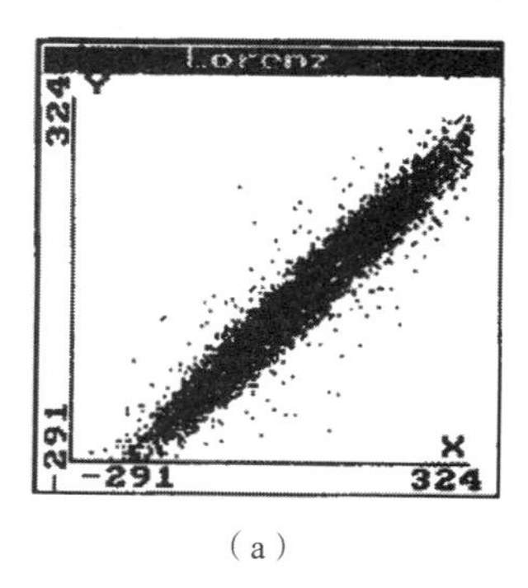

（a）

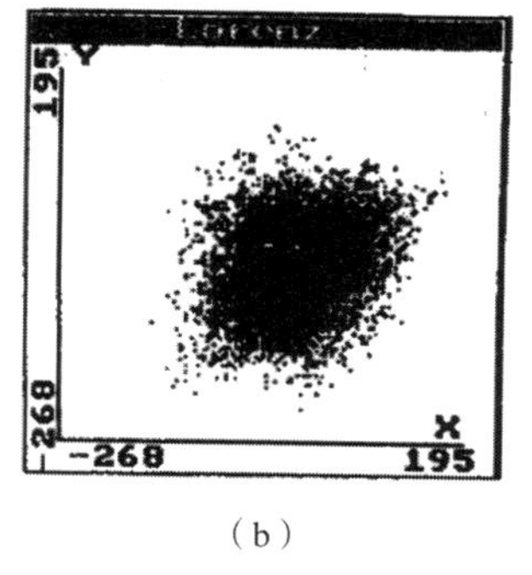

（b）

图4.11　癫痫病人与正常人的Lorenz散点图（摘自《脑电信号的几个非线性动力学分析方法》[13]）

（a）癫痫病人的Lorenz散点；（b）正常人的Lorenz散点图

2. Lyapunov指数

混沌系统是指在一个确定性系统中存在着貌似随机的不规则运动，此系统行为具有不确定性、不可重复性及不可预测性，并且未来状态对初始值具有敏感的依赖性。混沌是非线性动力系统的固有特性。Lyapunov指数用于判断一个系统是否属于混沌系统，即描述初始状态

的微小不确定性扩大率的重要参数。当系统 Lyapunov 指数存在正值时，表明系统具有混沌特征。研究者们计算了脑电信号的最大 Lyapunov 指数，结果均为正值，证实脑电信号具有混沌特征。

3. 相关维数

相关维数用于描述系统的自由度，是混沌时间序列分析中根本的量化指标之一。在条件不变的情况下，脑电信号的变化反映了大脑活动的细微变化。相关维数为 1 时，系统呈现周期振动；相关维数为 2 时，系统存在两个不可约的频率的周期振荡；相关维数边界不是整数时，系统处于混沌运动状态。

4.5.2 时频分析

脑电信号是一个时间信号，每个时刻都含有不同的频率成分。传统的频域分析方法无法体现出时间维度下频率变化的特征，因此出现了基于傅里叶变换、时间与频率结合的二维分析方法，如短时傅里叶变换、小波变换等，使得脑电信号频域的分析更加精确。

1. 短时傅里叶变换

在信号处理中，信号的时域信息具有完美的时间分辨率但没有频率信息，而傅里叶变换虽然拥有完美的频率分辨率，却无法定位时间位置，这些缺点使得傅里叶变换不适用于分析时间上局部化的信号，尤其是瞬时信号。鉴于此，1946 年 Gabor 引入了窗口傅里叶变换：

$$G(t,w)=\int_{-\infty}^{\infty}f(\zeta)g(\zeta-t)\mathrm{e}^{jw\zeta}\mathrm{d}\zeta$$

其中，$g(t)$ 为选定的窗函数，此窗函数可以有不同的选择，如汉宁窗、海明窗、高斯窗等，通过在时间轴上滑动固定的窗函数，对时域信号进行傅里叶变换，得到各个不同时间窗内的频域信息。但是由于分辨率及时间窗大小在选定窗函数时就已经确定，因此在时间变化过程中不能兼顾时间与频率分辨率的要求。

2. 小波变换

短时傅里叶变化可以将频率信息在不同的时间窗中呈现，但时间宽度在所有频率中都是一致的，而在实际情况中低频信息波形相对较宽，因而应选择相对较大的时间窗；相反高频信息则在较小的时间窗中可以获得较高精度，因此短时傅里叶变换不能适应低频信号与高频信号对分辨率的不同要求。1974 年，由法国物理学家 J. Morlet 首次提出了小波变换的概念，将傅里叶变换中无限长的三角函数基，替换为有限长且可以衰减的小波基。小波变换由载波乘以包络组成，公式如下：

$$WT(a,\tau)=\frac{1}{\sqrt{a}}\int_{-\infty}^{\infty}f(t)*\psi\left(\frac{t-\tau}{a}\right)\mathrm{d}t$$

其中，$\psi(t)$ 是基小波，包含两个变量：尺度 a 和平移量 τ。尺度 a 控制小波函数的伸缩，与频率相关；平移量 τ 控制小波基函数的位移，与时间信息相关。因此小波变化是定义了一个可以伸缩平移的基函数，基函数与信号相乘得到当前尺度下对应的频率成分，由此可以提供自适应的频率－时间维度信息，解决了短时傅里叶变换的问题，实现了高频信号与低频信号的高精度分析。

4.5.3 复杂脑网络分析

网络是现实世界中复杂系统的数学描述，定义为一组节点和双节点之间的连接，反映线性或非线性的相互作用，以及在不同的时间尺度上的相互作用。大脑是自然界中一个极其复杂的网络，其复杂性不仅体现在大量神经元以及这些神经元之间数以万亿计的连接，而且体现在这些连接模式产生的行为和认知功能等。研究复杂脑网络的技术手段多种多样，采用脑电图研究复杂脑网络，具有方便、无创、经济效益高、获取容易、可实时监控、时间分辨率高（毫秒级）等优势，并且能够为实验研究提供神经元在时域、频域、脑区分布的多种特征参数，大量应用于静息态和任务态的脑电信号分析。

目前在复杂网络分析中主要采用基于图论的方法，将人脑看成网络，采用二元连接矩阵和连接之间特定的生理数据结合来描述大脑拓扑结构。一个复杂网络 $G(V, E)$ 可以用一个由节点（V）和边（E）的集合构成的图表示，如图 4.12 所示，空心圆圈代表网络节点，节点之间的连接线代表边。基于脑电信号的脑网络分析主要包括以下步骤：①首先选择合适的网络节点，将头皮电极作为构建脑网络节点；②定义连接边，选择度量指标来表征节点之间的关联强度，得到大脑的连接矩阵。通常情况下，通过度量不同节点的时间序列之间的相关性来建立连接边，即衡量两个电极之间信号的相位同步性，常用方法包括互相关（cross - correlation）、互信息（mutual information，MI）、同步似然（synchronization likelihood，SL）、相位滞后指数（phase lag index，PLI）等。除了无向功能连接分析方法，有向功能连接显示不同区域或电极之间信息的流向和交互作用，主要有格兰杰因果关系（Granger causality，GC）分析、结构方程模型（structural equation modeling，SEM）分析以及动态因果模型（dynamic causal modelling，DCM）分析等；③选择合适阈值以确定节点之间是否存在连接边的关联。节点之间的关联关系可以用二值矩阵描述，如果任意节点 i、j 间存在边则二值矩阵此元素 a_{ij} 值为 1，相反则为 0。

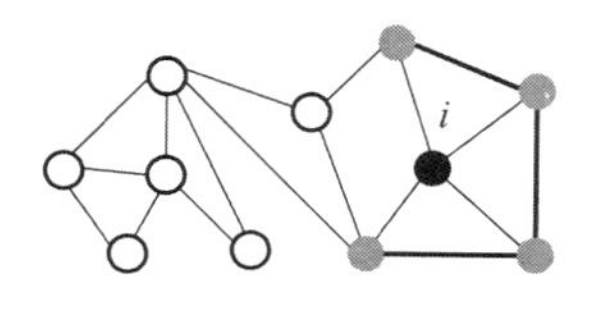

图 4.12　网络 $G(V, E)$

1. 相位滞后指数

相位同步性是大脑功能整合的一种机制，相位滞后指数是检查一对信号之间相位差分布不对称性的一种度量，反映了特定频率下两两电极之间跨试次相位变异的程度。同时通过相位滞后指数可以有效避免容积导体效应。引入 PLI 的主要目的是计算相位差的分布规律，获得可靠的相位同步估计，这些分布表现为与 0 的差值。任何偏离该分布的偏差都表示为相位同步性。相位差分布的不对称性意味着，相位差在间隔 $-\pi<\phi<0$ 的可能性与在间隔 $0<\phi<\pi$ 的可能性是不同的。这种不对称性表明，在这两个时间序列之间存在持续、非零的相位差（相位滞后）。相位差分布的不对称性指数由以下方式，通过计算相位差的时间序列获得

$$PLI = |\langle \mathrm{sign}(\Delta\phi(t_n)) \rangle|$$

PLI 在 0 ~ 1 范围内变化。如 PLI 值为 0，表示两个信号不存在耦合关系，或与以接近于 0 modπ为中心的相位差存在耦合关系。如 PLI 值为 1，则表示两个信号有完美相位锁定且 ϕ 值与 0 或 π 不同。这种非零相位锁定越大，PLI 值越大即越接近于 1。

2. 动态因果模型

相位同步性属于同步性分析方法，如果两个电极或者脑区信号具有同步性，那么就说明两个电极或者脑区之间存在相互联系，但是无法给出二者是如何相互影响的。如果可以建立神经元之间相互作用的因果关系，反映神经活动的动态过程以及实验对神经活动的调节，则可以更加接近真实的脑功能机制。动态因果模型方法可以建立有效的有向连接，其将大脑看

作一个确定的非线性动力学系统，通过在神经元状态空间建立模型估计大脑不同脑区之间的信息整合和流动情况，将大脑表示成一个动态的“输入 - 状态 输出”系统。对于脑电信号，DCM 由神经元动力学的生成模型和记录的电信号 x^* 的观测模型构建，生成模型可用状态方程表示：

$$X = f(x, u, \theta)$$

其中，x 代表神经元群的状态变量，u 代表模型外部输入，θ 则代表模型参数集。此状态方程可以描述在此网络中某个神经元活动映射到另一个神经元活动的演变过程。对于所记录的脑电信号 x^*，可以用观测方程描述：

$$x^* = L(\varphi)x_0 + \varepsilon$$

式中，x_0 代表表层锥体细胞的去极化跨膜电位，ε 是高斯误差。观测模型在脑网络中建立等效电流偶极子源，$L(\varphi)$ 代表电磁场引导矩阵。此方程用以描述观测信号与神经元活动之间的映射关系。

4.6 小　结

本章首先介绍脑电信号的发展历史及其电生理学基础，然后介绍了脑电相关的前沿研究，最后介绍了脑电信号的常用分析处理方法。使我们对脑电检测和数据分析有了一个整体的了解。

参考文献

[1] CAMERON J. Bioelectromagnetism—principles and applications of bioelectric and biomagnetic fields, by J. Malmivuo and R. Plonsey [J]. Medical physics, 1996, 23 (8): 55 - 70.

[2] KUTAS M. Review of event - related potential studies of memory [M]//GAZZANIGA M S. Perspectives in memory research. Cambridge: MIT Press, 1988.

[3] WALTER W G, COOPER R, ALDRIDGE V J, et al. Contingent negative variation: an electric sign of sensori - motor association and expectancy in the human brain [J]. Nature, 1964, 203 (4943): 380 - 384.

[4] DUNCAN - JOHNSON C C, DONCHIN E. On quantifying surprise: the variation of event - related potentials with subjective probability [J]. Psychophysiology, 2010, 14 (5): 456 - 467.

[5] KANDHASAMY S, MINJU K, PONNUVEL D, et al. Application of the P300 event - related potential in the diagnosis of epilepsy disorder: a review [J]. Pharm, 2018, 86 (2): 10.

[6] GARRIDO M I, KILNER J M, KIEBEL S J, et al. Dynamic causal modelling of evoked potentials: a reproducibility study [J]. Neuroimage, 2007, 36 (3): 571 - 580.

[7] BENTIN S, ALLISON T, PUCA A, et al. Electrophysiological studies of face perception in humans [J]. Journal of cognitive neuroscience, 1996, 8 (6): 551 - 565.

[8] SOKHADZE E M, CASANOVA M F, CASANOVA E L, et al. Event - related potentials

(ERP) in cognitive neuroscience research and applications [J]. Neuroregulation, 2017, 4 (1): 14 - 27.

[9] ATTIAS J, BBLEICH A, GILAT S. Classification of veterans with post - traumatic stress disorder using visual brain evoked P3s to traumatic stimuli [J]. The brain journal of psychiatry, 1996, 168 (1): 110 - 115.

[10] 戴军，赵玉成，马晓. 基于脑电图的信号分析 [C]//北方七省市区力学学会学术会议，2014.

[11] 李颖洁，邱意弘，朱贻盛. 脑电信号分析方法及其应用 [M]. 北京：科学出版社，2020.

[12] 应乐安，王成焘. 脑电信号非线性分析的人体生理学与解剖学基础 [J]. 自然杂志，2008 (2): 41 - 43.

[13] 孟欣，欧阳楷. 脑电信号的几个非线性动力学分析方法 [J]. 北京生物医学工程，1997，16 (3): 135 - 140.

第 5 章

影像数据处理及分析

5.1 磁共振成像

磁共振（MR）现象的发现最早可以追溯到 20 世纪 40 年代，随后 MR 频谱学逐渐建立，将 MR 的原理用于测量物质的物理、化学特性，确定分子结构，并用于研究组织生化和代谢过程。30 年后，Damadian 和 Lauterbur 等先后研究出能够进行活体 MR 频谱分析，并在断层图像上显示结果的磁共振成像（MRI）系统。至今，磁共振成像技术仍在不断发展，在提高图像分辨率和缩短检查时间方面取得了不小的进步。由于磁共振成像技术的无创、高空间分辨率以及能够提供多种诊断信息等特点，其在医学成像诊断中起到了中流砥柱的作用。

5.1.1 磁共振基本概念

1. 原子核的自旋特性

提到磁共振成像，不得不先提到原子。原子包括原子核和核外电子两部分，其中原子核由带正电的质子和不带电的中子组成，它们几乎提供了原子的全部质量。电子在原子核外围绕原子核运动，在电磁场作用力下按照量子力学的规律运动。原子核的三个基本特征如下：原子核中的质子数（和原子在元累周期表中的序数相同）、原子核质量数（等于质子和中于数之和）以及原子核自旋量子数 $\hbar$。原子核自旋如图 5.1 所示。

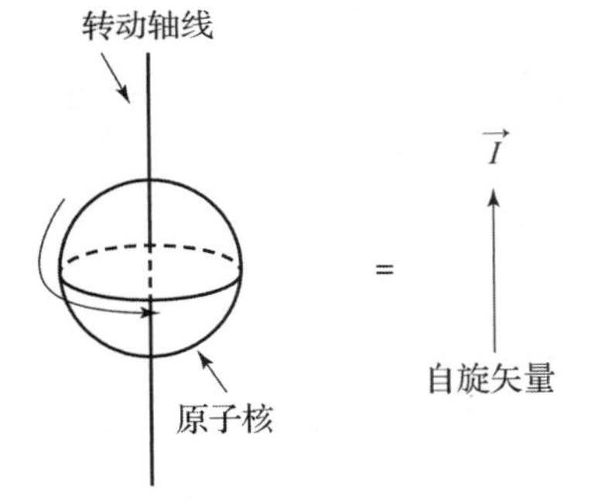

图 5.1　原子核自旋
（摘自《脑功能成像物理学》[1]）

由于中子和质子的自旋量子数都等于 1/2，因而所有元素的原子核按它们的自旋量子数，分为零、半整数和整数三类。如果质子数和中子数都为偶数，则原子核的质量数必然是偶数，这类原子核的自旋量子数 $\hbar=0$，其核磁矩也为零。这类原子核不和外磁场发生相互作用，而其余的原子核一般都有自旋，因而也都有核磁矩，可以用核磁共振（nuclear magnetic resonance，NMR）技术进行研究。体内氢核 ^{1}H 的含量最为丰富，对核磁共振成像最为灵敏，现在医用磁共振成像主要采用质子成像。人体内自由水占人体重量的 65%～70%，自由水和脂肪中的质子都可以用于磁共振成像。用于描述万高斯场强（Tesla，T）下自旋核共振频率的参数称为旋磁比，用 γ 表示，单位为 MHz/T。除了 H 元素之外，还有一些元素像是 ^{13}C、^{39}K 等，由于其特殊性质也会在其他磁共振研究中使用。表 5.1 为人体内主要原子核的旋磁比。

表 5.1　人体内主要自旋核的旋磁比

磁性核	旋磁比/($MHz \cdot T^{-1}$)
^{1}H	42.58
^{13}C	10.7
^{19}F	40.1
^{14}N	4.11
^{23}Na	11.3
^{31}P	17.2
^{39}K	2.0

我们以^{1}H 的自旋为例，想象质子是一个表面均匀分布正电荷且围绕轴线进行高速旋转的球体，如图 5.2 所示。旋转过程中质子表面的电荷产生环形电流，产生一个磁场，这个磁场称为核磁矩。对于中子来说，磁矩是由于中子表面和内部的正、负电荷分布的不均匀引起的，使得自旋的中子同样具有微小的磁场，但是与质子本身带有的电荷相比，其电荷量要小很多，旋转之后形成的磁矩也比质子形成的磁矩小得多。^{1}H 原子核自旋的角动量 $\vec{J}$ 与磁矩 $\vec{\mu}$ 之间的关系如下：

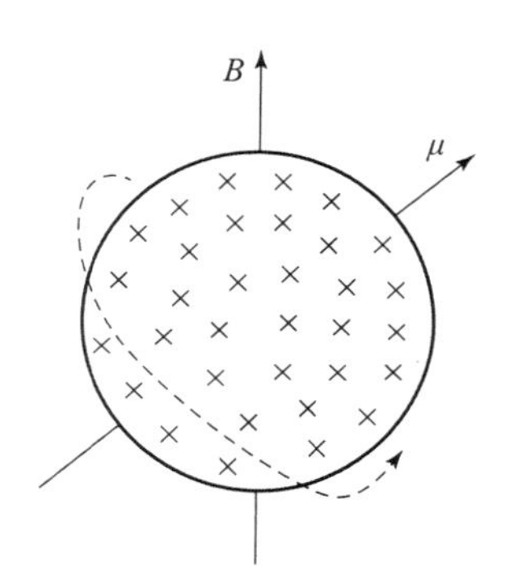

图 5.2　自旋质子表面分布的电荷产生磁矩（摘自《脑功能成像物理学》[1]）

$$\vec{\mu} = \gamma \vec{J} \quad \vec{J} = \frac{\sqrt{3}h}{4\Pi}$$

其中，γ 是旋磁比，h 是普朗克常数。

我们研究磁共振时，往往是大量质子的集合，若一个质子的自旋磁矩用$\overrightarrow{\mu_i}$ 表示，单位组织中的所有自旋磁矩的矢量和（磁化矢量）用$\overrightarrow{M}$ 表示，即

$$\overrightarrow{M} = \sum_i \overrightarrow{\mu_i}$$

在没有外加磁场的情况下，各个质子自旋磁矩的方向不同，宏观上相互抵消。在有外加磁场存在时，任意自旋磁矩在磁场中只能取顺磁场方向和逆磁场方向中的一个排列，在磁场方向的投影即 Z 向分量 $\mu_z = \pm \frac{1}{2}\gamma h$，它们合成磁化矢量也必定在 Z 方向上（M_z）。

2. 共振条件与拉莫进动

刚刚提到，无外加磁场的情况下人体内的氢原子核自旋随机取向，不同取向的核自旋形成的磁场相互抵消，导致宏观核磁矩总和为零。但是将质子放到恒定磁场 B_0 中，向样品发射电磁波进行激励。若电磁波的频率 v_0 恰好能够满足关系式：

$$hv_0 = \Delta E$$

ΔE 是自旋系统中的两个能级之间的能量差。在这一条件下，原来处于低能级的自旋将被激发，跃迁到高能级，这就是一般所说的有自旋特性的原子核与入射的电磁波（场）的核磁共振现象，又称磁共振。

置于恒定磁场 B_0 的自旋磁矩$\overrightarrow{\mu_i}$，如果它的矢量方向与外界磁场方向不一致，那么磁矩

将受到一个力矩作用，使得磁矩$\overrightarrow{\mu_i}$的方向不断地变化，磁矩$\overrightarrow{\mu_i}$及其在XY平面上的投影绕B_0方向以角频率w_0旋转，而$\overrightarrow{\mu_i}$与磁场B_0（即Z轴）方向的夹角不变。那么也就是说一个有自旋特性的原子核受到恒定磁场的作用后除绕自身轴线进行自旋外，还将以磁场方向为轴做匀速圆周运动。这种运动被称作拉莫（Larmor）进动，示意图如图 5.3 所示。进动角频率w_0取决于外界磁场磁感应强度B_0（静磁场）以及质子的旋磁比γ：

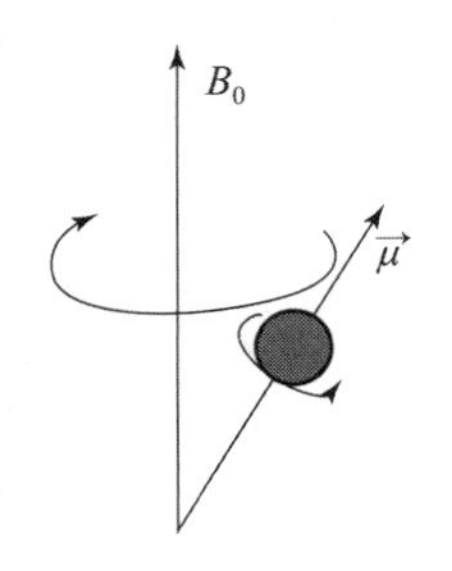

图 5.3　自旋质子进动示意图（摘自《脑功能成像物理学》[1]）

$$w_0 = \gamma B_0$$

上式是磁共振中一个重要表达式，被称为拉莫方程，它表述了各种有自旋特性的原子核在外加磁场中与入射的电磁波产生的磁共振现象所必需的条件，即在原子种类一定的情况下，激发磁共振所需要的电磁波频率取决于作用于原子核的外加磁场的强度；在外加磁场强度一定的情况下，激发特定原子核的磁共振需要入射特定频率的电磁波且共振频率与原子核的γ值成正比。

3. 射频场作用下的自旋磁矩与磁化矢量

前文提到，在均匀磁场中的自旋质子进行拉莫进动，现在向其发射射频（RF）电磁波，那么除了恒定磁场B_0外还会有一个射频电磁场作用。该射频场的磁场分量为B_1，与B_0方向垂直，振动角频率为ω，在旋转坐标系中$\vec{\mu}$绕B_1进动。可以定义一个坐标系$X'Y'Z'$，它的Z'轴与固定坐标系Z轴重合，X'轴与B_1重合，即$X'Y'Z'$与矢量$\boldsymbol{B}_1$一起以角频率ω进行旋转。当B_1变化的角频率与$\vec{\mu}$进动的角频率相等时，$X'Y'Z'$坐标系下，恒定磁场B_0对磁矩$\vec{\mu}$的作用消失，而自旋磁场B_1对磁矩$\vec{\mu}$起着静磁场的作用，磁矩$\vec{\mu}$必然存在以射频磁场B_1为轴的进动，这一进动角频率$\omega_1 = \gamma B_1$。在射频场B_1的作用下，自旋磁矩$\vec{\mu}$围绕射频场B_1进动，这将使得它与B_0的方向的夹角增大。

宏观角度来说，磁化强度矢量$\overrightarrow{M}$作为许多自旋磁矩$\vec{\mu}$的合成，其在射频场的运动如图 5.4 所示。在恒定磁场中受射频磁场作用，存在两种进动方式：在恒定磁场B_0中，若磁化强度矢量$\overrightarrow{M}$由于某种原因偏离B_0方向一个角度θ，它便在保持这个角度大小不变的情况下以角频率$\omega_0 = \gamma B_0$绕B_0方向做拉莫进动；施加于B_0方向垂直的射频场B_1的作用且B_1变化的角频等于ω_0时，在以角频率w_0旋转的坐标系中，磁化强度矢量$\overrightarrow{M}$将绕B_1进动，绕B_1进动的角频率$\omega_1 = \gamma B_1$。倘若射频场作用的起始时刻$\overrightarrow{M}$处在Z方向，射频场所持续的时间为τ，则时间τ后，$\overrightarrow{M}$偏离Z方向的角度为$w_1\tau$。由于τ的持续时间很短，所以这一射频波也被称为射频脉冲（radio - frequency pulse），τ称为脉冲宽度。射频脉冲的命名通常是其引起的磁化矢量的翻转角大小，像是能使磁化强度产生 90°翻转角的射频脉冲叫作 90°射频脉冲，它的加入可以将磁化矢量$\overrightarrow{M}$从Z方向完全翻转到XY所在的平面。

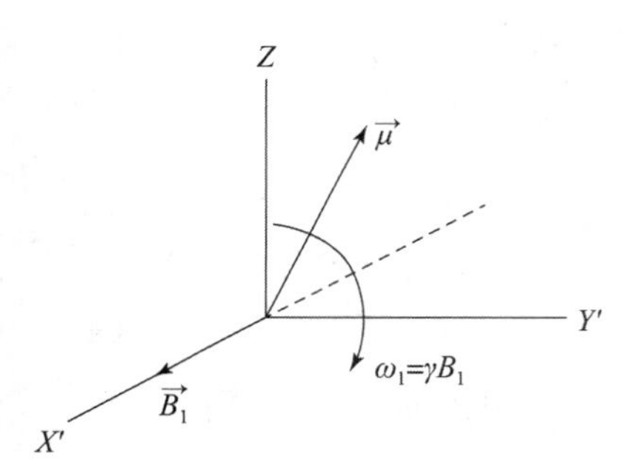

图 5.4　在旋转坐标系中$\vec{\mu}$绕B_1进动（摘自《脑功能成像物理学》[1]）

综上所述，在射频场的作用下磁化强度矢量$\overrightarrow{M}$有B_0、B_1两个方向的进动，在B_1的作用下不难得出矢量$\overrightarrow{M}$与B_0之间的夹角将不断增大，其运动轨迹如图 5.5 所示。

4. 纵向弛豫与横向弛豫

由前文可知，当质子集合收到射频脉冲激励时会发生磁共振，平衡状态被破坏，M_0 偏离 Z 方向，纵向磁化强度 M_z 随之减少，同时出现磁化强度的横向分量 M_{xy}。停止射频脉冲后，质子系统开始弛豫，即由不平衡态向平衡态恢复。

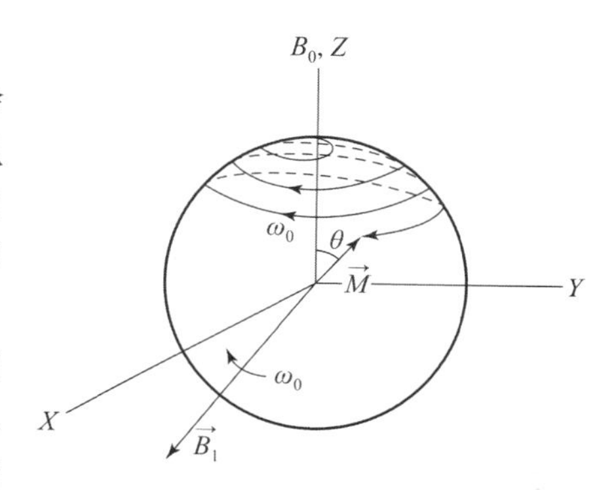

图 5.5　磁化矢量 $\vec{M}$ 在射频场作用下的运动（摘自《脑功能成像物理学》[1]）

由于非平衡态时磁化强度不仅有纵向分量还有横向分量。那么磁化强度恢复平衡状态的过程就包括纵向分量向 M_0 恢复以及横向分量向 0 恢复的过程。据此，弛豫可以分为纵向弛豫和横向弛豫。

我们首先将热平衡条件下两个能级的质子数之差用 ΔN_0 表示，相应的磁场强度用 M_0 表示。纵向磁化强度从某个 M_z 向热平衡值 M_0 恢复的过程叫作纵向弛豫过程。这一变化过程可用下面的微分方程描述：

$$\frac{\mathrm{d}M_z}{\mathrm{d}t}=-\frac{M_z-M_0}{T_1}$$

这里 T_1 是一个由物质本身性质决定的特征时间，称为自旋－晶格弛豫时间，也称为纵向弛豫速率的特征时间，人体不同组织具有不同的 T_1。

将弛豫过程的开始时刻记作 $t=0$，M_z 的值为 $M_z(0)$，则

$$M_z-M_z(0)=(M_z(0)-M_0)\mathrm{e}^{-\frac{t}{T_1}}$$

如果 $t=0$ 时 $M_z(0)=0$，上式化为

$$M_z=M_0(1-\mathrm{e}^{-\frac{t}{T_1}})$$

以直角坐标系下的曲线描绘上式，如图 5.6 所示。

横向弛豫时间可以类比纵向弛豫的方法进行描述：

$$\frac{\mathrm{d}M_{xy}}{\mathrm{d}t}=-\frac{0-M_{xy}}{T_2}$$

这里 T_2 是横向弛豫速率的特征时间。类比上文对 M_z 的求解可知 $M_{xy}=M_{xymax}\mathrm{e}^{-\frac{t}{T_2}}$。其中 M_{xymax} 是横向弛豫开始时刻横向磁化磁化强度 M_{xy} 的最大幅度。如果是一 90°射频脉冲进行激励，那么 $M_{xymax}=M_0$。图 5.7 是 M_{xy} 与时间的关系曲线。

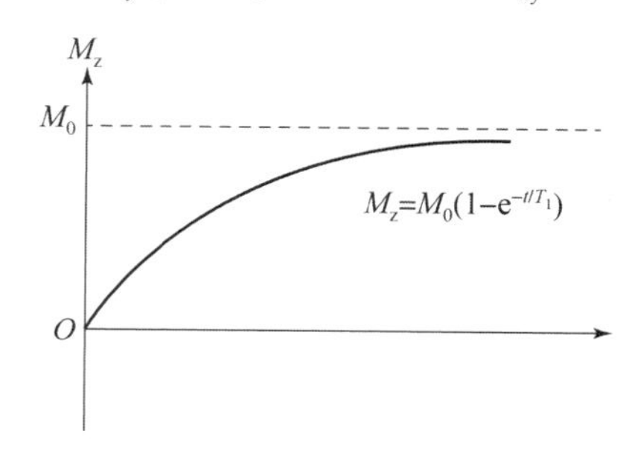

图 5.6　纵向弛豫曲线

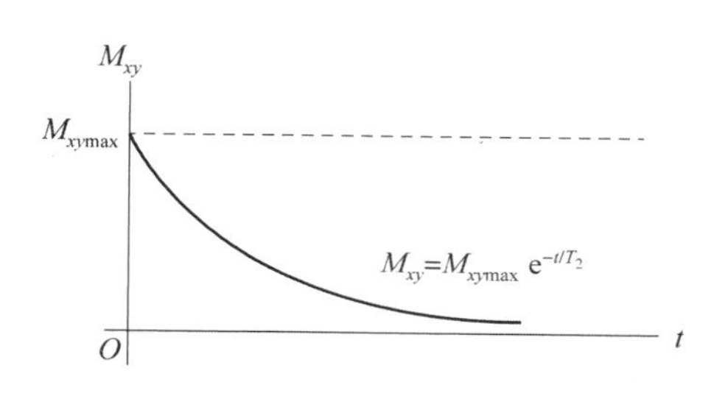

图 5.7　横向弛豫曲线

5.1.2　磁共振成像原理

前面简述了核磁共振的基本概念，依据所释放的能量在物质内部不同结构环境中不同的衰减，通过外加梯度磁场检测所发射出的电磁波即可得知构成这一物体原子核的位置和种类，据此可以绘制组织内部的结构图像。将这种技术用于人体结构成像，就产生了一种有效的医学诊断工具。应用快速变化的梯度磁场，核磁共振成像速度大幅提升，使得该技术在临床诊断和科学研究的应用成为现实，为临床医学、神经生理学和认知神经科学的迅速发展起到了强有力的推动作用。

1. 感应信号与梯度磁场

前文提到，横向磁化矢量 $\overrightarrow{M}_{xy}$ 垂直并围绕主磁场 B_0 进行拉莫进动。由法拉第电磁感应定律可知，横向磁矢量 $\overrightarrow{M}_{xy}$ 的变化使得环绕在人体周围的接收线圈产生感应电流，即 MR 信号。90°脉冲后，由于受横向、纵向弛豫的影响，磁共振信号以指数曲线形式衰减，这种过程称为自由感应衰减（free induction decay，FID），如图 5.8 所示。由于脉冲发射和接收生物组织原子核的共振信号不在同一时间产生，而射频脉冲和生物组织发生的共振信号的频率又是一致的，因此可以用一个线圈兼做发射和接收。

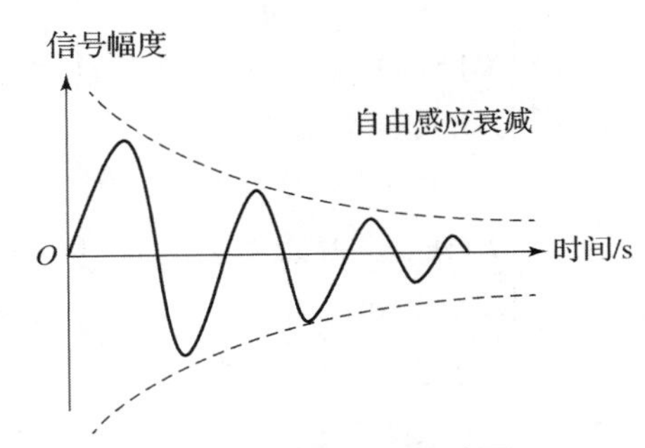

图 5.8　FID 信号示意图

为了按照空间分布区分进行检查，进而实现核磁共振成像，需要把收集到的信号进行空间编码。常用的定位方法包括投影重建法、2D 傅里叶变换法和 3D 傅里叶变换法。

MRI 的梯度磁场可以分为三种：选层梯度场 $\boldsymbol{G}_Z$、相位编码梯度场 $\boldsymbol{G}_Y$ 以及频率编码梯度场 $\boldsymbol{G}_X$。梯度磁场是通过 3 对（X，Y，Z）梯度线圈通以电流产生的。

1）选层梯度场 $\boldsymbol{G}_Z$

于主磁场 B_0 再附加一磁感应强度为 B_Z 的梯度磁场 $\boldsymbol{G}_Z$，则总的磁感应强度为 B_0+B_Z，该梯度场磁场强度沿 Z 轴方向由小到大均匀改变，即沿 Z 轴方向自左到右磁感应强度不同。与 Z 轴垂直的方向很薄的层面上磁感应强度相同，根据 Larmor 定律，检查组织的质子群有相同的进动频率，如以这个频率加一脉冲信号进行激励，那么该层面的氢原子会发生共振。选层梯度磁场 $\boldsymbol{G}_Z$ 作用示意图如图 5.9 所示。

2）相位编码梯度场 $\boldsymbol{G}_Y$

在施加 90°脉冲 $\boldsymbol{G}_Z$ 梯度磁场后，横轴层面的质子发生共振。在采集信号前启动 $\boldsymbol{G}_Y$ 梯度，到采集信号时停止。由于 $\boldsymbol{G}_Y$ 梯度的作用，磁感应强度较大处的质子磁化质量转得比磁感应强度较小处的质子要快，从而使磁化矢量失去相位的一致性。相位编码梯度场 $\boldsymbol{G}_Y$ 原理如图 5.10 所示。

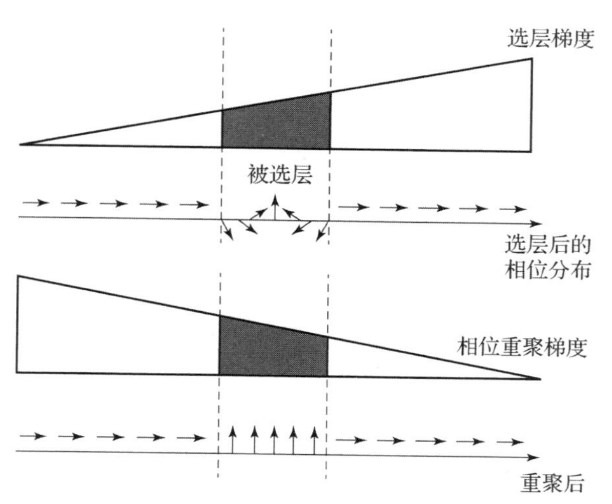

图 5.9　选层梯度场 G_Z 作用示意图（摘自百度图片）

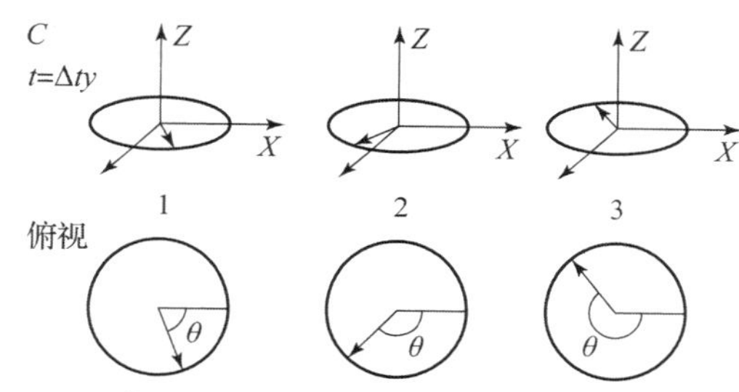

图 5.10　相位编码梯度场 G_Y 原理

3）频率编码梯度场 $\boldsymbol{G}_X$

横轴层面被选出来后，采集信号时开启频率编码梯度场 $\boldsymbol{G}_X$。被检组织 X 轴的质子相对位置各不相同，所以对应的磁场 $\boldsymbol{G}_X$ 的强度也不同。磁感应强度较大处的质子共振频率比磁感应强度较弱处的质子要大，从而达到了按相对位置在 X 轴上进行频率编码的目的。由于被激励的横轴层面发出的为一混合不同频率的信号，依据傅里叶变换可以区分出这一混合信号的不同频率，进而在 X 轴上分出相对位置不同的质子。

经过 $\boldsymbol{G}_X$ 和 $\boldsymbol{G}_Y$ 梯度场的编码，二维 MR 影像由不同的频率和相位组合决定了每个质子在矩阵中有其独特位置，计算每个像素的灰度值就可形成这一层的 MR 影像。

2. 主要的射频脉冲序列

目前较为常见的扫描序列包括自旋回波（spin echo，SE）序列、反转恢复（inversion recovery，IR）序列以及梯度回波（gradient echo，GRE）序列三种。

自旋回波序列是最常用的序列之一。其原理大致如下：首先，质子的磁化矢量平行于 Z 轴（纵向），接着加一个 90°射频脉冲磁化矢量翻转至 XY 平面。由于磁场的不均匀性，质子进动频率不同，所以很快变为异步，使得 XY 平面磁化矢量信号强度衰减至零。接着加入 180°脉冲，质子进动反向，相位离散的质子绕 X 轴旋转 180°，离散的相位逐渐重聚，XY 平面磁化矢量逐渐恢复到刚加入 90°脉冲时的强度，即磁化矢量的最大值。此时线圈感应到的信号为自旋回波信号，其时序如图 5.11 所示。

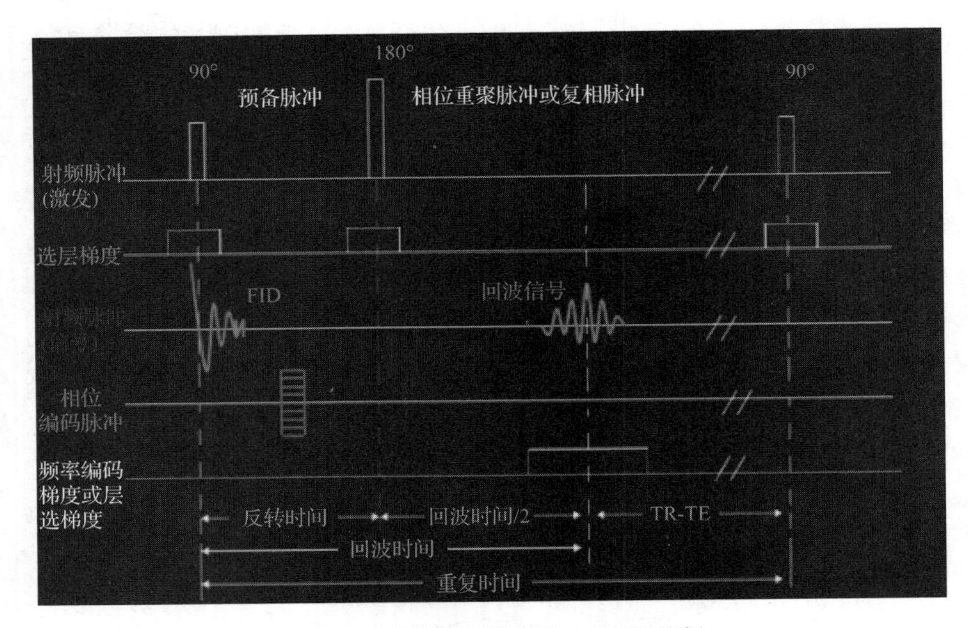

图 5.11　自旋回波时间序列（书后附彩插）

回波时间指的是180°脉冲产生至测量回波的时间，采用 TE（echo time）表示。重复时间指的是两次90°脉冲之间的时间（脉冲序列是有周期性的），采用 TR（repetition time）表示。通过调节 TR、TE 突出某个组织特征的影像被称作加权像（weighted image，WI）。我们在研究脑结构与功能时常见的加权像包括 T1WI（T1 – weighted imaging，基于 T1 加权成像）、T2WI，如图 5.12 所示。其中 T1WI 利用短重复时间（TR）和回波时间（TE）测量自旋晶格弛豫。不同的组织表现如表 5.2 所示，其中 T2WI 用长 TR 和 TE 时间测量自旋 – 自旋弛豫，更强的信号意味着更大的水分子含量。T1WI 的 TR 常设置为 100 ~ 500 ms，TE 常设置为 15 ~ 30 ms。T2WI 的 TR 常设置为 200 ~ 1 500 ms，TE 常设置为 90 ~ 150 ms。

表 5.2　不同组织在 T1WI 与 T2WI 中的表现特征

信号	T1WI	T2WI
强度高	脂肪 亚急性出血 黑色素 富含蛋白质的液体 缓慢流动的血液 顺磁性物质，如钆、锰、铜 皮质层状坏死	水肿、肿瘤、梗死、炎症和感染 亚急性出血细胞外定位高铁血红蛋白

续表

信号	T1WI	T2WI
强度中等	灰质比白质暗	白质比灰质暗
强度低	骨 尿液 脑脊液 空气 更多的水含量，如水肿、肿瘤、梗死、炎症、感染或慢性出血 低质子密度，如钙化	骨 空气 脂肪 低质子密度，如在钙化和纤维化 顺磁性材料，如脱氧血红蛋白、高铁血红蛋白、铁蛋白、铁黄素、黑色素等 富含蛋白质的液体

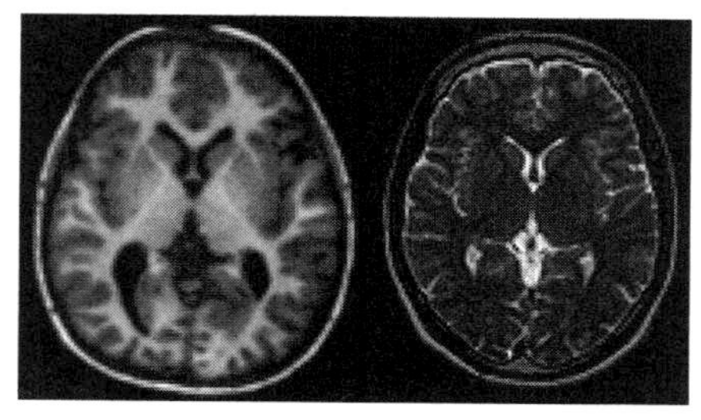

图 5.12 T1WI（左）、T2WI（右）

梯度回波序列是在自旋回波序列基础上发展起来的，较自旋回波序列最大的不同之处在于：首先，梯度回波序列使用的激励脉冲的倾角一般小于 90°，使得纵向磁化弛豫加快，极大地缩短了 TR，从而缩短了数据采集时间。其次，GRE 序列不使用 180°射频脉冲使横向磁化矢量聚相，而是用反向梯度实现产生回波信号目的，支持最短的 TE。梯度回波序列只有单一的激励，其时序如图 5.13 所示。

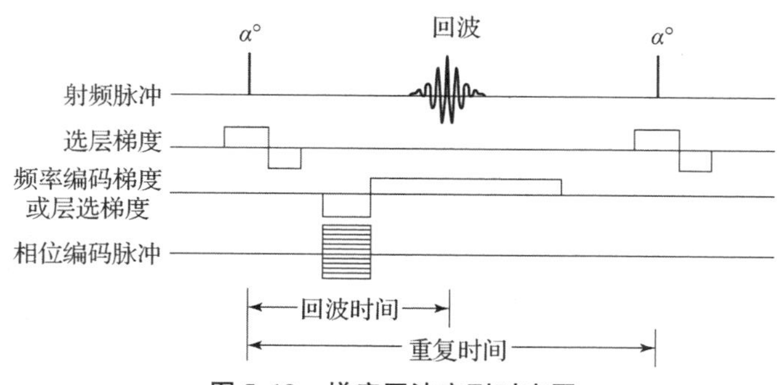

图 5.13 梯度回波序列时序图

反转恢复序列是在 180°脉冲使磁化矢量后翻转 180°，各种组织的磁化强度以各自的纵向弛豫时间以时间常数指数式向 Z 轴正方向增加，在弛豫过程中施加 90°脉冲，将恢复的纵向磁化强度转化为横向，从而检测 FID 信号的脉冲序列。之后在很短暂的时间内再加 180°脉冲，用来消除场非均匀性引起的相位异步。初始 180°脉冲与 90°脉冲的间隔时间称为反转时间（inversion time，TI）。反转恢复序列时序图如图 5.14 所示。

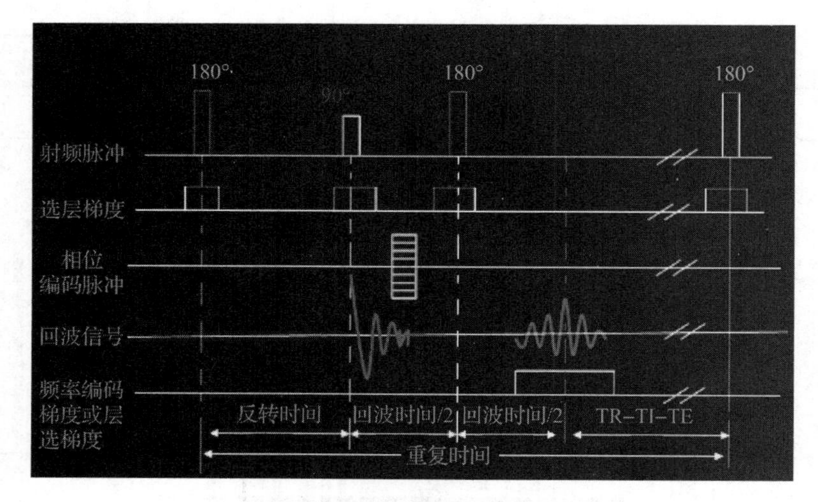

图 5.14　反转恢复序列时序图（书后附彩插）

在中枢神经系统疾病的研究和检测中最为常用的 IR 序列是 FLAIR（fluid - attenuated inversion recovery，液体衰减反转恢复），它通过设置使流体为零的反转时间来抑制流体。例如，它可以在脑成像中抑制脑脊液对图像的影响，从而清晰地显示脑室周高强度病变，如多发性硬化（MS）斑块、肿瘤相关浸润等。FLAIR 像示例如图 5.15 所示。

5.1.3　磁共振成像系统的组成

综上，采用磁共振成像系统进行临床检查，需要具备以下基本组成部分：①产生均匀磁场的磁体和磁体电源；②产生梯度磁场的线圈以及梯度场电源；③射频发射机及接收机；④成像操作和影像分析工作台；⑤系统控制和数据处理计算机；⑥可以活动的检查床。其中的物理部件包括产生磁场的磁体、产生梯度场的梯度场线圈、用于射频发射和信号接收的射频线圈。

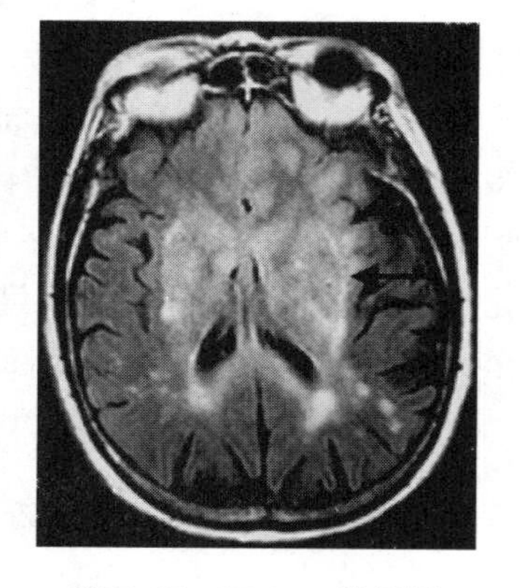

图 5.15　FLAIR 像示例

主磁体用来使得被测组织产生均匀磁场 B_0，目前的设备以磁场场强是 1.5 T 以及 3 T 居多。磁感应强度、磁场均匀度（穿过单位面积的磁力线是否相同）、磁场的时间稳定性（静磁场 B_0 随时间变化的程度）等对成像质量有重要影响。磁共振成像采用的磁体包括永久磁体、常导磁体和超导磁体三种。目前大多数 MR 成像系统采用超导磁体，磁感应强度通常在 0.15～7.0 T 之间。磁场强度越高，组织的磁化强度越高；产生的磁共振信号强度越强，信噪比就越高。

磁共振成像系统的梯度场线圈用来产生较弱的在空间上规律变化的磁场。这个随空间位置变化的磁场叠加在主磁场上，其作用是对 MR 信号进行空间编码，决定成像层面位置和成像层面厚度。主要评估参数包括有效容积（梯度线圈能够产生线性梯度磁场的空间大小）、线性、梯度场强度、梯度变换率（单位时间及单位长度内的梯度磁场强度变化量）和梯度上升时间［即 $B_{max}/(t_{max}-t_0)$，其中 B_{max} 为梯度场场强稳定的最大值，$t_{max}-t_0$ 为场强从 0 增加到最大的时间］等。有效容积越大，可成像区域越大；线性越好，图像质量越好。

磁共振成像系统通过射频线圈发射电磁波对人体组织的氢原子核进行激发，人体组织产生的 MR 信号通过射频线圈被检测。射频线圈中用于建立射频场的叫作发射线圈，被用于检测 MR 信号的叫作接收线圈。在 MRI 设备中，同一射频线圈可以在序列周期内不同的时间分别执行发射任务和接收任务，两个线圈正交放置，彼此独立不会引起相互干扰，可同时获取图像信号，从而增加信息量，提高图像质量，扩大扫描视野，这种情况下既是发射线圈又是接收线圈。

5.2　结构磁共振图像数据处理

MRI 研究步骤通常可分为确定研究目的、设计实验和扫描序列、结构像扫描、功能像扫描、数据获取、数据预处理、激活区检测、可视化显示以及对激活脑区的后期分析。本章节主要介绍数据采集完成后的处理及分析过程。

脑皮层是脑白质外表面和脑膜内表面之间的一层灰质结构。研究认为，脑皮层是人脑神经中枢，参与多种人类行为功能的调节，而神经疾病或者环境改变可能对脑皮层的形态学结构如灰质体积、灰质厚度等产生重要影响。基于结构磁共振成像（structural MRI，sMRI）测量脑皮层形态学结构已见于各种中枢神经系统疾病的研究。结构磁共振成像数据处理主要包括基于体素的形态学分析（voxel - based morphology，VBM）和基于表面的形态学分析（surface - based morphology，SBM），这两种方法采用的数据均基于 T1 加权成像。

5.2.1　基于体素的形态学分析

以往在测量脑灰质体积的过程中，研究人员需要手动勾画特定的感兴趣区（region of interest，ROI），导致结果主观且耗时费力。与传统的 ROI 测量相比，VBM 可以自动对脑灰质体积进行体素级定量分析，且研究范围覆盖全脑，并不局限于单个脑区，它将全脑分割成脑灰质、脑白质与脑脊液等组织，并通过组间对比得出脑灰质体积有差异的体素。通过观察各个脑区灰质体积的差异，有助于发现脑结构的微小病灶，为研究神经系统疾病对脑结构的影响提供重要信息。

VBM 处理可以采用 SPM 软件实现，处理过程如下。

（1）将图像转换成 nii 格式。

（2）空间标准化：由于研究对象在大脑结构上的差异，需要把不同大脑图像进行空间标准化处理，即将其转化为大小和方向都相同的标准化图像，使其处于同一个标准的三维立体空间，具有同样的坐标系统。VBM 是以蒙特利尔神经学研究所研发的大脑图谱分析系统国际协会（International Consortium for Brain Mapping，ICBM）152 人标准脑图谱进行标准化的，通过标准化避免了个体差异的影响。

（3）脑组织分割：SPM 软件对于经过标准化的个体脑图像，按照每种成分的不同，灰度值将脑组织分割成灰质图、白质图和脑脊液图（图 5.16），VBM 方法主要是对每个体素的灰质图和白质图进行浓度与体积的定量分析。

（4）图像调制（modulation）：将 Jacobian 矩阵与配准后图像的灰度值相乘，以保留原始图像的灰质体积信息。

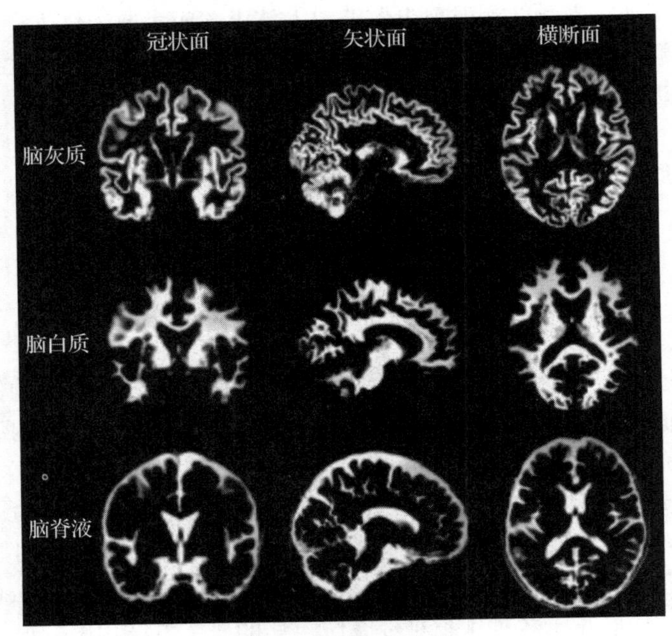

图 5.16 脑组织分割

（5）图像平滑：图像中不可避免地存在噪声，图像平滑的目的是减少噪声，提高信噪比；平滑使被试间的比较在合理的空间标度范围内进行，便于被试间的平均化；平滑也使得数据更加接近随机场模型，增加了参数统计检验的有效性。

（6）统计分析：根据研究目的和被试入组采取适合的统计模型。例如，观察两组之间的灰质体积差异，采用双样本 t 检验得到统计参数图，然后指定显著性水平做统计推断，结果显示组间存在显著性差异的灰质体积和分布。若组数达到三组或三组以上，推荐使用方差分析。

5.2.2 基于表面的形态学分析

脑皮层厚度是指灰质结构内外表面的距离。人类的大脑皮层由大量神经元组成，平均厚度为 2.5~3.0 mm。皮层厚度分析能够提供皮层柱内关于神经元、神经胶质细胞大小、密度和排列的信息。皮层厚度的测量主要采用基于表面的形态学测量方法。FreeSurfer 是一种可以对磁共振图像进行皮层厚度自动分析的工具，它将全脑与标准脑膜板进行配准，然后进行脑灰白质的分割，从而计算皮层厚度。通过组间比较，可以观察到患者脑皮层厚度相对于正常人的变化。

研究者常基于 FreeSurfer 平台进行 SBM，处理步骤如下。

（1）将原始图像 DICOM（医学数字成像和通信）格式转换成 nii 格式；格式转换后，将所有被试的 3D 结构磁共振 T1 加权像导入 FreeSurfer。

（2）图像配准：将个体图像尽量与标准脑膜板相匹配，主要是在几何意义上校正，对个体图像进行平移、旋转、缩放等，使得形变后的个体图像与标准脑膜板的相似度最大，使得不同个体间的解剖结构相对应，方便后续处理。

（3）不均匀场校正：由于在 MRI 成像过程中，磁场强度不均匀等因素可导致同一脑组织结构如灰质、白质、脑脊液等在不同区域对比度和灰度值有较大的不同，而脑影像分割很大程度上取决于灰度值的差异，因此为了保证分割准确，需要进行不均匀场校正。

（4）组织分割：去除脑影像中非脑组织成分如头骨等，将脑组织分割为灰质、白质、脑脊液。

（5）曲面重建：将完成分割后的脑组织，用一系列方法对脑白质和脑灰质进行三维曲面重建，得到的三维边界曲面能更好地区分脑组织，计算形态学指标。

（6）图像后处理：先计算基于表面形态学指标，如脑皮层厚度、表面积、体积等；为了减少噪声，提高信噪比，使被试间的比较在合理的空间标度范围内进行，对图像进行了去噪平滑。

（7）统计分析：对皮层厚度进行组间对比，采用 FreeSurfer 中的 QDEC 线性模型对皮层厚度数据进行统计分析，得到对比结果。

5.2.3　网络分析

无论是 VBM 方法还是 SBM 方法，都是对全脑灰质结构进行逐个体素的测量，并计算各脑区灰质体积或皮层厚度的平均值，进行组间比较。人脑由大量的神经元和突触组成，由此构成一个极度精密的大脑连接网络。大脑结构在与外界环境交流以及处理各种任务的过程中，并非只由单个脑区或脑组织调控，而是由整个脑连接网络协同发挥调节作用。因此，我们还可以基于结构磁共振成像构建结构网络，并分析人脑的工作机制。

一个复杂网络由节点（node）和边（edge）两个集合构成。通常以图像体素或由先验模板划分的脑区定义大脑结构或功能网络的节点，而网络连接边的定义则依赖不同模态的磁共振成像技术。结构网络连接可以根据形态学数据（灰质体积、皮层厚度）的相关性或脑区间白质纤维束的连接数目、密度、强度等来定义。功能网络连接是指不同节点记录的神经活动信号之间的动态协调性，可以通过线性方法（如皮尔森相关、偏相关及小波相关）和非线性方法（如同步似然性）来度量。网络构建完成后，再进行拓扑属性的分析（详见 6.2 节多模态数据的脑网络分析）。

5.3　功能磁共振图像数据处理

5.3.1　概述

血氧水平依赖（blood oxygenation level dependent，BOLD）fMRI 技术，因具有实时、无创、空间和时间分辨率较高等优点，成为采集静息态脑影像数据的重要研究方法。按图像采集时是否执行特定任务，功能磁共振成像又可分为任务态 fMRI 和静息态 fMRI。

任务态 fMRI 记录被试在执行特定认知任务时诱发的大脑激活模式。通过设计实验任务，利用功能磁共振成像技术研究脑功能具有重要意义。在认知实验中，被试完成涉及视觉、听觉、运动、学习、记忆等功能的认知任务，这些任务能够诱发大脑内某些特定区域的神经活动。

静息态时的自发神经活动对理解脑功能同样具有重要意义。GLM（generalized linear model，广义线性模型）局限于对控制变量效应的估计，对已知刺激之外的自发 BOLD 信号的波动则无法解释。研究发现自发 BOLD 信号可以解释一部分在任务之上的 BOLD 信号的波动，并认为任务引起的和自发的 BOLD 信号的波动在人脑上是线性叠加的。使用 fMRI 任务激活范式在很多目标指向性任务条件下都可以发现，后扣带回（posterior cingulate cortex）、楔前叶、下顶叶、内侧前额叶等脑区总是表现出任务非特异性的活动减低，而相比任务状态，在被动注视或静息状态下这些脑区却表现得更加活跃。更多研究表明，静息态下自发的脑神经活动或许与巩固记忆、预测未来、保持警觉等功能有关。另外，静息态 fMRI 扫描一般持续数分钟，只要求被试安静地躺在扫描仪里，无须执行任何特定任务，无须复杂精细的实验设计，故而容易操作和控制，被试容易配合，便于开展多中心、大样本的研究，更适合临床研究和应用，这是静息态 fMRI 脑成像的优点。目前，静息态 fMRI 已经被用于多种神经精神疾病如儿童注意缺陷多动障碍（attention deficit/hyperactivity disorder，ADHD）、阿尔茨海默病等的研究。

功能图像数据分析分为三个阶段（图 5.17）。首先是预处理，数据预处理可以有效抑制噪声，提高信噪比，尽可能排除或避免对反映认知任务的血氧反应信号产生干扰作用的其他因素。对于任务态 fMRI，第二步是激活区检测，在此阶段检测出与任务相关的激活体素。在磁共振成像实验后可得到被试的功能像和结构像。利用功能像数据计算得出各个体素的统计量，用伪彩色在结构像上表示，得到统计参数图。不同的激活区检测方法、不同的统计量，形成不同的统计参数图。第三步是对激活脑区或感兴趣区进行定量分析，包括时间曲线变化情况，以及定量度量各激活区的时间或空间相互关系。对于静息态 fMRI 数据，第二步是一些参数的计算，基于预处理后的脑图像，根据不同的研究目的，我们可以计算低频振荡振幅（amplitude of low frequency fluctuations，ALFF）、局部一致性（regional homogeneity，ReHo）等指标，最后对上述指标进行组水平的统计分析，得到统计参数图。

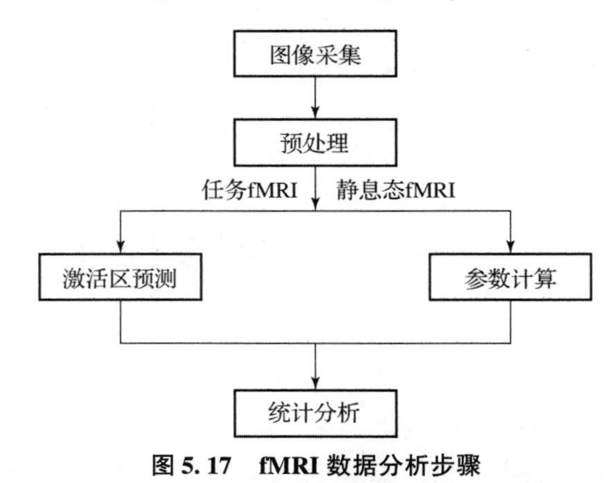

图 5.17　fMRI 数据分析步骤

注：fMRI：功能性磁共振成像。

5.3.2　数据预处理

对于所有类型的功能磁共振数据来说，预处理是数据分析的第一阶段。预处理的主要目的是去除或减少伪影以及其他类型结构化噪声的影响。处理步骤主要包括时间层校正、头动校正、图像配准、空间平滑、滤波、去线性漂移等。常用的预处理软件有 SPM 工具包。若要对多个被试的数据进行批量处理，可选择 GRETNA[2] 和 DPABI 等基于 SPM 的工具包。以上工具均需要基于Matlab平台使用。

这里我们具体介绍一些预处理步骤及参数设置。

（1）删除前几个时间点的数据，以减小初始扫描时磁场不均匀性的影响以及给被试适应扫描环境的时间。

（2）时间校正（slice timing）：时间校正用来校正1个volume中层与层之间获取（采集）时间的差异，对事件相关设计的实验尤为重要。在SPM或GRETNA中设置预处理参数时，通常需要输入扫描顺序（slice order）。层获取顺序参数是一个含N个数的向量，这里N是每个volume所含的层数，每一个数表示该层在图像（volume）中的位置。向量内的数字排列是这些层的获取时间顺序。扫描类型有隔层（interleaved）和连续（sequential）两种，每种扫描类型下又有升序扫描（ascending）和降序扫描（descending）。各种扫描和输入顺序如下：升序连续扫描（first slice = bottom，扫描序数从底部到顶部排列，即从1顺序递增到n）：[1:1:N]；降序连续扫描（first slice = top，扫描序数从顶部到底部排列，即从n顺序递减到1）：[N: -1:1]；升序间隔扫描：若N为奇数，则[1:2:N 2:2:N -1]；若N为偶数，则[2:2:N 1:2:N -1]；降序间隔扫描：若N为奇数，则[N: -2:1，N -1: -2:2]；若N为偶数，则[N: -2:2，N -1: -2:1]。在确定好层数和扫描顺序后，选取某一层作为参考层（通常为中间层），其余层对齐到该层。

（3）头动校正（realign）：随机的头部运动将会减小信噪比，增大功能激活区检测的难度。使用泡沫垫、真空枕、固定器等方法可以限制头部较大的运动，但不能完全避免轻微的头部运动。这种轻微的头动，也能够引起灰质与白质交界处、大脑边缘处的体素强度的改变，而这种改变远远超过Bold信号的改变，对功能激活区的准确检测和定位有严重影响。数据的空间分辨率提高时，该问题会变得更严重。因此，头动校正对于所有静息状态fMRI研究都是必不可少的。我们以一个实验序列的第一帧图像为标准，该序列中的其他帧图像按照一定的算法与其对齐，以矫正头动。目前有很多种校正被试者头部旋转平移影响的方法，这些方法的核心思想是如何求取空间旋转及平移参数。一般来说有6个运动参数：（X，Y，Z）轴方向的旋转角度以及各个轴上面的平移分量。研究者可以根据这6个参数排除一些头动过大的数据。注意很多研究者容易将时间校准和空间校准的顺序颠倒，一般的观点是如果图像获取是隔层进行的，则要先进行slice timing再进行realign，如果图像各层是连续获取的，则要先进行realign再做slice timing。

（4）空间标准化：由于人与人之间的大脑无论是形状还是容积都存在差异，为了便于采用同一个坐标系来描述同一解剖位置，我们把不同容积及形状的被试大脑配准到一个标准空间（MNI空间），即空间标准化。可以用结构像（T1像）配准功能像以实现被试功能像的空间标准化。首先进行一次配准（coregister），将所有的图像和某一个volume对齐，对功能像与结构像做一个信息的变换。把被试的T1像变换到被试的功能像空间，以保证功能像与结构像在同一个位置；然后将变换到功能像里的T1像分割（segmentation）为灰质、白质和脑脊液三部分，分割后得到一个矩阵，这个矩阵的信息应用到功能像上，用来实现被试的功能空间往标准空间（MNI空间）的配准；最后再把功能像与分割后的结构像配准，还可对所得功能像数据重采样到合适的体素大小。

（5）平滑：为减少配准不完全，使残差更符合高斯分布，以高斯核对经过空间标准化后的图像做空间平滑处理，图像平滑不仅可以减少图像随机噪声，还能提高信噪比，使所得数据的空间分辨率更容易对比，高斯核的半峰全宽（full width at half maxima，FWHM）推荐设置为体素大小的 2 ~ 3 倍。

（6）去除线性漂移。

5.3.3 激活检测或统计参数计算

1. 激活检测

对任务态 fMRI 数据的分析和处理，首先需要确定与任务对应的激活区。其次是对激活区内部的时间序列曲线的变化情况进行分析，以研究各个激活区活动期间的信号变化情况，最终得到各个功能区之间的相互关系，包括空间关系和时间关系。研究者目前一般都使用 SPM 或 AFNI 软件，这两个软件都可以使研究者很方便地基于广义线性模型来分析和处理任务态 fMRI 数据。研究者需要提供给软件的是设计矩阵，然后使用 SPM 或 AFNI 软件就可以很方便地估计出控制变量的效应大小，进而找到受控制变量影响的脑区，即和任务刺激相对应而激活的脑区。图 5. 18 为 SPM 绘制的赌博任务激活脑区的示意图。

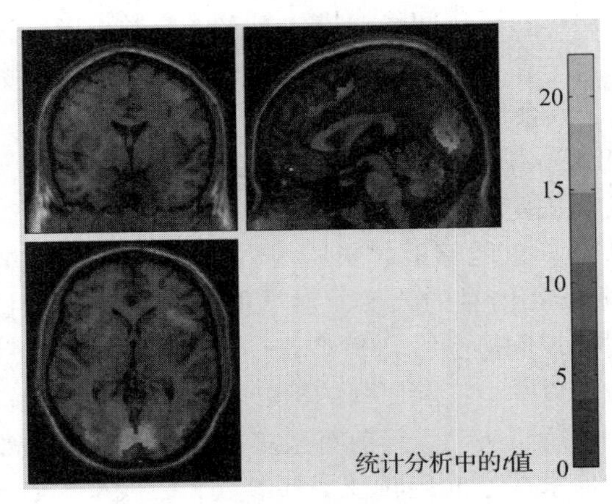

图 5. 18　SPM 绘制的赌博任务激活脑区的示意图（书后附彩插）

2. 参数计算

因为没有实验任务，静息态 fMRI 数据不能采用 GLM 方法进行分析。目前，最常用的静息态 fMRI 数据分析方法有独立成分分析，局部一致性、低频振荡振幅以及功能连接等。

1）低频振荡振幅

“低频振幅”假设静息态大脑 BOLD 信号在低频范围内是有生理意义的，使用一个频段内所有频率点上幅值的平均值来刻画一个体素自发活动的强弱，从能量角度反映各个体素在静息状态下自发活动水平的高低。一般认为，ALFF 增强说明神经元兴奋性高，代谢强；ALFF 减弱说明神经元受到抑制，代谢弱。已有研究发现，静息态睁眼、闭眼两种条件下视觉区的低频振幅有很大差异，说明低频振幅至少可以区分这两种生理状态。使用低频振幅指标发现，在 ADHD 儿童中，右侧额下回、前扣带回、左侧感觉运动皮层、小脑、双侧脑干都存在异常，和以前对 ADHD 的研究结果一致。

在 0. 01 ~ 0. 08 Hz 的范围内，也可以进行分频段研究。根据左西年等的研究，他把频谱分成 4 个频段：slow 5（0. 01 ~ 0. 027 Hz），slow 4（0. 027 ~ 0. 073 Hz），slow 3（0. 073 ~ 0. 198 Hz）和 slow 2（0. 198 ~ 0. 25 Hz），并且在灰质中检测到显著的 slow 4 振荡和 slow 5 振

荡，而 slow 3 振荡和 slow 2 振荡主要局限于白质。以 slow－5 频段为例，ALFF 计算公式如式（5.1）、式（5.2）所示。

$$x(t) = \sum_{k=1}^{N} [a_k \cos(2\Pi f_k t) + b_k \sin(2\Pi f_k t)] \tag{5.1}$$

$$\mathrm{ALFF} = \sum_{k:f_k \in [0.01, 0.027]} \sqrt{\frac{a_k(f_k)^2 + b_k(f_k)^2}{N}} \tag{5.2}$$

式中，$x(t)$ 表示每个体素去除线性漂移后的时间序列，ALFF 为特定低频范围内的幅度之和。将预处理后的每个体素的时间序列经过带通滤波器，根据需要选择滤波频段，研究者常用的频段有 0.01～0.1 Hz、slow 4 频段、slow 5 频段；将滤波结果经过快速傅里叶变换后获得功率谱。由于给定频率的功率与时域中原始时间序列的该频率分量的幅度的平方成比例，因此在功率谱的每个频率处计算出平方根，在每个体素处获得该频率段下的平均平方根，即为 ALFF。为了标准化，每个体素的 ALFF 除以全脑所有体素的平均 ALFF 值，得到每个体素的标准化的 ALFF（mALFF），mALFF 应具有约 1 的值。

ALFF 易受到生理噪声的影响，尤其在心室和大血管附近，因此研究者就提出了 ALFF 比率（fALFF）的指标，fALFF 被定义为特定频带内的低频波动对整个可检测频率范围的相对贡献，即将低频信号的能量除以整个频段的功率，计算公式如式（5.3）所示。ALFF 可以有效降低对生理噪声的敏感性。

$$\mathrm{fALFF} = \sum_{k:f_k \in [0.01, 0.027]} \sqrt{\frac{a_k(f_k)^2 + b_k(f_k)^2}{N}} \Bigg/ \sum_{k=1}^{N} \sqrt{\frac{a_k(f_k)^2 + b_k(f_k)^2}{N}} \tag{5.3}$$

2）局部一致性

局部一致性是用来测量局部神经元活动在时间上的一致性的方法。假设在一定条件下功能区内相邻体素的 BOLD 信号随时间变化具有相似性，使用肯德尔和谐系数（Kendall's coefficient of concordance，KCC）作为指标来度量一个团块内的体素（7 个、19 个或 27 个体素）之间时间序列变化的一致性。ReHo 指标越高，表明局部神经元活动的一致性就越高，反之则表明局部脑区活动在时间上的无序性，也可能暗示当前区域神经元活动发生异常或者紊乱。局部一致性指标易受到高斯平滑的影响，计算 ReHo 时应把对信号的空间平滑操作作放在 ReHo 指标计算之后。

已有研究发现，后扣带回、内侧前额叶以及双侧顶下小叶（inferior parietal cortex）这几个脑区表现出任务非特异性的负激活（task independent deactivation，TID）。并且，静息态 PET（正电子发射体层成像）研究也发现，这几个脑区的代谢在全脑中是最高的。而采用 ReHo 方法研究发现，后扣带回、内侧前额叶以及双侧顶下小叶在静息状态下的 ReHo 值显著高于运动状态。进一步的研究发现，静息态下这几个脑区的 ReHo 值在全脑中最高，也就是说，这两项 ReHo 研究的结果与 Raichle 等的结果是一致的。

3）功能连接

功能连接运用相关分析方法来度量不同体素或脑区之间信号的同步性，这种同步性主要通过时间序列的相关系数（功能连接）来描述。功能连接考察的是 ROI 之间或者 ROI 与全脑所有体素之间的线性相关程度，由此判断是否与 ROI 在功能上有较高的相似性即有无功能连接，最后得到功能连接网络。目前常用的功能连接分析方法有种子点功能连接方法和聚类（clustering）分析方法。

种子点功能连接方法简单、灵敏、易于解释，是目前使用最广泛的 fMRI 功能连接分析方法。这种分析方法首先需要确定种子点，提取该种子点的时间序列，并对其所在脑区的时间序列进行平均，然后通过皮尔逊线性相关系数（r）度量种子点与其他脑区时间序列的相关性，得到一个相关系数 r 值标记的脑图像，通过 r 值量化种子点和其他脑区功能连接的强度。通过设定种子点的功能连接计算方法，可以得到种子点所在脑区的全脑功能连接图，但是这种方法也有自身缺陷，由于所获得的功能连接结果对种子点有一定的依赖性，使用这种方法需要明确的事先假设，种子区选择基于前人研究或者先验模板。如图 5.19 所示，为 Power 等[3]划分的 264 个功能脑区及其皮尔逊功能连接矩阵。

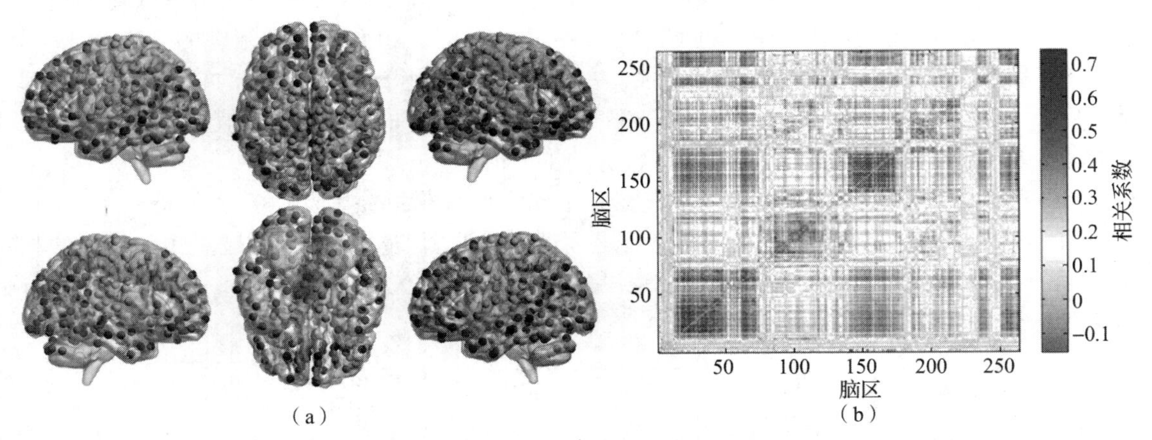

图 5.19 Power 等划分的 264 个功能脑区及其皮尔逊功能连接矩阵（书后附彩插）

(a) Power 等划分的 264 个功能脑区；(b) 皮尔逊功能连接矩阵

聚类分析方法同样需要预先定义种子点区，和种子点功能连接不同的是，聚类分析需要选取多个种子点作为感兴趣区。计算获取各感兴趣区时间序列之间的相关系数，然后利用这些相关系数构建矩阵，通过一定的聚类算法来定义和区分功能连接网络，最终转变为等级树或拓扑图，以这种方式将脑区之间的关系表现出来。这种方法和种子点功能连接方法有共同之处，相当于做了多次种子点功能连接，因此可以结合两种方法，通过前者得到相应的激活脑区，再利用聚类分析方法得到更加合理的脑区间功能连接。

5.3.4 统计分析

对于任务态 fMRI，单个被试数据分析结果如 T 值图，反映的是被试脑内每个体素的信号时间变化模式与设计的任务模型相符合的程度，体现的是脑区激活的真实性而不是激活幅度的大小；而多被试数据的组分析则是对多人脑内体素的信号变化幅度的统计参数图（β 值图）再进行统计分析，得到具有推广性的随机效应的结果。对于静息态 fMRI 数据，通过以上分析方法我们能得到个体的 BOLD 信号的量化脑图，如 ALFF、ReHo 等。进而，个体水平上的值是在总体中的随机取样，由样本信息推断总体信息，要对测量的个体进行相应的统计分析。综上所述，无论是静息态 fMRI 还是任务态 fMRI，在激活区检测或测量指标计算后，都需要进行统计分析。常用的统计分析方法有 t 检验和方差分析。

t 检验包括单样本 t 检验、双样本 t 检验和配对样本 t 检验。单样本 t 检验是检验一个样本平均数与一个已知的总体平均数的差异是否显著；双样本 t 检验用来检验两组测量指标均值之间的差异；配对样本 t 检验用来检验两种状态下所测量指标均值之间的差异。

当实验设计需要检验三组或三组以上的组间差异时，常采用方差分析。方差分析又称为 F 检验，常用的方差分析模型有以下几种：完全被试间设计模型、完全被试内设计模型、混合设计模型（既包括被试间因素又包括被试内因素）。和前两种方差分析模型相比，混合设计模型波形要更为复杂，解决途径也有很多。很多软件可以实现混合设计模型的方差分析，如 AFNI 和 SPM 软件。

5.4　弥散张量成像数据处理

弥散张量成像（diffusion tensor imaging，DTI）是在 20 世纪 90 年代早期至 90 年代中期发展起来的，它提供了一种在微观结构尺度上度量非侵入性表征软组织特性的方法，也是唯一可以活体显示脑白质纤维束的无创成像方法。通过随机的、扩散驱动的位移分子探测组织结构，微观尺度使得弥散张量成像远远超过通常的图像分辨率。由于弥散是一个三维过程，组织中的分子迁移率可能是各向异性的（脑白质）。利用弥散张量成像可以充分提取扩散各向异性效应，对组织微观结构进行表征和研究。纤维追踪是常用的 DTI 数据分析方法，其优势在于可以呈现活体组织结构的完整性与连通性，用于判断白质纤维束的损害程度和范围。通过追踪大脑白质神经传导束的走向，DTI 技术可以实现对人脑中枢神经纤维的精细成像。

5.4.1　弥散张量成像的物理基础

1. 弥散

分子扩散（弥散）是指分子的随机平移运动，也称布朗运动，是由分子所携带的热能引起的运动。水分子在扩散磁共振成像研究中最为常见。水在与内部结构对齐的方向上扩散得更快，在垂直于上述方向时扩散得更慢。

2. 弥散张量

分子从起始位置经过指定时间间隔后漂移的距离用弥散张量 $\boldsymbol{D}$ 表示，其矩阵表述如下：

$$\boldsymbol{D}=\begin{bmatrix} D_{xx} & D_{xy} & D_{xz} \\ D_{yx} & D_{yy} & D_{yz} \\ D_{zx} & D_{zy} & D_{zz} \end{bmatrix}$$

对于均匀介质，弥散系数 $\boldsymbol{D}$ 是一个标量，反映的是组织扩散的各向同性，也就是说在均匀介质中分子向各个方向运动的概率相同。但是对于非均匀的（各向异性，弥散具有方向依赖性的）介质，如白质纤维束中，扩散系数取决于神经纤维束的走向，那么其扩散张量就要采用上述矩阵表示。对于扩散张量矩阵进行对角化处理，可以得到 3 个特征值（$\boldsymbol{\lambda}_1$、$\boldsymbol{\lambda}_2$ 和 $\boldsymbol{\lambda}_3$）和对应的特征矢量（$\boldsymbol{e}_1$、$\boldsymbol{e}_2$ 和 $\boldsymbol{e}_3$）：

$$D(\boldsymbol{e}_1 \quad \boldsymbol{e}_2 \quad \boldsymbol{e}_3)=(\boldsymbol{e}_1 \quad \boldsymbol{e}_2 \quad \boldsymbol{e}_3)\begin{bmatrix} \lambda_1 & 0 & 0 \\ 0 & \lambda_2 & 0 \\ 0 & 0 & \lambda_3 \end{bmatrix}$$

在各向异性组织中，在给定扩散时间情况下，分子扩散形成一个椭球。这一椭球的半径与特征值成正比，椭球的空间走向由特征矢量决定。特征值、特征矢量与扩散椭圆的关系如

图 5.20 所示。

在研究脑白质纤维走向时，我们将特征值降序排列（$\lambda_1 \geqslant \lambda_2 \geqslant \lambda_3$），最大特征所对应的特征矢量方向就是神经纤维的走向，沿着线位的走向扩散率大于垂直的纤维走向。白质的各向异性明显大于灰质，二者的扩散张量椭球如图 5.21 所示，可以看出，灰质也并不完全是各向同性。所以在追踪白质纤维时会对各向异性设置一个阈值。

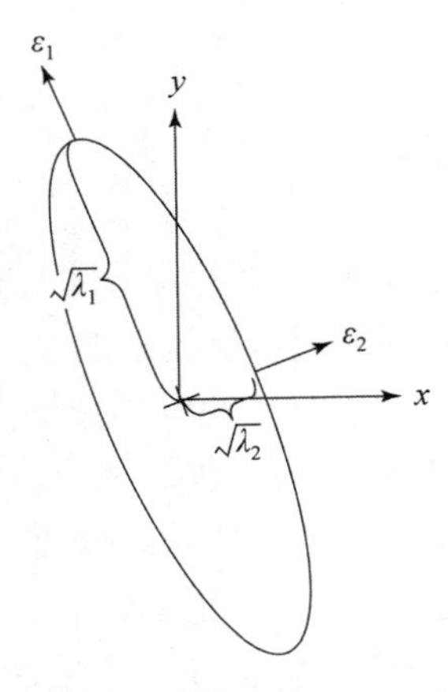

图 5.20 特征值、特征矢量与扩散椭圆的关系（摘自《脑功能成像物理学》[1]）

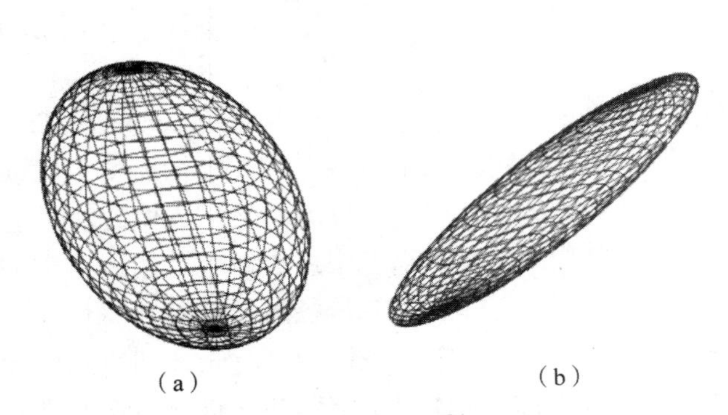

图 5.21 灰质、白质扩散椭球示意图（摘自《脑功能成像物理学》[1]）

(a) 灰质；(b) 白质

3. 常见导出量

将 3 个特征值进行不同的组合可以得到不同的变量，常见的变量包括以下几个。

平均扩散率（mean diffusivity，MD）代表扩散椭球的平均半径：

$$\mathrm{MD} = \frac{\lambda_1 + \lambda_2 + \lambda_3}{3}$$

相对各向异性（relative anisotropy，RA）计算的是特征值的方差与平均值的比值：

$$\mathrm{RA} = \frac{\sqrt{(\lambda_1 - \lambda_2)^2 + (\lambda_2 - \lambda_3)^2 + (\lambda_3 - \lambda_1)^2}}{\sqrt{2}(\lambda_1 + \lambda_2 + \lambda_3)}$$

各向异性比值（fractional anisotropy，FA）可以形象地理解为扩散椭球“椭”的情况，FA 越大，椭球越扁长。它是扩散张量的各向异性成分与整个扩散张量的比值：

$$\mathrm{FA} = \sqrt{\frac{3}{2}}\ \frac{\sqrt{(\lambda_1 - \bar{\lambda})^2 + (\lambda_2 - \bar{\lambda})^2 + (\lambda_3 - \bar{\lambda})^2}}{\sqrt{\lambda_1^{\ 2} + \lambda_2^{\ 2} + \lambda_3^{\ 2}}}$$

根据上式可以看出，当$\lambda_1 = \lambda_2 = \lambda_3$时，FA = 0，当$\lambda_1 \gg \lambda_2 \gg \lambda_3$时，$\bar{\lambda} \approx \frac{\lambda_1}{3}$，FA 近似于 1。所以 FA 的取值范围是 0 ~ 1，FA 与扩散的各向异性成正比。

容积比（volume ratio，VR）等于扩散椭圆体积与半径为平均扩散率的球的体积之比：

$$\mathrm{VR} = \frac{\lambda_1 \lambda_2 \lambda_3}{\bar{\lambda}^3}$$

5.4.2　弥散张量成像原理与数据预处理

1. 成像原理

DTI 的本质就是通过磁共振成像的方法，把每一个体素的扩散系数分布（即扩散矩阵里各个分量的值）确定下来。矩阵中的元素有 9 个，但是独立的只有 6 个（矩阵关于对角线对称），所以这 6 个元素确定下来就可以完成 DTI（以各向异性生物组织为例）。

图 5.22 为测量扩散的梯度自旋回波序列时序图，根据磁共振成像原理，回波序列的信号为

$$S = S_0 e^{-\Sigma b_{ij} D_{ij}}$$

式中，S 为测得的信号强度；S_0 为没有扩散梯度时的信号强度；b_{ij} 为沿着 ij 方向的磁敏感梯度。

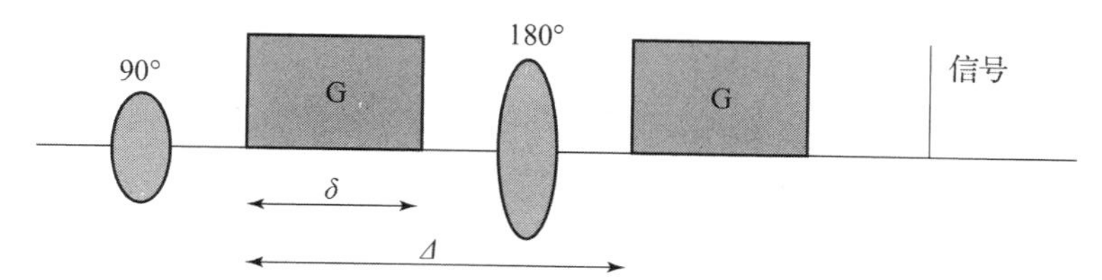

图 5.22　测量扩散的梯度自旋回波序列时序图

所以两边取对数：

$$\sum b_{ij} D_{ij} = -\ln \frac{S}{S_0}$$

公式右边的值可以确定，且 b_{xx}、b_{yy}、b_{zz}、b_{xy}、b_{xz}、b_{yz} 都是已知的，那么这一扩散矩阵 $\boldsymbol{D}$ 中的 6 个独立元素就可以唯一确定了。

在我们进行 DTI 时，如需确定扩散矩阵中的 6 个分量，只需把扩散敏感梯度加载到 6 个不共线的方向上（即 6 个不同 b 值构成的矩阵），得到 6 个加权像，再加上一个 $b=0$ 的扩散加权像（T2WI），就可以解出扩散矩阵 $\boldsymbol{D}$。现在随着 DTI 技术投入临床使用，尤其是用于临床诊断，对于图像质量也有了越来越高的要求，对扩散方向、扩散成像脉冲序列的优化也越来越受到重视。如图 5.23 所示，在进行纤维追踪时通常会采用较多的磁敏感梯度方向。

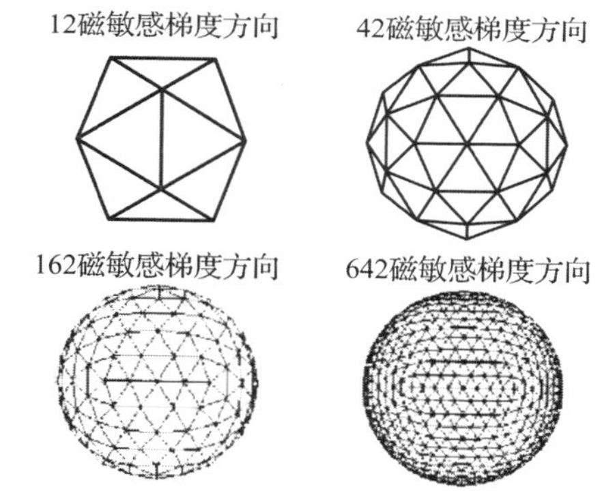

图 5.23　多个磁敏感图方向示意图

2. 数据预处理

我们在得到 DTI 数据后需要先进行预处理，才能进行后续的数据分析及脑白质结构网络构建，主要包括以下步骤。

格式转换：将从机器上采集得到的 DICOM 格式数据（后缀为 . IMA 或 . dcm）转换成 NIFTI（神经影像信息技术倡议）格式（后缀为 . hdr/. img/. nii/. nii. gz）。

全脑掩膜（brain mask）估计：使用无扩散加权的 b0 图像通过 FMRIB Software Library（FSL）的 bet 命令进行估计，从整个头部图像中剥离非脑组织，如图 5.24 所示。

裁剪原始图像：为了降低记忆成本，并在后续步骤中加快处理速度，剪裁掉原始图像中的非大脑空间，从而减小图像尺寸。获得的大脑模板被用来确定沿三维空间的大脑边界，如图 5. 25 所示。

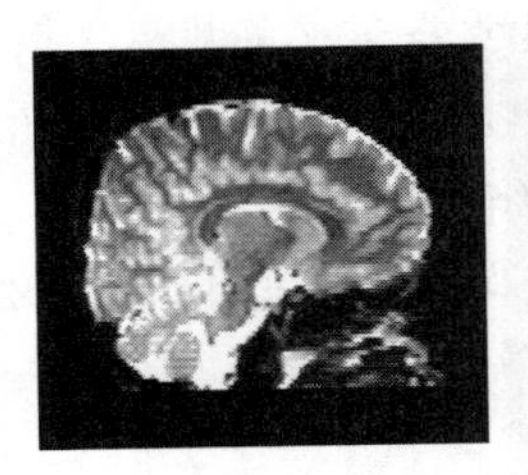
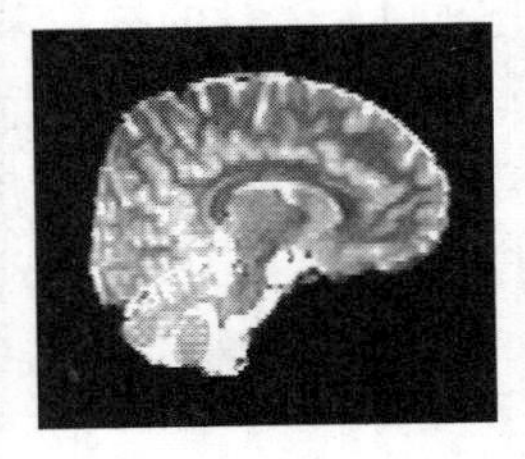

图 5. 24　剥离非脑组织

图 5. 25　原始图像剪裁

校正涡流效应：利用仿射变换将 DW 图像配准到 b0 图像上，可以校正扩散加权图像的涡流畸变和扫描过程中简单的头部运动，如图 5. 26 所示。

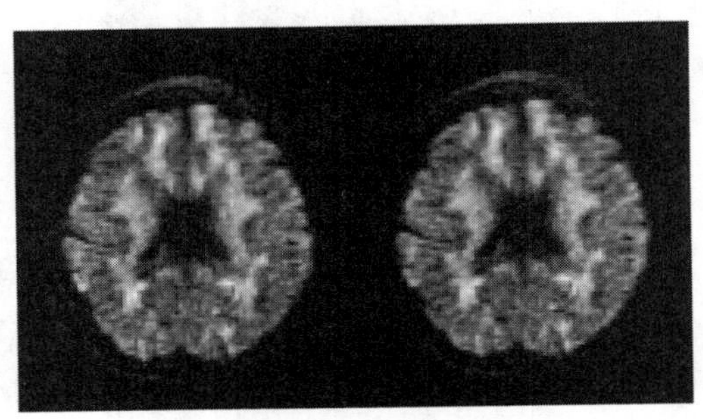

图 5. 26　涡流校正

平均多次扫描：若是对于一位被试进行了多次扫描，需对多次扫描图像进行平均，如图 5. 27所示。

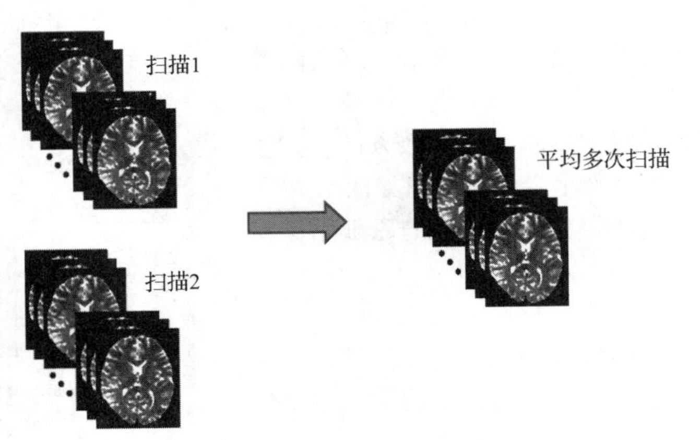

图 5. 27　平均多次扫描示意图

计算扩散张量矩阵：这一步涉及张量矩阵和指标的体素计算，包括各向异性比值（FA）、平均扩散率（MD）、轴向扩散率（AD）和径向扩散率（RD），如图 5. 28 所示。

标准化：为了实现不同被试之间的比较，必须建立位置的对应关系。为此，需将所有图像注册到一个标准化模板中，如图 5. 29 所示。

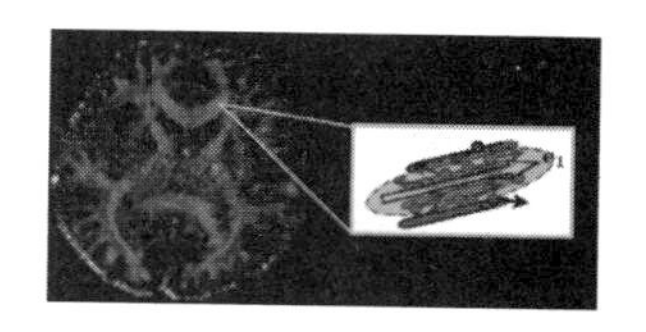
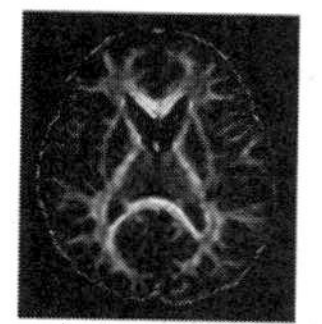

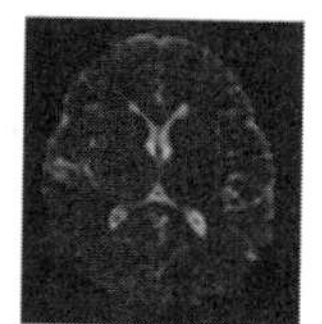

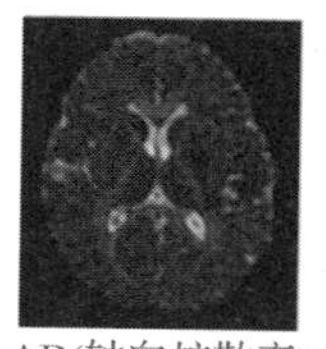

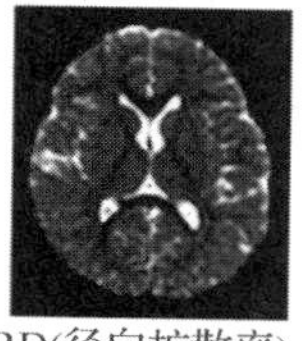

图 5.28　基于体素的扩散指标示意图（书后附彩插）

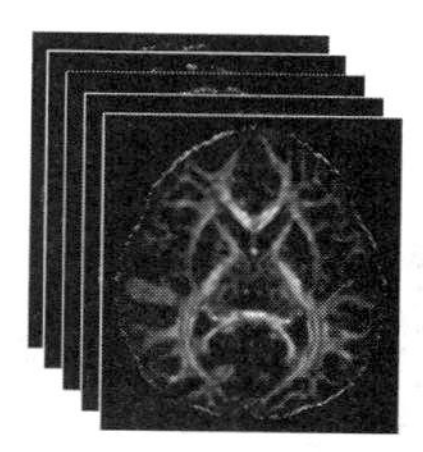
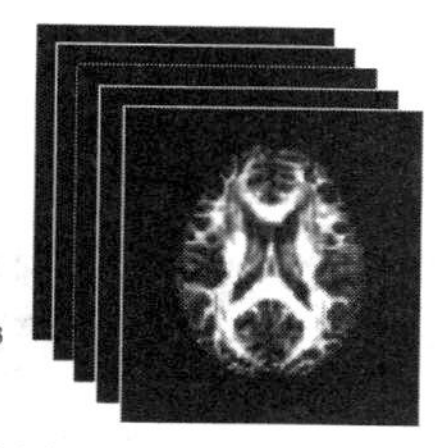

图 5.29　图像重采样与标准化

5.4.3　三种水平的分析

图像标准化后可以进行基于体素（voxel - based）、基于脑白质图谱（atlas - based），以及基于纤维束示踪的空间统计（tract - based spatial statistics，TBSS）的三种水平的分析。

1. 基于体素的分析

将标准化后的 FA 或 MD 等其他参数的图像进行平滑处理，减少噪声和被试之间未对齐的影响，通常使用 4 mm 或 6 mm 高斯核对图像进行平滑处理，如图 5.30 所示。

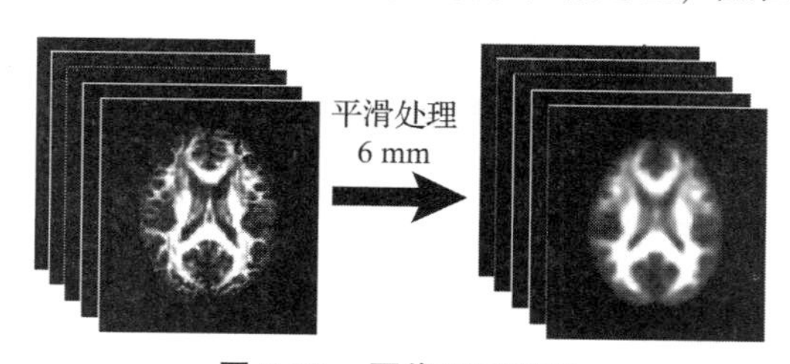

图 5.30　图像平滑处理

之后可进行上述指标的组间比较（双样本 t 检验），将有显著差异的体素集群参数求平均，最后与临床指标进行相关分析等。例如，Sabine 等在 2010 年发现乳腺癌患者化疗后会引起脑白质结构改变，通过分析发现，进行化疗的患者中 FA 显著降低的体素主要分布于枕叶上束、前肢内囊以及前放射冠；MD 明显增加的体素主要分布于上纵束、胼胝体、扣带以及前放射冠。将这些区域的 FA、MD 与神经心理学测试成绩进行相关分析发现，部分区域的异常与认知功能受损存在相关。由此推断，乳腺癌患者化疗引起的脑白质结构改变及其与认知功能受损存在一定联系。

2. 基于白质图谱的分析

与基于体素的分析不同的是，基于白质图谱的分析将大脑划分成一些感兴趣区，然后将感兴趣区内体素的相关指标进行平均，接着将每个感兴趣区内的指标进行组间比较，或者与临床指标进行相关分析。

例如 Karen 等在 2009 年发现创伤性脑损伤的青少年感觉组织测试评分普遍低于对照组(在姿势控制方面存在缺陷)。基于白质图谱的分析发现，存在创伤性脑损伤的青少年在小脑、丘脑后辐射和皮质脊髓束的各向异性显著降低，且各向异性值与感觉组织测试评分有显著相关性。

3. 基于纤维束示踪的空间统计的分析

首先对所有被试 FA 图像进行配准，计算均值并进行骨架化，得到平均 FA 骨架，接着将被试的扩散指标投射到骨架上。最后创建带有骨架数据的单独图像，得到的图像可直接用骨架上的体素进行基于体素的统计分析，步骤如图 5. 31 所示。这种分析方法避免了基于体素的分析中空间平滑的过程。将其应用于多个被试的数据分析，能够提供更好的敏感性和可解释性。

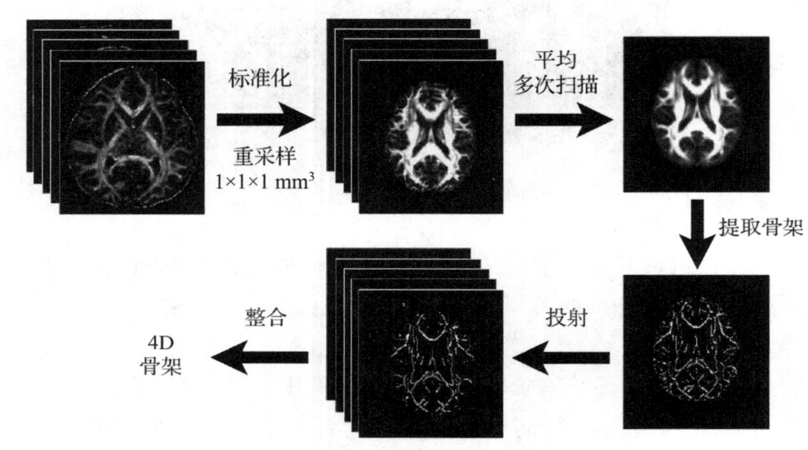

图 5. 31　TBSS 步骤示意图

Huang 等通过 TBSS 方法构建 FA 骨架，对投射到 FA 骨架上的体素进行分析，发现存在患抑郁症高风险因素的健康青年的胼胝体、上纵束、钩状束和额枕下束各向异性比值较普通青年显著降低，可能是抑郁症的易感性标志。

5. 4. 4　基于弥散张量成像的结构网络构建

由于水分子在有髓纤维的扩散有着较高的各向异性，采用该技术可以测量某个体素内各向异性的大小，从而间接反映髓鞘化程度或纤维束完整性。根据各向异性的方向可以追踪纤维束走向，构建脑白质结构网络。目前基于扩散磁共振成像的纤维追踪技术已被广泛用于正常人和神经精神疾病人群的研究中。

1. 脑白质纤维束追踪方法

1）定义节点与边

通常情况下根据先验的灰质图谱，将大脑皮质分成多个区域，每个区域代表一个网络节点。首先，将原始空间中被试的 FA 图像与其 T1WI 结构图像进行仿射变换，然后将单个结构图像非线性地注册到 ICBM152 模板中。接着通过应用逆变换，将标准空间中的图谱映射回原始空间。我们常用的灰质分割模板包括 AAL（automated anatomical labeling）、Brodmann 和 Power 图谱等。若两个节点间存在“连接”，那么我们就认为这两个节点之间存在边。对于脑白质结构网络来说，我们判断两个节点间是否存在边以及边的权重是多少，需要通过追踪到的纤维束来定义，而纤维束的追踪算法又分为确定性纤维追踪和概率性纤维追踪。

2）确定性纤维追踪

确定性追踪算法每次都沿着特征方向进行追踪。在进行追踪前我们会设定一个 FA 的阈值以及转角最大值。若当前点的 FA 小于设置阈值或者纤维转角大于设定的最大值，即停止追踪。确定性追踪算法主要基于二阶张量的估计结果进行，该方法发展较早且计算量较小，在临床上应用广泛。最早的纤维追踪算法是 Mori 等[4]提出的 FACT（fiber assignment by continuous tracking）算法，基本思想是在大脑皮质挑选一种子点，沿着种子点所在体素的正反两个方向分别进行追踪，追踪到达当前体素的边界时则按照下一个体素之特征方向进行追踪，直到达到终止条件。确定性跟踪算法的终止条件一般是该体素的 FA 小于某经验值，偏转角过大或者超出有效区域。由此也可发现，每个体素中只能跟踪出一条纤维，不能解决纤维交叉和分叉的问题，所以容易受到数据噪声和部分容积效应的影响。

基于上述方法，我们通常会构建 3 个基本的加权矩阵：纤维数目（fiber number，FN）加权矩阵、FA 加权矩阵和纤维长度（fiber length，FL）加权矩阵。在矩阵中，每一行或每一列代表一个大脑区域/节点。矩阵元素的值分别表示节点 i 与节点 j 之间体素连接纤维的个数、FA、长度的平均值。所构建的网络可以采用基于图论方法进行拓扑分析。

3）概率性纤维追踪

较确定性纤维追踪，概率性纤维追踪通常会运行多次追踪，并且纤维方向由概率决定。这种类型的追踪可以提高跟踪灵敏度，特别是对非优势纤维。概率性纤维追踪法在每一步追踪过程中首先计算先验概率（考虑了前一步方向的影响）；然后通过对体素建模计算当前点的似然函数，与先验概率相乘得到后验概率；最后通过采样的方法得到下一步的跟踪方向。该方法能够在一定程度上解决噪声的影响，估计白质纤维路径的不确定性。

我们首先调用 FSL 中的 bedpostx 命令，利用抽样技术得到扩散参数的贝叶斯估计，在每个体素上建立扩散参数的分布。接着，调用 FSL 中的 probtrackx 命令，将每个已定义脑区/节点对该区域的所有体素执行概率性纤维追踪。对于每一个体素取样 5 000 根纤维。种子区域 i 到另一个地区 j 的连接概率是由纤维穿过 j 的数量除以取样的总数量。每个节点到其他节点的连接概率都可以基于上述方法进行计算，这就产生了一个特定的加权矩阵。它的行和列表示大脑节点，元素表示节点之间的连接概率。所构建的网络同样也可以后续采用基于图论的方法进行拓扑分析。脑白质网络构建示意图如图 5. 32 所示。

2. 在脑疾病中的研究

基于 DTI 数据构建脑网络的方法已经被越来越多地用于脑疾病研究。例如，Yan 等[5]通过确定性纤维追踪的方法构建 FA 权重网络，发现在轻度认知障碍和阿尔茨海默病患者中核心节点之间的结构连接减少，而在主观认知下降患者中则保持稳定。此外，上述三种患者表现出相似的周边区域（非核心节点）受损模式，且异常区域之间连接减少，这表明周边区域的异常可能导致认知能力下降，且可以作为主观认知下降的早期标志。Li 等[6]构建 FA 权重网络发现，帕金森病患者周围区域（非核心节点）连接强度较正常人显著降低。进行网

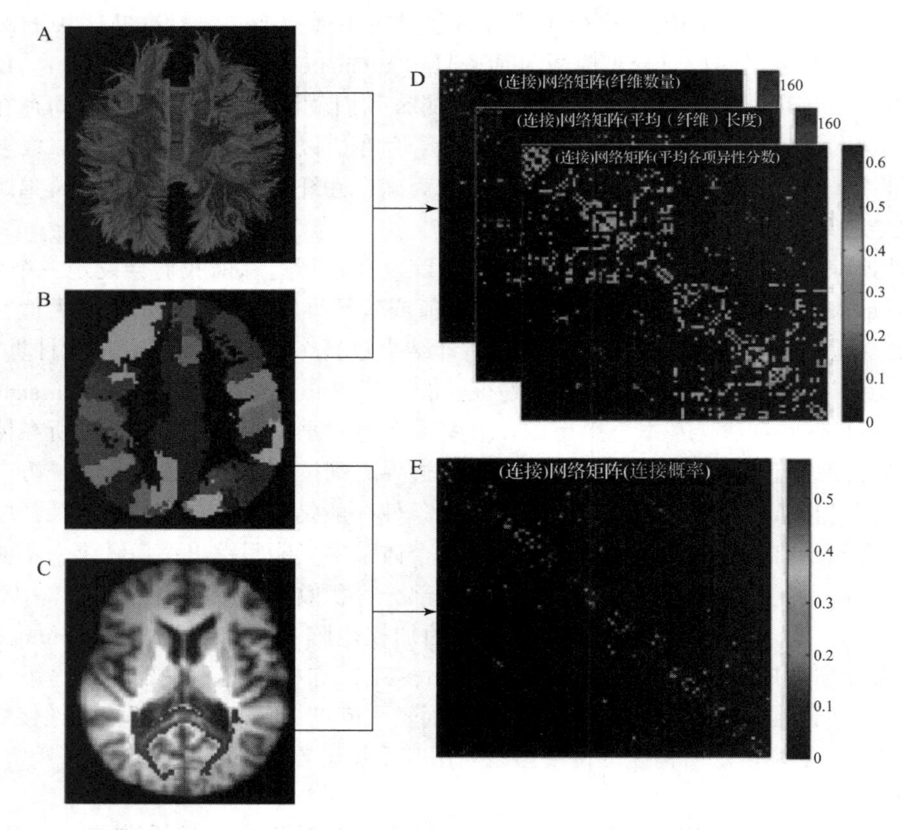

图 5.32　脑白质网络构建示意图（摘自 Cui et al. 2013[7]）（书后附彩插）

络拓扑分析发现，帕金森病患者脑网络的最短路径长度较正常人显著上升，而全局效率显著下降，说明帕金森病脑结构连接模式出现异常。Bassett 等[8]发现精神分裂症患者核心节点的分布由额叶区域转移到了非额叶区域，如颞下回、脑岛和扣带回等。

5.5　小　　结

本章首先简要介绍了磁共振成像技术，接着介绍了多种模态的磁共振成像方法，包括结构磁共振成像、功能磁共振成像、弥散张量成像，围绕其成像原理、常用分析方法和处理流程，以及在疾病研究中的应用展开详细阐述。基于磁共振数据处理及分析技术可以有效挖掘神经信号特征，对认知神经科学研究具有重要意义。

参 考 文 献

[1] 包尚联．脑功能成像物理学［M］．郑州：郑州大学出版社，2006.

[2] WANG J，WANG X，XIA M，et al. GRETNA：a graph theoretical network analysis toolbox for imaging connectomics［J］. Frontiers in human neuroscience，2015，9（386）：386.

[3] POWER J，SCHLAGGAR B，LESSOV－SCHLAGGAR C，et al. Evidence for hubs in

human functional brain networks [J]. Neuron, 2013, 79 (4): 798-813.

[4] MORI S, ZIJL P. Fiber tracking: principles and strategies - a technical review [J]. Nmr in biomedicine, 2002, 15 (7-8): 468-480.

[5] YAN T, WANG W, YANG L, et al. Rich club disturbances of the human connectome from subjective cognitive decline to Alzheimer's disease [J]. Theranostics, 2018, 8 (12): 3237-3255.

[6] LI C, HUANG B, ZHANG R, et al. Impaired topological architecture of brain structural networks in idiopathic Parkinson's disease: a DTI study [J]. Brain Imaging & behavior, 2017, 11 (1): 113-128.

[7] CUI Z, ZHONG S, XU P, et al. PANDA: a pipeline toolbox for analyzing brain diffusion images [J]. Frontiers in human neuroscience, 2013, 7 (42): 42.

[8] BASSETT D S, BULLMORE E, VERCHINSKI B A, et al. Hierarchical organization of human cortical networks in health and schizophrenia [J]. Journal of neuroscience: the official journal of the Society for Neuroscience, 2008, 28 (37): 9239-9248.

第 6 章
多模态数据分析方法

近年来，无创脑成像技术在探索健康人和疾病人群相关脑结构与功能方面起着越来越重要的作用。脑成像技术多种多样，包括结构 MRI、弥散 MRI、灌注 MRI、功能 MRI、PET 等。不同成像技术揭示的信息各有特色又互为补充，结合使用有助于全面理解大脑工作机制。但是，不同技术采集的脑图像数据分辨率、时空动态性和生物物理学机制有所不同，给数据加工、融合、分析和可视化带来了新的问题。

尽管在数据融合方面仍面临许多挑战，但多模态神经影像（multimodal neuroimaging）已经成为人类、动物基础和认知神经科学研究的重要技术。多模态数据整合有助于更深入了解大脑加工过程及其结构基础，从更为综合的视角看待大脑加工机制。

6.1　多模态神经影像数据简介

6.1.1　多模态神经影像的含义

大脑本身就是一个高度活跃的器官，约消耗整个身体能量的 20%，脑活动涉及感觉、知觉推断、评估过程、动作规划和执行等多个方面。从结构上，脑功能依赖于不同的细胞类型，这些细胞的分布和彼此之间的连接通过预定的生物学通路进行延展，且受后天经历的影响。现代神经影像学技术从宏观水平探索这些神经过程和结构，揭示健康人和疾病人群认知和行为的神经基础。

狭义上，多模态神经影像主要结合从两种或多种不同影像学设备获取的数据，旨在使用互补的方法加强我们对于脑结构和功能的理解。广义上，多模态神经影像也指将从相同物理设备上获得的数据进行融合（如在脑卒中的研究中，将灌注和弥散加权的 MRI 图像结合）。

所有影像学技术使用特定的物理原理进行交互。物理相互作用决定了哪些生理过程和（或）结构可以被测量，并且特定方法的信号采集参数决定了各自的时间和空间分辨率。在此我们简要提及不同技术生理交互作用的例子。磁共振成像通过操纵和检测氢核的磁矩探索脑结构和活动。正电子发射断层扫描检测正负电子湮灭过程中的 γ 射线（放射性标记化合物的放射性 β 衰变），而光学成像方法包括功能近红外光谱（functional near - infrared spectroscopy，fNIRS），测量神经活动后组织的光散射和吸收特性改变。

狭义上，多模态神经影像描述从不同机器采集的数据的结合。如果进行不同设备的同步采集，就需要开发特定的设备，使得采集到的数据免受模态之间的干扰。例如 EEG - fMRI 使用 EEG 设备（脑电帽、放大器等）结合 MRI 扫描，就需要有另外的设备将二者联合起来。这种新型的设备可以实现从相对简单的布置，如EEG探测器和fNIRS光极放在帽子的何处，到新的复杂技术的创新，以及允许同时进行EEG和MRI采集的电路与放大器，或允许同时采集PET和MRI数据的磁场不敏感光电传感器。在一些组合中如MEG－MRI，两个仪器之间的物理作用限制了数据同时采集的可能性。

广义上，多模态神经影像也包括从同一设备采集得到的非冗余数据的结合（如对比类数据）。在这一方面，MRI便是一个常用的多模态成像工具，它可以操纵组织的磁化状态，因而可以依据电磁脉冲出现时间和时间脉冲波形产生不同的组织对比度。

常使用MRI在同一被试获得T1和T2加权解剖数据、T2*加权功能数据和弥散加权数据。然而，优化的MRI脉冲设计有时可以在同一次采集中结合两个或更多的对比数据。有研究者提出了一个新的称作“MR指纹识别”的MR序列方法，该方法在数据采集过程中伪随机地改变MR序列参数，将从每个体素获得的信号和基于Bloch等式的计算仿真进行比较，通过Bloch等式构建不同组织电磁属性（如T1、T2*、光密度等）的函数。对这些属性的一系列真实值进行仿真，并且和每个体素内测量到的信号进行匹配，可以同时绘制许多定量的MRI对比。

通过注射不同的放射性化合物，PET也可以获得多种对比。然而，这只能进行顺序测量对比，因为不同混合物的β衰减会产生相同能量（约551 keV）的γ射线。光学成像检测不同的对比包括通过使用外源性对比剂、细胞标记以及（或）多种波长。

电生理学记录方法，如EEG和MEG，常包含在广义的多模态神经影像的范畴。该方法常基于数据的非冗余特征，如特定频段的事件相关电位和时间相关（去）同步。需要说明的是，除了无创头皮脑电，还有一种侵入性电生理学技术，如临床上常用于帮助难治性癫痫患者进行癫痫灶定位的颅内EEG（intracranial EEG，iEEG），该技术通过将电极植入脑组织记录潜在生理过程中不同频率的多单元尖峰和局部场电位（local field potential，LFP）。该技术所采集的信号通常受限于很少的记录位点。还有一种侵入性电生理学技术是皮层脑电图检测（intraoperative electrocorticography，ECoG），该技术将一排电极直接覆盖于大脑表面。其因有创性，只能用于动物或特定患者群体，如癫痫患者。

另一项多模态成像相关的技术是光遗传学（optogenetics），该方法使用特定的病毒修改细胞特性（如神经元中的离子通道），使病毒能够使用光进行细胞类型特异性神经成像和操作。广义上，光遗传学可结合fMRI或电生理学技术用于多模态成像。狭义上，光遗传学技术可以使用多种光控的细胞修饰，用于多模态成像。

6.1.2　多模态神经影像的数据获取

多模态成像要求有后处理工具来融合不同模态的数据。数据的联合分析旨在结合每个模态各自的优势。比起单独分析，多模态数据联合分析有额外的好处。

单独和同时记录各有优劣。同时记录相比单独记录会使数据的信噪比下降、伪迹增加。例如，fMRI和EEG同时采集所产生的MRI梯度与心脏通道伪迹会严重影响数据质量，即使对这些伪迹的后处理校正方法已经取得了显著进展。相反，EEG电极会造成局部空间磁场扭曲以及局部脑组织的MR信号零相位化。在MR和PET同时采集的过程中，MRI扫描仪的组件会导致PET信号衰减。虽然如此，许多情况下，进行多模态同步成像的好处仍然大于坏处。如果兴趣点是对任务的平均响应，并且假定这种响应是不会变化的，那么多模态数据就可以按照顺序单独进行采集。然而，如果相同任务的神经活动，或者它们之间的影像特征互相关联且随着环境改变，那么数据就应该同时采集。

6.1.3 多模态神经影像的数据融合

多模态数据分析方法通常的目的是在对不同模态数据的联合分析中实现高度整合。这里就可能有对称数据和非对称数据融合的区别。在非对称数据融合中，来自一个模态的信息相比另一个模态的不确定性减小，如将从一个模态提取的信息视作另一模态的原因或限制条件，EEG 或 MEG 源定位受限于 fMRI 的对比图，或者使用 EEG 的时频功率作为 fMRI 广义线性模型的预测值。在对称数据融合中，所有的模态都被平等对待，应适当考虑其空间和时间分辨率、它们和神经元活动之间的间接关系以及这种关系的不确定性。在 MR 和 PET 同时采集的过程中（如肿瘤成像），对 PET 扫描得到的代谢和分子影像数据与 MRI 扫描得到的软组织对比（T1 或 T2 加权，MRS 和弥散 MRI）的结构信息进行融合。反过来，对称数据融合方法可以分成假设驱动的方法（通常以一个模型为背景，又称模型驱动）和数据驱动的方法，如独立成分分析，该方法是盲源分离方法的一种。

模型驱动的对称数据融合可以通过生成模型反演实现，该方法可以包含不同模态的生理学和时空的互补。生成模型是一种动态模型，可以从生物和物理角度描述从神经元活动到观测到的数据的前向因果链（图 6.1）。这个模型可以包含多个与神经元和血管过程相关的变量。例如，EEG 和锥体突触后电位的净初级电流密度，以及 BOLD fMRI 和突触前后电位激发的神经血管耦合介质。如果将多个生成模型结合，可以从相同模型的神经元活动中生成（或仿真）多模态数据，这个模型的逆过程（如通过估计参数进行识别）即模型驱动的多模态数据融合。在模型驱动的融合过程中，EEG 和 MEG 呈现给我们一个不适定的空间反卷积问题，fMRI 则呈现给我们一个欠定的时间反卷积问题。基于模型的对称数据融合旨在采用另一个模态的信息限制逆问题，并且成像模态在生理敏感性方面有所不同，如 EEG 或 MEG 主要反映神经元同步活动，而 fMRI 则对血液动力学变化敏感。

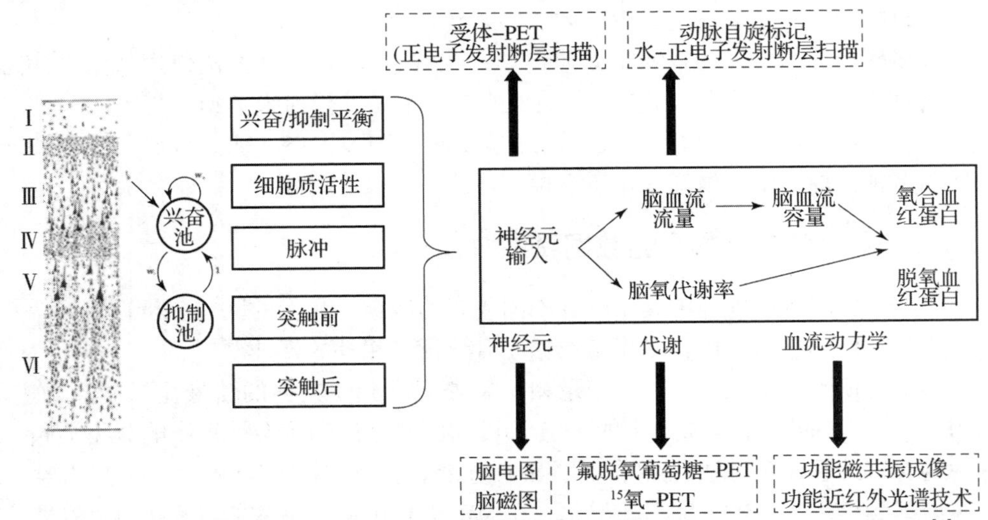

图 6.1 不同功能成像模态对应生理学过程的特异性（摘自 Uludağ，K.，et al. 2014[1]）

左侧：方框内是一些与神经元活动相关的过程。

右侧：神经元活动后的电磁、受体活动、代谢和血液动力学过程。功能神经影像模态用虚线框显示。

6.1.4　多模态成像的意义

常用无创功能神经影像模态的时空分辨率如图 6.2 所示。在功能成像技术中，空间分辨率最高的 fMRI 通过使用超高的磁场强度在人类皮层的层状和柱状水平（如亚毫米）反映血液动力学过程，但是比起神经元的动态性，fMRI 时间分辨率较低（通常几秒钟才能覆盖全脑）。EEG 可以在毫秒级时间分辨率测量电活动变化，但是空间分辨率差。MEG 较 EEG 而言，在确保高时间分辨率的基础上，提高了空间分辨率。虽然微观水平的神经过程采用现有无创成像技术难以检测到，但是中观水平（如柱状和层状水平的神经元群）可以使用高场强 MRI 观察到。将不同成像方法相结合的显著优点是可以同时保证高的时间和空间分辨率。将 EEG 和 fMRI 结合便是同时实现高时间和空间分辨率的多模态成像技术。最好的 EEG 和 fMRI 联合应用是在癫痫研究中，使用 fMRI 帮助定位癫痫病灶，EEG 捕捉癫痫样放电。

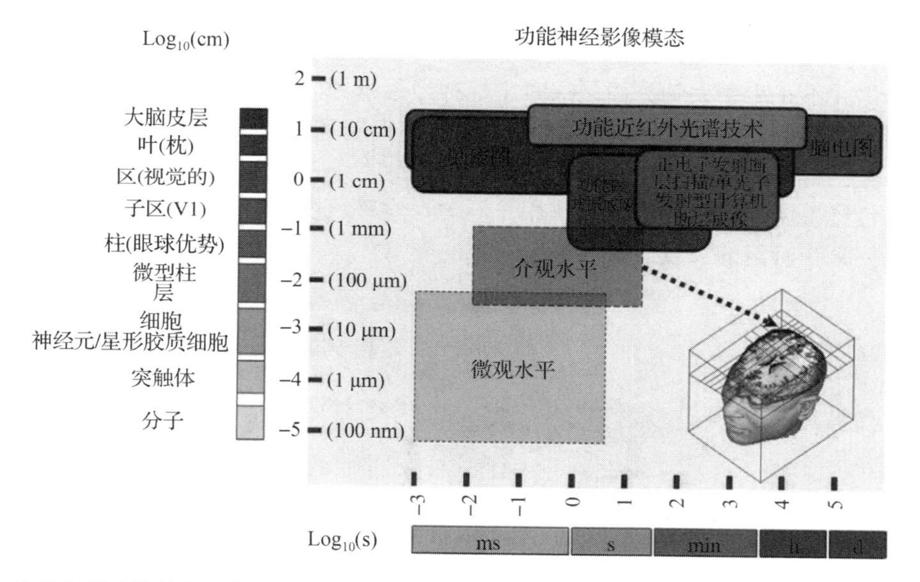

图 6.2　常用无创功能神经影像模态的时空分辨率（摘自 Uludağ，K.，et al. 2014[1]）（书后附彩插）

EEG 和 fMRI 联用的另一个重要方面是，通过分辨率的互补来观察静息态和任务态下神经元振荡的空间来源。这些研究采用非对称分析方法，在分析的同时采集 fMRI 数据，将 EEG 信号的频段功率作为统计参数自变量或回归量，进行统计参数映射分析。

在神经科学研究中，描述性测量方法已被广泛用于多物种的结构和功能数据集，表征网络拓扑的局部属性和全局属性。这些分析一致表现出了非随机拓扑结构，如高聚类和短路径长度。并且，高度连接的中心节点［hub（中心）或 rich club（富人俱乐部）］相互连接形成网络。近期的研究发现了更为复杂的结构特性，如层级结构。实际上，大脑存在一种固有的空间嵌入网络，物理限制决定了嵌入式网络特性的基础，如有效的网络交流和信息加工。脑网络测量技术的应用已通过了多方面的验证，如节点和边定义的敏感性、空间和时间分辨率，以及不同观察结果之间的可靠性和可重复性。

6.2 多模态数据的脑网络分析

网络神经科学（network neuroscience，NN）的概念由 Danielle S Bassett 和 Olaf Sporns 两位学者提出，旨在使用新方法描绘、记录、分析，以及对神经生物学系统中的元素组成和相互作用进行建模，从而更为整体地了解大脑结构和功能。网络神经科学已经进入一个飞速发展的时代，可以从大尺度的神经系统和多水平的组织中得到大量复杂的数据，这些数据涵盖了神经系统内部或相互之间联系的特征，从而综合描绘网络架构。这些网络包括蛋白质相互作用、基因调控网络、突触连接、脑区间解剖投影、静息态或任务态脑活动的动态模式，以及特定行为表现下大脑和环境的交互作用。并且，这些数据通常会涵盖不同水平的组织，如神经元、神经环路、神经系统，甚至全脑，包括生物学的不同领域或数据类型，如结构和功能连接、遗传模式和疾病状态，行为表现型和分布式脑活动之间的关系。网络神经科学包含不同时间和空间尺度下的网络研究（图 6.3），其试图将基因和生物分子之间的关系和神经元之间共享的关系联系起来，探索神经元水平的加工过程如何影响大尺度神经环路。然而，网络神经科学并不止步于大脑，而是探索中枢神经系统的内部连接模式及其是如何与行为模式相互作用的。例如，感觉和行为是如何关联的，大脑和环境的相互作用是如何影响认知的。最终，网络神经科学从这些角度探索行为学到生态学，以及经济和文化的相互作用。网络神经科学包含不同尺度组分的交互作用，同时探索跨尺度的现象学依赖关系，而不仅仅是将系统局限到某一特定的尺度。

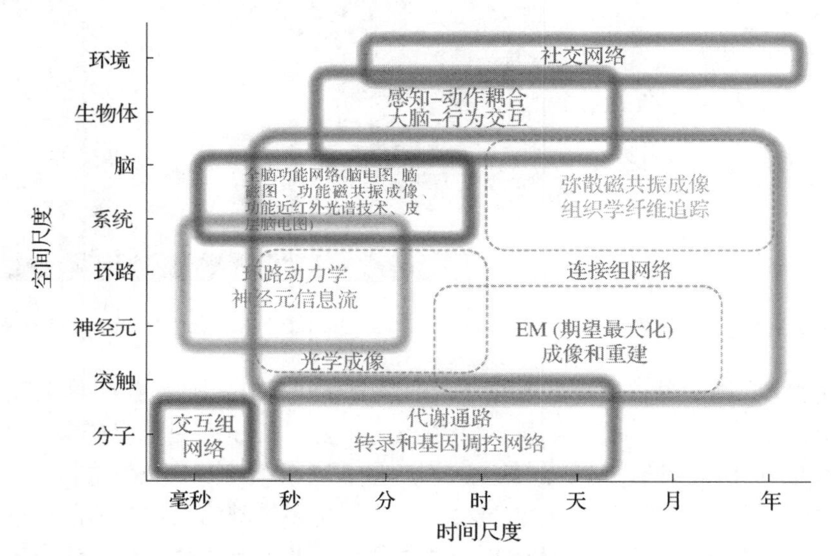

图 6.3　多空间和时间范围的网络（摘自 Bassett，D. S.，et al. 2017[2]）（书后附彩插）

图 6.4 显示了网络神经科学中的网络测量、构建和分析。网络神经科学始于对神经生物学系统中各类数据的采集。这些数据可能是：①基因之间的统计学关联性，以及大分子间的物理耦合；②突触间的解剖网络以及脑区间的投射；③多维度时间序列的统计依赖性和因果关系；④行为关联，如个人或集体社会相互作用时的感受器和效应器的动态耦合。数据采集完成后进行预处理，如个体标准化、伪迹和噪声去除，凝练出一个图或网络的数学形式，包

括节点和边。常见的例子包括转录组和相互作用组、连接组、功能性/效应性连接，以及社交网络。图论的常见数学框架提供了一系列网络分析的方法和工具。图 6.4 中展示的描述性测量方法仅仅是基础分析，还有一些更有力的分析和建模方法，如生成模型、预测和控制。

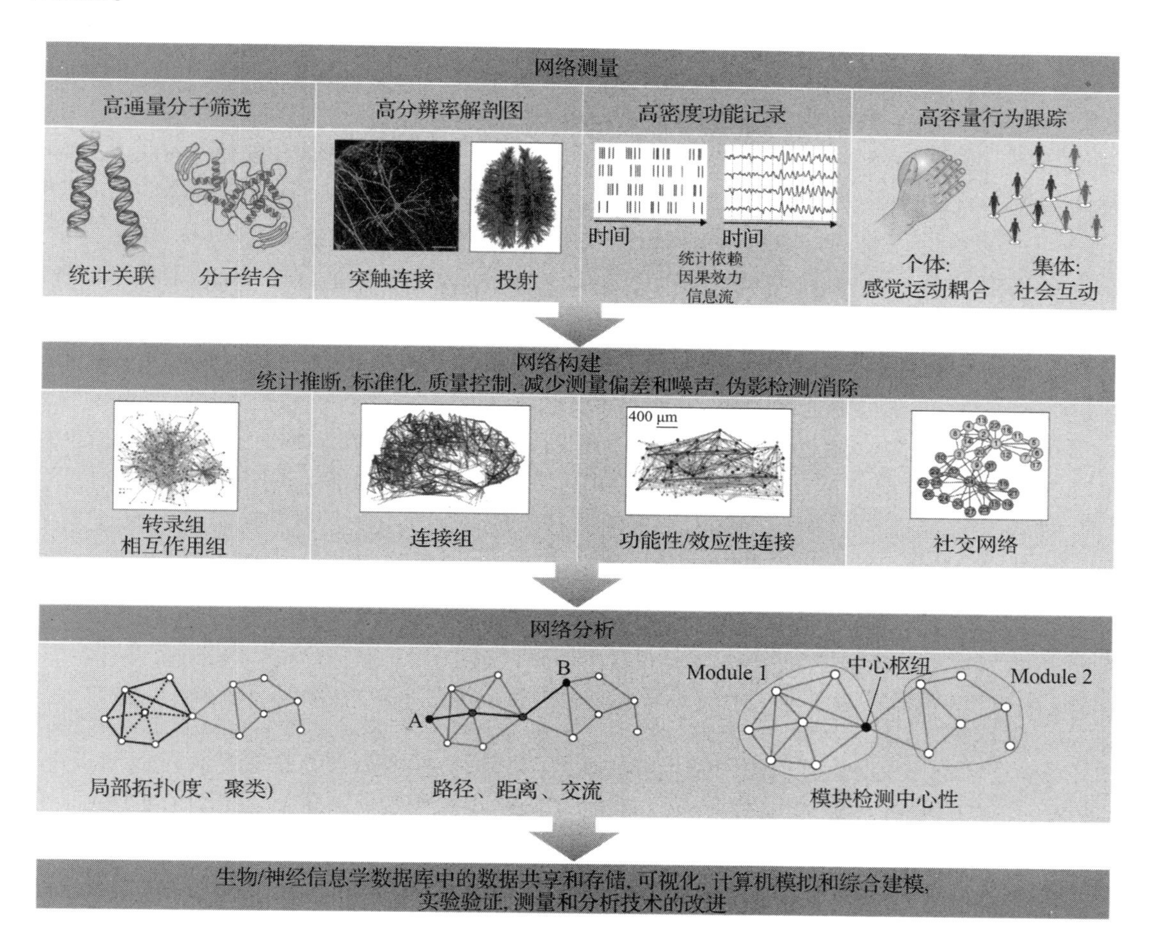

图 6.4　网络测量、构建和分析（摘自 Bassett，D. S.，et al. 2017[2]）（书后附彩插）

本章提到的多模态数据仅仅为网络神经科学中数据测量的一部分，其融合分析可以同样参考网络神经科学的分析方法，即脑网络分析。图论是脑网络分析的数学基础，即使用一系列的节点和边来代表系统中的元素与相互作用关系，构建出图或网络，反映其属性。有三种不同类型的连接，包括功能连接、效应连接和解剖连接。掌握这些不同的连接概念将有助于解释结果。

目前为止你应该对功能连接很熟悉了，它描述了大脑空间上的不同区域信号的时间相关性。然而，正如你从这个描述中看到的，功能连接的概念相对抽象，因为它描述了我们测量到的数据的统计特性，而不直接是生物学过程。当然，当我们谈及解释功能连接的结果时，通常从功能性整合或耦合方面展开讨论。因此，功能连接被认为可以反映不同神经群体之间的信息转移。不同的连接类型中，解剖连接（也称结构连接）是生物学的基础。解剖连接是指神经元群体之间存在白质神经束，在绘制连接组图谱时起到重要作用，并且可以通过弥散 MRI 或者纤维追踪观察到。值得强调的是，即便在两个区域之间没有直接的解剖连接，也可能存在功能连接，这常常被解释为两个区域是间接相连的。这种情境下，功能连接的最可能原因是这两个区域都和第三个区域（或一系列更为复杂的区域）存在解剖连接或功能连接，因此信息在这两个区域之间通过第三个区域进行传递（间接）。正如第 5 章中描述的，偏相关是一种基于节点的方法，它对这种间接的功能连接并不敏感。另一种可能性是确实存在真实的解剖连接，但是无法采用弥散 MRI 测量到。例如，有些情况下白质纤维没有髓鞘或者非常纤细，或是纤维结构过于复杂而无法测量到。

如果你了解了两个区域之间的功能连接和结构连接，仍然有一个问题值得关注，即对于任何一个特定的连接，信息流动的方向是什么。效应连接定义为一个神经元群体向另一个群体施加有向影响的程度。和功能连接相似，效应连接也是一个相对抽象的术语。从生物学角度，许多脑区之间的连接是双向的，提示了脑区之间可能存在自下而上（bottom－up）和自上而下（top－down）的交互作用。神经元水平的兴奋性和抑制性连接进一步复杂化了估计出的效应连接和潜在神经生理学机制之间的关系。尽管如此，确定信息流动的优势方向在理解连接组学方面仍然是很有帮助的。

目前使用功能 MRI 数据研究效应连接仍然存在挑战，原因在于现有技术采集到的功能 MRI 数据时间分辨率低。许多效应连接方法基于延迟的方法，如格兰杰因果关系分析。正如我们在第 5 章中讨论的，基于延迟的方法有一个基本假设：如果某件事首先在区域 A 发生，随后在区域 B 发生，那么连接方向一定是从区域 A 到区域 B。然而，fMRI 在测量神经元活动时不直接且有延迟，尤其是相对于神经元活动的时间范围（通常是毫秒级）而言，fMRI 的时间信息受限，使得进行基于延迟的分析会存在一定问题。

6.2.1 网络建模

将每个被试的节点乘节点的网络矩阵中所有边都计算完成后，有许多选择可以用于进一步的基于节点的分析。功能网络建模分析保留了网络矩阵中的所有信息，并且在此基础上进行组水平的分析。因此，它使用网络矩阵探索研究问题，例如，哪条边的强度在病人组和健康人组中不同？哪条边在被试间的变化是和感兴趣的行为学变量相关？为了在组水平分析中跨被试比较网络矩阵，被试的网络矩阵有时会被首先结合到一个大的矩阵（被试数乘边数）中。如图 6.5 所示，通过全相关或偏相关定义边时，会丢弃网络矩阵中的一半（因为矩阵是对称的，如对角镜像），然后从每个被试中集成节点乘节点矩阵中边数的一半，形成一行。多个被试可以堆放在随后的行中，形成一个大的被试乘边的矩阵，该矩阵可以用于组水平分析。

有多种不同的方法可以进行组水平的网络建模分析。第一个是使用大规模单变量方法（mass univariate method），该方法分别对每条边进行相同的统计检验。常使用广义线性模型，该方法与基于体素的分析方法相同，比较边，但不比较体素。GLM 框架可以进行多种类型数据的比较，包括比较两组或多组、ANOVA 和连续变量回归分析。当一个 GLM 分别应用于每条边时，常常针对要检测的边的数量，对得到的 p 值进行校正，由此可以控制做大量检验时随机、假阳性结果的发生率（如多重比较校正）。置换检验通常用于对每条边的组间比较。第二个进行组水平网络建模分析的选择是多变量分类（或预测）分析，这种分析可以结合跨越多条边之间的信息，找到最能够区分两组被试的边的模式。分类方法使用一

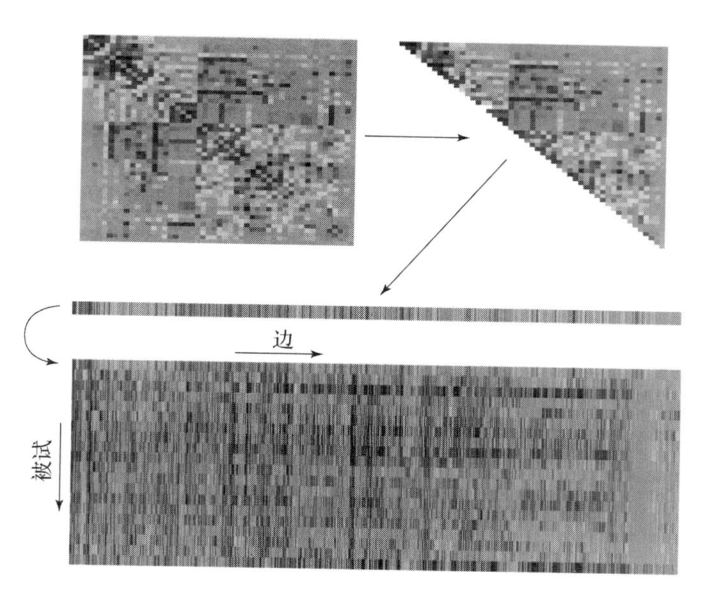

图 6.5　用于组水平分析的矩阵（摘自 Bijsterbosch，J. 2017[3]）（书后附彩插）

组特征（本例中是边）来找到最能够预测出给定被试属于组 1 还是组 2 的模式。最常见的分类方法是线性分类器，如线性判别分析（linear discriminant analysis，LDA），但也有非线性方法。

大规模单变量方法的优势在于，每条边的结果仅仅和该条边包含的信息相关，因而解释起来很直观，如 GLM。然而，大规模单变量方法对边强度的微小变化不敏感，因为不能在多重比较校正这类相对严格的校正中保留下来。多变量分类分析因为要寻找一种多变量模式，可能对边强度的微小变化（跨越多条边）敏感，在解释分类权重时更具有挑战性，因为结果模式必须被整体解释（虽然分类或预测准确率解释起来更加直接）。

网络建模分析的主要优势是能够进行不同类型的功能连接的研究。特别地，网络建模分析相比于基于体素的方法，使我们能够在相对假设驱动的方法中探寻感兴趣区之间连接强度的变化。另外，基于节点的方法在描绘人脑功能连接时具有重要作用。描绘连接组学包括识别大脑所有区域之间的功能连接。因此网络建模分析构建全脑区域之间的边连接矩阵用以连接组学分析。然而，清楚地认识到网络建模分析的劣势也是很重要的。网络建模分析最重要的缺点是节点必须在空间上定义好，并且分析过程中的形状和大小都不能改变。如果节点的空间边界不能够准确反映大脑潜在的功能整合，将使得网络建模分析结果无法解释。

6.2.2　图论分析

在图论中，一个复杂网络 G（V，E）可以用一个由节点（V）和边（E）的集合构成的图表示。其构建过程主要包括三个步骤：①首先选择合适的网络节点；②定义连接边，选择度量指标来表征节点之间的关联强度，得到大脑的连接矩阵；③选择合适阈值以确定节点之间是否存在连接边的关联。节点之间的关联关系可以用二值矩阵描述，如果任意节点 i、j 间存在边则二值矩阵此元素 a_{ij} 值为 1，反之则为 0。

基于边的网络矩阵（通常也叫作“图”），使用图论技术能够进行进一步的基于节点的分析。图论分析并不是直接在组间比较网络矩阵，而是使用该矩阵提取更高水平的用以描述网络功能的概括性指标。代表性地，图论分析使用相关计算网络矩阵的边，随后将网络矩阵阈值化成为一个二值矩阵（意味着边为 1 或 0，也就是两个节点之间要么有边，要么没边）。二值化后，通常会有 10%~20% 数量的最强的连接边被保留下来。这个二值化（也叫作无权）网络矩阵可用于提取网络特征的局部和全局指标。最常见的图论指标如图 6.6 所示。

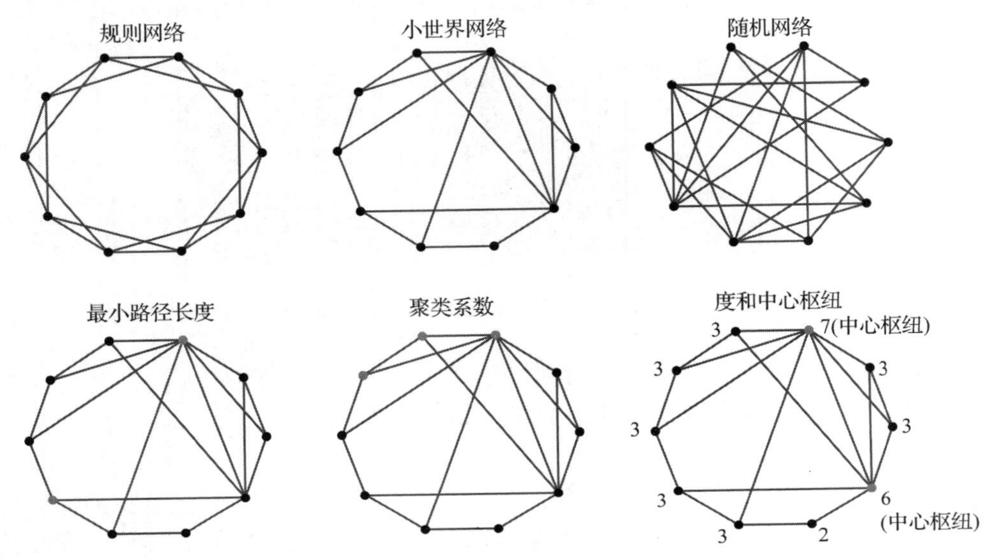

图 6.6 计算网络功能的指标（摘自 Bijsterbosch, J., et al. 2017[3]）（书后附彩插）

节点指标：两个节点之间的最小路径长度定义为从节点 *A* 到节点 *B* 所必需的最小边的数目。一个节点的聚类系数测量的是与该节点相连的节点之间存在连接的数目。因此，一个高的聚类系数意味着，如果节点 *A* 和节点 *B* 都和节点 *C* 相连，它们也有可能彼此相连。计算聚类系数需要考虑三角形连接的节点的数量。一个节点的度定义为与其相连的其他节点的数目。如果节点的度高于整幅图的平均节点度，那么该节点称为中心。hub 节点通常会和其他 hub 节点紧密相连（通常通过长距离连接），形成节点的富人俱乐部。

节点度：节点度用以描述节点之间相互连接的统计特性，即与该节点相连的其他节点的数目。对于某一节点 i，度 D 的定义可以采用以下公式来描述：

$$D_i = \sum_j^N a_{ij}$$

其中，N 为网络中节点总数；a_{ij} 为二值矩阵中的值，当 $a_{ij}=1$ 时，此 i，j 节点间存在相连边，当 $a_{ij}=0$ 时，此 i，j 节点间无连接。节点度越大，表示该节点在网络中越重要。此外，节点的度分布 $P(k)$ 也是网络的基本拓扑性质，表示在网络中等概率随机选取度值为 k 的概率。

全局概括性指标：可以对局部指标中的最小路径长度和聚类系数进行平均后，得到整个图的平均路径长度和聚类系数。并且，所有节点的度分布可以提供某一特定度在网络中出现的可能性的相关信息。全局效率和平均最小路径长度成反比（也就是平均路径长度分之一)，是整幅图效率的度量。小世界属性是在许多复杂系统中发现的一种网络特性，如社交网络、互联网以及大脑。小世界网络组织意味着节点之间局部存在紧密连接，而在 hub 节点之间存在一些长距离的连接。在这种方式下使用 hub 对于描绘网络效率是很有益处的。因此，小世界网络的特点是低的最小路径长度和高的聚类系数。小世界网络属性的计算可以通过和随机网络进行最小路径长度和平均聚类系数的比较得到。

聚类系数：聚类系数是网络节点倾向于聚在一起的程度，反映某一节点 i 的邻居节点互为邻居的可能性，可以以某一节点为中心临节点之间三角形数量来计算，即

$$C_i = \frac{2E_i}{K_i(K_i - 1)}$$

其中，E_i 为与节点相连的邻居节点间实际存在的边数；K_i 为邻居节点的个数。聚类系数计算为邻居节点之间的连接与所有可能连接的数量之比。

在复杂网络中，如对每个节点都进行聚类系数的计算，数据量较大，因此通常使用全局聚类系数进行评价，即每个节点聚类系数的平均值：

$$C = \frac{1}{N}\sum_{i=1}^{N} C_i$$

全局聚类系数表征网络节点形成集团的能力。C 值越大，网络节点之间的结构越发紧密。当 $C=1$ 时，网络任意两个节点之间都存在边；当 $C=0$ 时，任意节点间都没有连接。

特征路径长度：特征路径长度是网络拓扑中最为稳定的三个度量指标之一，用以衡量网络节点间信息交流的潜在途径以及对不同脑区的信息进行快速整合的能力，可以定义为任意两个节点之间最小路径长度的平均值：

$$L = \frac{1}{n}\sum_{i=1}^{N} L_i$$

其中，L_i 为节点 i 与其他所有节点之间的最小路径长度的平均值。特征路径长度的值反映网络连通性，当特征路径长度越小时，网络的连接强度越大，也即网络结构越紧密，功能整合能力越强。

全局效率：全局效率可以衡量网络全局信息传递及处理的传输能力，定义为最小路径长度的倒数，经此处理可以消除孤立节点的最小路径长度无穷大的问题。其公式如下：

$$E_{\text{global}} = \frac{1}{n}\sum_{i=1}^{N} \frac{1}{L_i}$$

小世界属性：小世界属性是可以表征复杂网络的一个相对简单的统计特性，其确保了人脑利用最小资源选择最优化解决路径以完成任务的能力。同时，网络的“小世界”属性不仅显示了人类大脑的信息交换能力，而且显示了对外界刺激的反应能力与适应能力。小世界网络介于规则网络和随机网络之间，利用特征路径长度与聚类系数来量化网络结构，以随机网络作为标准，定义任意节点间的最小路径长度大致相当于一个随机网络，但具有更大的聚类系数。

$$\sigma = \frac{\gamma}{\lambda} = \frac{\dfrac{C_{\text{real}}}{C_{\text{rand}}}}{\dfrac{L_{\text{real}}}{L_{\text{rand}}}}$$

其中，C_{real} 和 C_{rand} 分别表示真实网络和随机网络的聚类系数；L_{real} 和 L_{rand} 分别表示真实网络与

随机网络的特征路径长度。用 σ 来衡量网络的小世界属性，当 σ 远大于 1 时网络具有小世界属性。σ 越大，网络的小世界属性越强，信息传输能力及整合能力越强。

一种和度紧密相关的方法是特征向量中心映射（ECM）。ECM 实际上是一种基于体素的方法，但是正如我们在这章中提到的，它和前文提到的图论指标有很强的相关性。ECM 旨在识别网络结构中发挥核心作用的体素。ECM 为每个体素分配一个值，这个值代表它所连接的其他体素的数量，也就是连接的体素的度（即和 hub 连接得到一个更大的权重）。ECM 分析的结果是一个图，代表了每个体素和其他区域相关的强度，表征网络结构的重要性。

这些图论概括性指标可以通过每个被试的数据得到，从而用于组间比较，探索组间（如病人组和健康对照组）网络整合性的差异。常用统计分析方法如 t 检验可以用于比较概括性指标。因此，图论的优势之一是不必进行多重比较校正（因其分析结果是每个被试一个单独的值，而不是脑图或网络矩阵）。然而，如果将多个图论指标一起比较，需要进行多重比较校正。并且，从图论求得的单个概括性指标可能有助于成为一个简易地反映连接的生物标志物。

虽然将每个被试的复杂网络总结成一个数值很有意义，但这种方法仍然存在劣势。首先，用于图论分析的网络矩阵通常是全相关矩阵，其中包含了节点之间的有向和无向的连接，这对广泛的混合信号（如全脑信号）是很敏感的。其次，将网络矩阵阈值化成为二值图的过程，从没有阈值化的（加权）矩阵中移除了许多潜在重要信息。最后，将二值化边信息减少成为概括性指标，也存在移除有价值信息的风险。因此，图论度量实际上从原始数据中移除了大量信息，因此可能很难解释脑功能图论概括性指标的变化。尽管如此，图论方法仍然能够随着相关问题的改善而变得更有价值，如节点的定义、边估计，以及使用加权（未阈值化）网络矩阵计算的图论指标。

6.2.3 动态脑网络分析

目前描述的所有基于体素和节点的方法均基于一个假设，即网络和边在较长一段时间内是静止的。然而，考虑到大脑在静息状态下活动仍然很活跃，那么连接强度（即两个节点之间边的强度）在扫描期间是有可能随着时间变化的。观察功能连接随着时间变化的特征可能非常有意义，可用于研究一个被试的精神状态，或者追踪我们在一段时间内不同认知过程或精神状态下的功能连接。因而有大量研究探究这种连接的动态性变化。

在研究功能连接随时间变化的文献中，有许多相对可交换的不同术语。“动力学”（dynamics）是一种一般性地描述一个信号如何随着时间变化的概念。“非平稳”（non-stationarity）和动力学不同，具有非常精确的数学含义。一个时间序列可以被称为是非平稳的，如果其随着时间在任何一个统计学属性上有一个基础的变化，如描述信号分布的均值和方差。给定具体定义后，找到非平稳功能连接的证据仍然相当困难，因其需要建模分布参数并且在参数上表现出显著变化，而不是简单地在样本上观察变化。因此，通常使用更为概括性的术语——动力学来指代功能连接随着时间的变化。在这两种情况下，就需要在动力学估计上进行严格的统计分析来说明这些变化不仅仅是由噪声驱动的。

研究动态功能连接的一种常用方法是采用一个加窗的基于节点的分析。对于一个加窗分析，时间序列被分割成小段（窗），在每个窗内单独计算边的强度。例如，如果一项研究采集数据时间为 10 min，使用 30 s 的窗长，那么对于每对节点计算一系列 20 条边。因此，不同于每个被试得到一个节点乘节点的连接矩阵，我们对于每个被试得到了20个节点乘节点的连接矩阵（每个都是30 s的窗）。这个例子中，每个时间点只是一个单独窗的一部分，因此窗之间并不重叠。更常见的是滑动窗（sliding window）方法，该方法用于窗从一个时间点滑动到下一个时间点（即第一个窗覆盖了1～30 s，第二个窗覆盖了2～31 s，以此类推）。相比于整个时间序列的稳定的基于节点的分析，使用加窗分析时会有大量复杂性情况出现。后面将讨论其中四个常见的复杂情况，在本节最后将讨论一种替代方法（相干，coherence），该方法可以解决部分的复杂性。

加窗分析的第一个复杂性是噪声。虽然在fMRI数据分析中要考虑到噪声的影响，但是比起使用10 min的数据计算边，显然30 s的数据计算出的边对噪声更为敏感。因此，很有可能结果中呈现出的边强度随时间的变化仅仅是噪声的影响，而不是反映节点间连接的真实动态变化。在窗长度方面有一个权衡，比如较长的窗长在连接估计时会有更少的噪声，但是这将使得对感兴趣边强度动态改变的检测更不敏感，并且将较长窗口期间可能发生的不同状态混在一起。基于这个原因，研究通常使用一定范围的窗长来表明结果并不会随着窗长而大幅度改变。静息态fMRI检测中常使用的窗长范围在30～60 s。这个窗长和数据的TR相互作用，因为在30 s窗内的时间点数目是30除以TR。因此在加窗分析中常使用短的TR，如多波段序列。

重要的是，即使TR很小，窗长有范围，噪声仍然可能对结果有很大影响，并且可能观察到边的波动。为了说明观察到的波动能够反映潜在连接的动态变化，而不是由随机噪声引起，可以将结果和仅由噪声驱动的数据观察到的波动结果进行比较，即进行统计学的比较。因此，我们需要获得一个零分布，用以描述不含任何实际动态连接变化的数据的波动范围。有多种方法可以生成这种平稳的零分布。一种方法是使用数据本身，从两个被试中抽取节点序列，进行加窗分析来计算边。鉴于节点的时间序列不是来自同一个大脑，我们会认为这些“边”是由噪声引起的，并且网络连接随时间的任何动态变化都是噪声的结果。还有一些文献提到的方法是随机化每个时间序列的相位，或者生成具有和BOLD数据相同属性的替代数据，但是不包含动态的变化。真实结果和零分布结果可以进行比较，从而得出观察到的动态性是否显著高于不含任何动态变化噪声数据时的结果。

加窗分析的第二个复杂性常常被忽视，它和一个窗内特定频率信号的周期数目相关。BOLD信号的大部分功率位于低频（通常在0.001 Hz和0.03 Hz之间）。一个0.01 Hz的信号周期是100 s。因此，如果一个窗的长度是30～60 s，在任何一个窗内的信号都可能是在周期内的高或低的任一部分。如果加窗分析只能探测到周期的一部分，可能会错误估计变化很大的两个节点之间的边，因为这些或高或低的部分仅仅是同一信号的一小部分。因此，在加窗分析的时间序列提取之间加高通滤波器是很重要的。高通滤波器可以移除数据中在某一截止频率之下的慢波。因此，加窗分析估计的功能连接是由相对高频波动驱动的，而前面提到的其他分析更容易受低频波动的影响。

加窗分析的第三个复杂性和生成的输出数量相关。加窗分析并不是每个被试获得一个网络矩阵，而是每个被试每个窗都有一个网络矩阵。因此在统计分析、解释和可视化结果时更具有挑战性。一个有趣的方面是静息态扫描中出现多个点识别重复出现的网络状态。加窗分析中一个常见的识别这种循环功能连接模式的方法是，将得到的网络矩阵通过聚类或主成分分析分组。另外一种方法是给隐藏状态和它们的过渡明确建模（如使用隐式马尔可夫模型，

hidden Markov model)。

加窗分析的第四个复杂性是对于功能连接动态性的解释。有很多种可能造成边强度的波动。例如，一个节点边强度的改变可能意味着这个节点是两个或更多个不同网络的一部分，所以当连接随着时间从一个网络转换成另外一个网络时就会发生改变。或者，可能节点是同一单独网络的一部分，但是该网络内的连接强度随着时间波动。充分理解动力学类型及其对系统神经科学和被试行为的启示，以及全面绘制脑连接组学是至关重要且充满挑战的。

时频相干方法是加窗方法的一种替代方法。相干方法得出时频图，从频率范围和扫描时间点提供丰富的视角，以探索时间序列之间的关系。小波分析（wavelet analysis）根据频率有效变化窗长，因此可以理解为将节点的时间序列分成多个频率，然后在每个频率下选择最优的窗长。其具体方法是：首先在每个时间序列上进行小波变换（小波变换和傅里叶变换类似，但在时间和频率上都有不同）。然后，将节点信号的时频变换用于比较两个节点，探索相干性（即在相同时间、相同频率下具有高相关功率的节点）和节点间相对相位（节点是否在特定频率和时间存在相关或负相关）。因为在相干分析中窗长已被最优选择，相干方法不需要进行加窗分析必须进行的高通滤波。然而，相干分析和加窗分析同样具有噪声复杂性，难以总结大量结果，结果解释亦存在挑战性。

总之，人们对研究功能连接的兴趣随时间变化越来越浓。如果你正在做这类研究，要区分好动态（dynamic）连接和非静止（non-stationary）连接，使用正确的术语；并且要根据研究需求选择合适的方法研究随时间变化的类型。一个重要方面是考虑感兴趣变化的时间范围。因为行为、情绪和生理状态的改变通常相对缓慢，即几个小时或几天内才会有变化，而不是仅仅在 10 min 扫描内就会有变化，很可能被试的认知状态相对没有发生变化。一种解决方法是通过实验设计激发认知状态改变，即状态依赖性 fMRI。

6.2.4 脑网络结果可视化

对于基于体素的方法，可视化相对直接，因为这些方法的结果通常是一整幅含有统计值的脑图像，可以用 fMRI 图像分析软件包进行可视化，如 AFNI、SPM 和 FSL。使用这些工具时，通常需要改变呈现的范围和颜色，如同时观察正负结果。对于结果的解释，有时改变呈现范围可以看出未通过显著性阈值的结果。一个例子是当你在右侧单侧脑区发现显著性结果，但是没有在相应的左侧区域发现，这可能被解释为偏侧化效应。然而，左侧区域可能也有相同的效应，但是这个效应稍微更弱，因此只有右侧经得住统计学阈值。总之，没有统计学结果可能不能得出任何结论，因为可能意味着没有效应。

基于节点的可视化更具有挑战性，因为我们通常对节点之间的边（连接）更感兴趣。基于节点的结果可视化有许多途径，每种侧重结果的不同方面（图 6.7）。例如，通过将结果投射到大脑上强调节点解剖学位置的重要性。然而，鉴于大脑本身的三维属性，在这种布局下可能很难看到每条边。因此，可能用到更好的可视化边的方法，如一个连接图、连接矩阵或拓扑图。在这些选择中也有可能包括一些解剖学信息，例如根据节点的功能性分组，如将感觉运动节点分成一组，从默认模式网络（DMN）节点中分离开。有许多不同的软件工具包可以用于基于节点的连接结果的可视化。

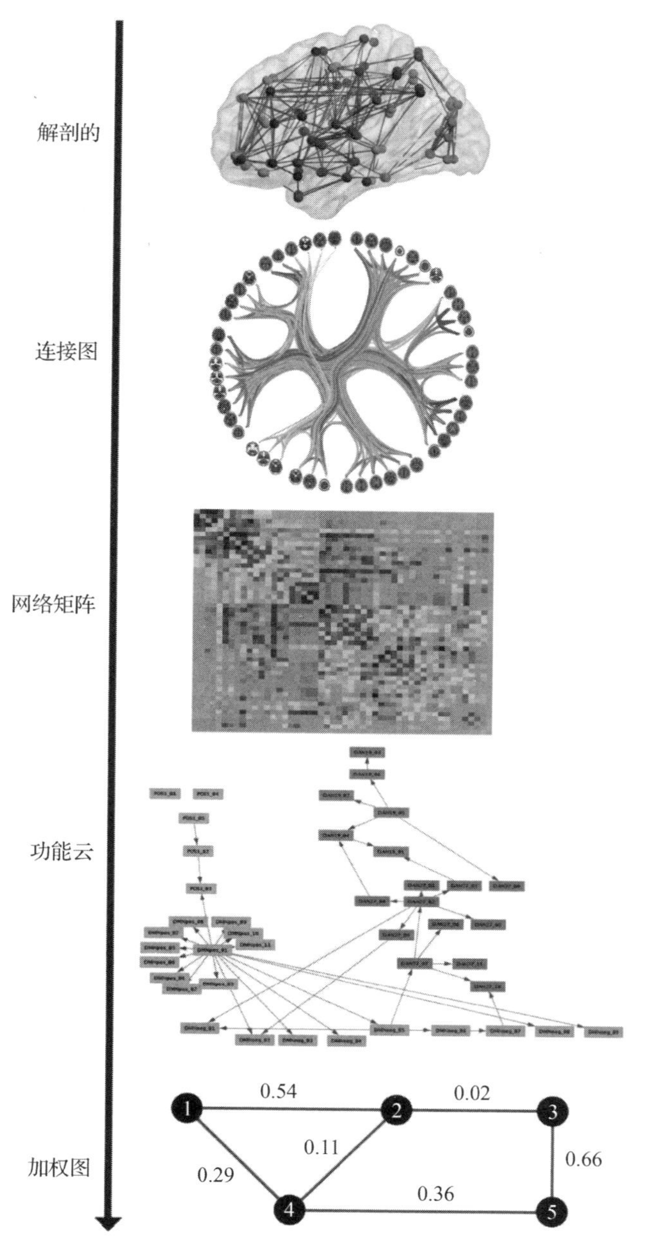

图 6.7　脑网络可视化（摘自 Bijsterbosch，J.，et al. 2017[3]）（书后附彩插）

6.3　多模态数据的机器学习分析

目前对于机器学习（machine learning，ML）、深度学习（deep learning）、人工智能（artificial intelligence，AI）的概念常常容易混淆，大多数人认为这些概念是相同的，听到“AI”，便会直接联想到机器学习，反之亦然。然而，这些术语彼此相关，但并不相同。

机器学习：在介绍机器学习之前，我们先来介绍另一个概念即数据挖掘（data mining）。

数据挖掘指从一个大的预先存在的数据集中提取新信息的技术。那么很容易理解，机器学习做了相同的事。事实上，机器学习是一种解析数据的技术，从数据中学习并应用所学知识做出明智的决策。许多大公司使用机器学习给用户提供更好的体验，如亚马逊公司使用机器学习，基于用户偏好给用户推荐更好的产品，网飞公司（Netflix）使用机器学习给用户推荐他们想看的电视剧、电影和综艺。

深度学习：深度学习实际上是机器学习的一个子集。从技术上讲其属于机器学习，并且通过相同的方式起作用，但是它有不同的能力。如果一个机器学习模型返回一个错误预测值，那么程序员需要明确问题出在哪里并予以解决，但深度学习中模型自身便可以完成这个步骤，自动汽车驾驶系统便是深度学习的一个很好的例子。

举例来理解一下机器学习和深度学习。假定我们有一个手电筒，然后我们教给一个机器学习模型。无论何时某人说“好黑”的时候，手电筒就会打开。现在这个机器学习模型会分析人们说的不同短语，然后寻找短语“好黑”，当这个短语出现的时候，手电筒就会打开。但是如果某人说“灯光好暗，我看不清东西”，这里使用者想要手电筒打开，但是句子中不包含单词“好黑”，所以手电筒不会打开。如果是一个深度学习模型，它会从自己的计算方法中学习，从而打开手电筒。这就是深度学习和机器学习的区别。

人工智能：AI和机器学习、深度学习则完全不同。AI没有固定的定义，在不同的应用场景你会看到不同的定义，但是这里有一个定义，会让你明白AI实际上是什么。“AI是计算机程序像人脑一样运作的能力”。AI意味着复制人脑，包括人脑思考、工作的方式。事实是目前我们还不能够实现一个真正的AI，但是我们离实现它已经非常接近了。我们还不能实现AI的原因是还不完全了解人脑的很多方面，比如为什么会做梦等。机器学习和深度学习都是实现AI的一种方式，通过使用机器学习和深度学习我们可能在未来实现AI。

尽管有许多细微的差别，机器学习方法通常分为监督和无监督两类学习算法。在监督学习（supervised learning）算法中，人们寻求开发一种函数，该函数通过迭代过程将两组或更多组观察结果与两个或多个运算符定义的类别进行映射，该迭代过程逐渐减少预测结果与预期结果之间的差异。随后，该算法可用于以给定的准确率将新的、先前未见过的数据分配给预定义的类别之一。相比之下，在无监督学习中，人们试图确定如何在没有运营商提供的先验信息的情况下组织数据，组织数据的主要目标是发现数据中未知但可能有用的结构。在监督学习中，用数据集$D=\{x, y\}_{n=1}^{N}$的输入特征x和标签对y建立模型。根据学习任务，y可以采取多种形式，在分类设置中y通常是表示类标签的标量，而在回归的情况下可以是连续变量的向量。当人们试图学习分割模型时，y甚至可以是多维标签图像。监督训练通常相当于找到模型参数θ来根据损失函数$L(y, y)$最好地预测数据。这里，y表示通过将数据点x传递到代表模型的函数$f(x; \theta)$而获得模型的输出。监督模式识别算法的一种特定形式是用于分类，也就是数据中规则性的自动发现，可将其用于将数据分类为不同的预定义类别。使用这种方法，个体（如他们的脑部扫描）被称为“例子”和它们可能属于的类别“标签”，目的是生成决策函数或“分类器”，它可以最准确地捕获每个实例与其各自标签之间的关系。

无监督学习算法在没有标签的情况下处理数据，并且经过训练找到模式，如潜在子空间。传统的无监督学习算法的示例是主成分分析和聚类方法。无监督训练可以在许多不同的损失函数下执行。一个例子是重建损失$L(x, x)$，其中模型必须学习重建其输入，通常通过较低维或噪声的表示。

6.3.1　特征工程

特征工程是选择数据度量作为特征输入机器学习算法的过程。特征工程对于 K 均值聚类非常重要，使用有意义的特征来捕捉数据变化可以找到所有自然生成的组别。分类数据（如性别、国家、浏览器类型等类别标签）需要被编码或分离，以确保算法运行。

6.3.2　支持向量机

神经影像数据的标准单变量分析揭示了健康个体与患有多种神经精神疾病的患者之间的一系列神经解剖学和功能差异。这些差异仅在群体水平上显著，临床转化价值有限，并且更多研究将注意力转向了其他形式的分析，如支持向量机（support vector machine，SVM）。作为一种机器学习，SVM 允许使用在训练数据集上开发的分类算法，将个体的数据分类到预定义组中。近年来，大量研究将 SVM 方法用于结构和功能神经影像学数据分析，进行疾病诊断、转归和治疗预后预测，取得了较高的分类准确率，然而尚未广泛应用于临床实践。研究结果对临床实践影响有限的重要原因是，神经影像学研究通常报告了患者和对照组之间的差异，而用于临床实践，必须能够在个体水平进行推断。相对于基于一般线性模型的传统分析方法，将监督 ML 应用于神经成像数据的优点有两个：首先，受监督的 ML 方法允许在个体水平上进行表征，因此产生便于临床转化的结果；其次，作为固有的多元方法，受监督的 ML 方法对大脑中的空间分布和微妙效应敏感，而其使用传统的单变量方法无法检测到。

SVM 是一种有监督的机器学习算法，旨在通过最大化高维空间中类之间的边界来对数据点进行分类，其算法是通过“训练”阶段和“测试”阶段开发的，训练阶段为开发能够区分操作员预定义的组（例如患者与对照组）的算法，测试阶段则是盲预测一个新的观察其所属的组。除了线性分类，这个算法还可以通过使用“核函数”（从低维数据转化到高维数据）实现非线性分类，在两个类别之间生成一个超平面（hyperplane）作为决策平面，并基于此进行分类。线性 SVM 用于区分线性可分数据（linearly separable data，数据可以通过一条直线被简单分类）。

如图 6.8 所示，有绿点和蓝点两种不同类别，它们都可以被一条直线轻易分开。这种类型的数据即线性可分数据。和线性 SVM 相反，非线性 SVM 用于区分非线性可分数据（non-linearly separable data，数据不能用一条简单的直线分开）。

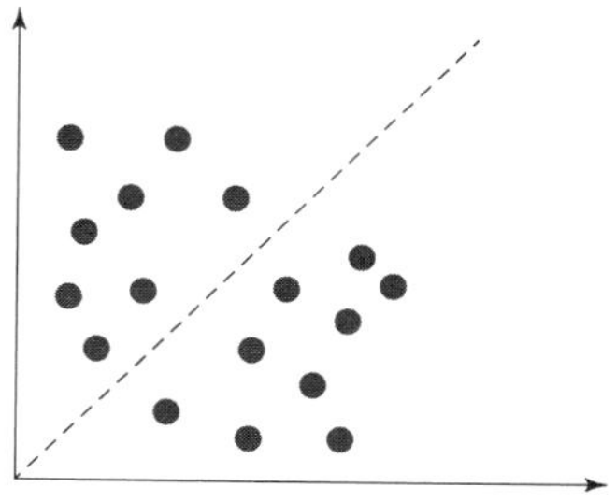

如图 6.9 所示，一条直线并不能区分这两类，因此这种数据就是非线性可分数据。

支持向量是指两个类别距离最近的向量点。如图 6.10 所示，最左侧的蓝点和最右侧的绿点就是支持向量。支持向量的意义在于，穿过这些支持向量，绘制出两条线作为类别之间的边界线。间隔（margin）是指两个向量之间的距离。算法的优化方向是选择最优超平面，即选择一对线，使其拥有最大间隔（maximum margin）。随着间隔增大，误分类概率会减少。

图 6.8　线性可分数据
（书后附彩插）

后面展示的例子（图 6.11 和图 6.12）中绘制了两条线穿过支持向量。但是画线的方式却不一样，那么哪一个更好呢？

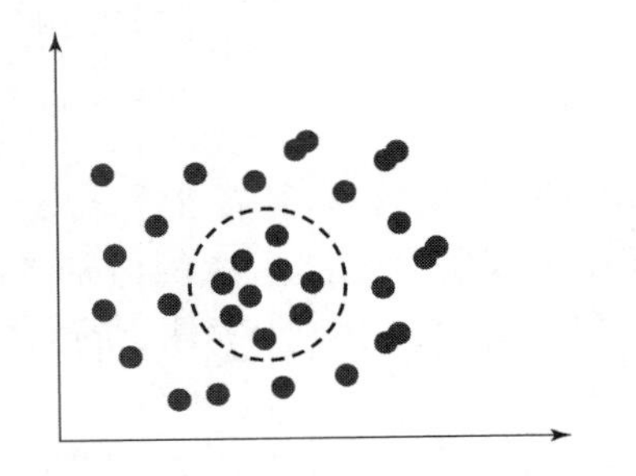

图 6.9　非线性可分数据（书后附彩插）

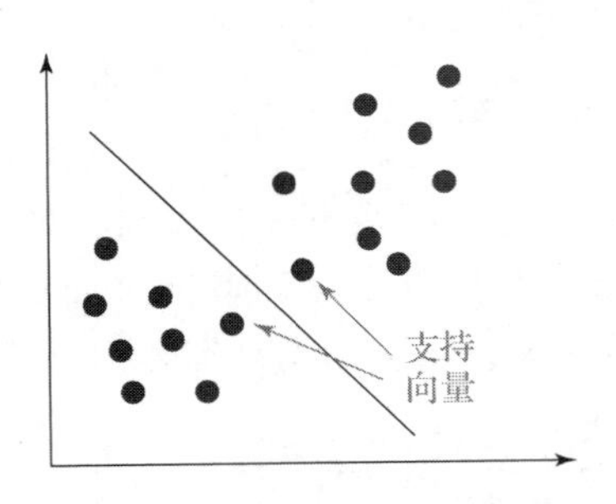

图 6.10　支持向量（书后附彩插）

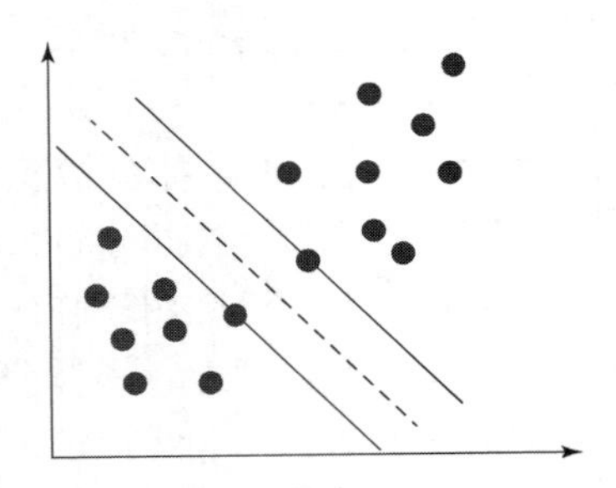

图 6.11　情况 1（书后附彩插）

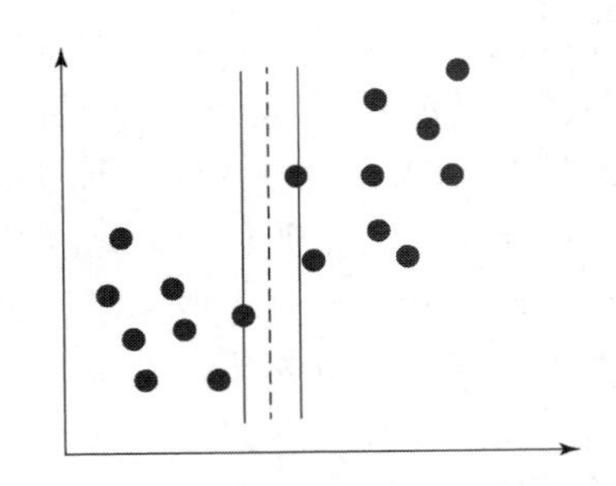

图 6.12　情况 2（书后附彩插）

这里情况 1 是最佳拟合情况，因为它在这对线之间有最大间隔。一旦间隔确定了，测试环节就开始了。输入样本进入算法后，算法会预测类别。算法遵循一个简单的逻辑，即如果元素靠近类别 A，就属于类别 A；如果它靠近类别 B，就属于类别 B。非线性数据不能仅通过一条平面线进行分类，因此，为了处理该类型数据，可使用一个特定的核函数将相同问题转化到三维空间。

下面介绍最优超平面的计算方法。首先采用以下符号定义超平面：

$$f(x)=\beta_0+\boldsymbol{\beta}^{\mathrm{T}}x$$

其中，$\boldsymbol{\beta}$ 为权重向量；β_0 为偏差。通过缩放 $\boldsymbol{\beta}$ 和 β_0，最优平面可以有无数种表达形式。在所有可能的超平面表达形式中，通常选择以下这种：

$$|\beta_0+\boldsymbol{\beta}^{\mathrm{T}}x|=1$$

其中，x 象征离超平面最近的样本。一般而言，离超平面最近的训练样本称为支持向量，这个表达式称为规范超平面（canonical hyperplane）。

下面给出点 x 到超平面（$\boldsymbol{\beta}$，β_0）的距离：

$$\text{distance}=\frac{|\beta_0+\boldsymbol{\beta}^{\mathrm{T}}x|}{\|\boldsymbol{\beta}\|}$$

需要特别指出的是，对于规范超平面而言，分子为 1，那么对于支持向量而言距离变成了

$$\text{distance}_{\text{support vectors}}=\frac{|\beta_0+\boldsymbol{\beta}^{\mathrm{T}}x|}{\|\boldsymbol{\beta}\|}=\frac{1}{\|\boldsymbol{\beta}\|}$$

对于前文介绍的间隔，用 M 表示；对于最近的样本而言，其是距离的两倍：

$$M=\frac{2}{\|\boldsymbol{\beta}\|}$$

最终，最大化 M 的问题等价于在某些约束下最小化函数 $L(\beta)$。约束模拟超平面的要求，实现对训练样本的正确分类，即

$$\min_{\boldsymbol{\beta},\beta_0} L(\beta)=\frac{1}{2}\|\boldsymbol{\beta}\|^2 \text{ subject to } y_i(\boldsymbol{\beta}^{\mathrm{T}}x_i+\beta_0)\geqslant 1\ \forall i$$

其中，y_i 代表每个训练样本的标签。这是一个拉格朗日优化问题，可以使用拉格朗日乘数得到最优平面的权重向量 $\boldsymbol{\beta}$ 和偏差 β_0。

我们可以清楚地观察到不同类别的分区，然后在两种类别之间绘制出超平面。通过这种方式，核函数可以用于处理线性不可分的数据。

实际应用：SVM 算法通常用于分类，而支持向量回归（support vector regression）常用于回归。SVM 分类常用于面孔识别和推荐系统。由于 SVM 在很小的数据集上也可以表现很好，因此在医疗方面有很大应用。在 Python 中通过 sklearn 库可以实现 SVM。Sklearn 是数据挖掘和数据分析的常用开源工具。它有许多预先编制好的无监督和监督机器学习算法，如 K 最近邻算法（k－nearest neighbors，KNN）、SVM、线性回归、朴素贝叶斯（naive Bayes）以及 K 均值（k means）等。因此，没有必要去自己编写整个库的代码，只要简单地从 sklearn 导入它，我们的工作就完成了。

典型的分类分析共有四步。第一，特征挑选，用于减少分类分析中边的数量，因为大量的噪声边可能减弱分类表现。这一步可以通过设定网络矩阵的阈值实现，如保留相对来说最强的前 10% 的边，或者特征中表现出最显著的组间差异的边。第二，被试需要分成训练集和测试集。第三，训练集（包含了被试属于哪一组的信息）用于训练分类器。在这个过程中，分类算法学习一个函数，该函数将边的模式绘制到被试的标签上。第四，基于训练集被试估计的函数，分类器将测试集被试归类。该分析的主要结果是分类准确率，即被正确归类的测试集被试的百分比。

线性多变量方法，同样可以分析哪一条边对于分类使用到的多变量模式有贡献，也称分类权重。然而，不要过度解释对分类预测准确率贡献最大的边是很重要的。例如，有些边在组 1 和组 2 之间是不同的，但是在分类器模式的权重中却接近于 0。因为多条边包含相同的信息，在这种情况下只有一条边出现在该模式中。另外，有些边可能并不包含区别组 1 和组 2 的信息，但是可能在模式中具有很高的预测权重。例如，某些边能够抵消和两组被试相关的噪声，从而提高整体模式的准确率，得到高的权值（weight）（如分类器可能使用这条边）。因此，分类权重不总是能帮助解释对于分类最重要的边。然而，一些替代方法可用于获得更具备解释力的边系数。

在开发分类器之前，需要进行“特征提取”和“特征选择”两个步骤。特征提取涉及将原始数据转换为一组“特征”，这些特征可以用作 SVM 的输入。在神经成像时，可以包括将每个三维图像变换为特征的列向量，其中每个值对应于单个对应体素的强度。因此，该特征向量编码整个大脑的灰色或白质体积（用于结构神经成像数据）或脑激活（用于功能性神经成像数据）模式。特征选择方法是比较选择促进学习的特征子集，此外为了分类而去除被认为是最小重要性的任何剩余特征。这可以包括基于文献来选择一个或多个组之间不同的感兴趣区域，或者替代地选择更多依据数据的方法，如回归特征消除。特征选择的基本原理有三个。首先，希望在减少提供给分类器的特征数量的同时，能够更加准确地进行分类。其次，特征选择可以帮助解释预测模型（如定位哪个脑区携带判别信息）。第三，对于

一些分类算法，去除不相关或冗余的特征来减少计算负荷并加速学习过程。虽然使用特征提取是 SVM 的先决条件，但特征选择表示仅在存在被认为不利于学习过程的特定特征时，是一个可选的步骤。

算法的性能可以通过其敏感性、特异性和准确性来描述。敏感性是指正确识别真阳性的比例，如被识别为疾病患者的百分比。相反，特异性是指正确识别的真伪性的比例，如被确定为未生病的健康人的百分比。准确性代表正确分类的总体比例，当两个类别中有相同数量的测试对象时，相当于敏感性和特异性的平均值。在预测分类器的情况下，敏感性是指预测患病者确实患病的比例，特异性是指未患病者被诊断为正常的比例。任何给定分类准确度的统计显著性可以使用参数测试来确定，如二项式测试或置换测试。后者涉及用计算机随机分配的训练组标签多次重复分类过程，以产生精确度的零分布。然后，统计该零分布比真实标签更高精度的排列数，将其除以排列总数，这提供了相对于偶然性的准确度的重要性估计。

过去几年，越来越多的研究使用 SVM 或其他模式识别方法来研究神经精神疾病可能的神经生物学标志物。简言之，这些研究可分为三大类：①通过比较患者和健康对照来检验神经影像学数据诊断价值的研究；②通过比较出现和未出现疾病的个体的脑部图像，研究神经成像数据在预测疾病发生方面的能力；③通过比较治疗开始前患者的脑部扫描结果，研究神经影像学数据对疾病预后判断的价值。

SVM 和其他受监督的 ML 方法越来越多地应用于解决除医学外其他领域的问题，如生物信息学、自然语言处理、电信、金融和法医学。尽管将这些方法应用于神经成像数据已经产生了具有前景的结果，但是这些结果向神经精神疾病临床实践的转化仍然存在很大的挑战。第一，大多数研究仅有少数参与者参与，因此不可能在个体水平上对神经影像学的诊断和预后价值做出定论。第二，MRI 和其他神经影像技术仍然只适用于神经精神疾病中的少数人。第三，SVM 或其他监督 ML 方法在神经成像数据中的应用涉及一系列分析步骤，这些步骤的要求超出了大多数临床医生的专业知识。第四，临床医生往往需要迅速做出治疗决定，而根据图像处理结果将 SVM 应用于神经影像数据，可能需要数天才能完成。

还有一些有趣的问题有待将来的研究解决。神经影像学对于诊断和预后评估的准确性可能较人口学、临床量表信息更高。因此，研究神经影像学特征在神经精神疾病诊断和预后评估中的价值将是非常有意义的。另一个令人感兴趣的问题是，一个研究中心开发的算法在多大程度上可以推广到其他研究中心。ADNI 数据库的研究经验表明，在一个中心生成的 SVM 分类器可以被推广用于不同中心的数据。另一个值得关注的问题是，在同一个 SVM 模型中整合不同类型的数据是否可以提供一种可以提高分类准确性的方法，以及如何在技术上更好地实现其整合。实现最佳的整合方法仍有待各种因素的不断改进，如组合的数据类型，以及用于将它们组合的分析技术和研究的疾病。综合的方法准确度高，且可行性好。虽然 SVM 允许对每个观察进行分类，如响应者与非响应者，但也存在概率 ML 方法，其提供给定观察属于每个类别的概率的估计（例如，80% 响应者，20% 非响应者），旨在量化每个预测的不确定性。两种最有希望的概率分类方法包括高斯过程和相关向量机，这两种方法都已经开始在神经成像中应用。另一个有前景的发展方向是将回归方法应用于神经成像数据来预测连续结果（如症状严重性），而不是分类标签。实际上，模式回归方法目前被应用于分析健康人和疾病患者的神经影像数据。概率分类和回归方法在临床环境中尤为有用，临床医生需要权衡潜在风险和益处，做出治疗决策。

6.3.3　聚类分析

聚类分析是一种无监督学习方法，是指从没有标签的输入数据中绘制参考。其通常被用于找到有意义的结构、可解释的潜在过程、生成特征和一组样本中的固有分组。聚类完成的任务是将人或数据点分成一些小组，使得同一组中的数据点和同组内的数据点更加相似，而和其他组的数据点不相似。其通常基于数据点之间的相似性和不相似性进行分组。图 6.13 中聚类到一起的数据点可以被分入同一组。我们可以区分出这些类别，并且观察到有三种类别。

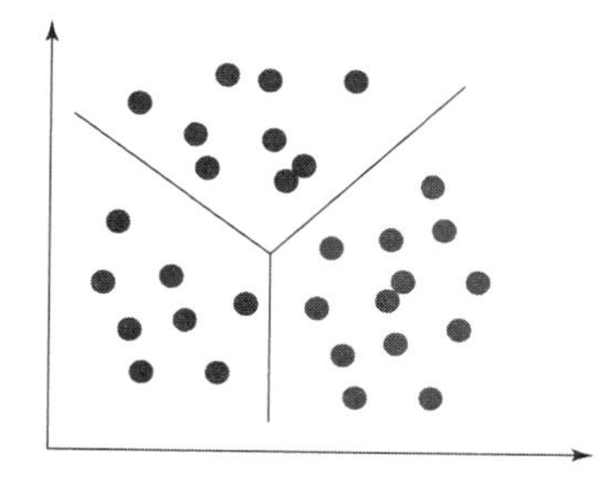

图 6.13　聚类（书后附彩插）

聚类非常重要的一点是用于确定现有未标签数据的固有分组。聚类没有统一的标准，取决于使用者，标准即使用满足需求的聚类。因此，我们可能对以下几方面感兴趣，即找到同质的组的表示（数据压缩），找到“天然的聚类”（natural clusters）并且描述其未知属性（天然的数据类别），找到有用的和适合的分组（有用的数据类别），找到不寻常的数据目标（异常值检测）。

1. 聚类方法

（1）基于密度的方法。这类方法认为聚类是有相似性的密集区，有别于空间中的低密度区，具有很高的准确性和能力去合并两个聚类。例如，基于密度的噪声应用空间聚类（density - based spatial clustering of applications with noise，DBSCAN），点排序以识别聚类结构（ordering points to identify the clustering structure，OPTICS）。

（2）基于分层的方法。这种方法的聚类形成一个基于层级的树形结构，在前一个基础上形成新的聚类，被分成会凝聚的（自下而上的方法）和分裂的（自上而下的方法）两类。例如使用表示进行聚类（clustering using representatives，CURE），平衡迭代减少聚类和使用层级结构（balanced iterative reducing clustering and using hierarchies，BIRCH）。

（3）分割方法。这类方法将目标对象分割成 K 个聚类，每个分区形成一个聚类。用于优化目标准则相似函数，如 K 均值和 CLARANS（clustering large applications based upon randomized search，基于随机搜索聚类大型应用程序）中距离是一个主要的参数。

（4）基于网格的方法。在这个方法中数据空间被配制成有限数量的单元，形成一个网状结构。所有网格上的聚类操作独立于样本数量，例如 STING（统计信息网格，statistical information grid）、小波聚类、CLIQUE（任务中的聚类、clustering in quest）等。

2. 聚类算法

K 均值聚类算法：是最简单的解决聚类难题的无监督学习算法。K 均值聚类算法将 n 个观察值分成 K 个聚类，其中每个观察值属于具有最近均值的聚类。

K 均值聚类算法的输入是类别数量 K 和数据集。数据集是每个数据点的特征集。首先估计出原始的 K 个聚类中心，这些聚类中心可以是随机生成的或者从数据集中随机挑选的。然后算法会在两个步骤之间迭代。

第一步，数据分配。每个聚类中心定义其中的一个类别。这一步中，通过计算欧几里得距离的平方，每个数据点被分配给离它最近的聚类中心。即如果 c_i 是集合 C 中的聚类中心之一，那么每个数据点 x 用以下公式分配给某个类别：

$$\arg\min_{c_i \in C} \text{dist}(c_i, x)^2$$

其中，dist(·) 为标准的欧几里得距离的 L2 范数。我们将分配到第 i 个聚类中心的数据点集合定义为 S_i。

第二步，聚类中心更新。这一步中聚类中心被重新计算，即将 S_i 内所有数据点求均值，作为新的聚类中心。

$$c_i = \frac{1}{|S_i|}\sum_{x_i \in S_i} x_i$$

K 均值聚类算法在步骤一和步骤二之间迭代，直到满足终止条件（如没有数据点改变聚类结果，距离之和最小，或是达到了最大迭代数目）。这个算法会确保收敛到一个结果，结果可能是一个局部最小值（即不一定是最好的结果），这意味着在使用该算法时，随机选择初始聚类中心并多运行几次，可能会得到更好的结果。

以上提到的算法都是在一个预定的 K 值上找到类别并为数据贴上标签。为了找到数据中类别的数量，我们需要在一定范围的 K 值中运行 K 均值聚类算法并且比较结果。通常来说，我们没有办法确定 K 的真值，但是可以使用以下方法获得准确的估计。

一种方法是比较不同 K 值下数据点和它们聚类中心之间的平均距离。既然随着聚类数目的增加，聚类中心和数据点之间的距离总是会缩短，那么 K 值增大时就总是会使平均距离变小，当 K 和数据点数目一致时，平均距离为 0。那么数据点和聚类中心的平均距离是 K 的函数，函数拐点（elbow point）是下降率急剧改变的点，可被粗略用于确定 K 的取值。

其他用于确定 K 值的方法包括交叉验证、信息准则、信息理论跳跃、轮廓方法和 G 均值算法。并且，检查不同组数据点的分布可以深入了解算法是如何分割每个 K 的数据的。

聚类可以应用于很多领域。例如，市场营销中用于归纳和发现顾客片段，生物学中用于不同动植物种类的分类，图书馆中基于话题和信息将不同的书籍聚类，保险中用于确认顾客的保单和识别诈骗，城市规划中基于地理位置和其他现有因素研究不同组的房屋价值，地震研究中用于通过学习受地震影响的区域决定危险区域。

6.3.4 神经网络

神经网络是一种学习算法，它构成了大多数深度学习方法的基础。神经网络由具有一些激活 a 和参数 $\theta = \{W, B\}$ 的神经元或单元组成，其中 W 是一组权重，B 是一组偏差。激活表示输入 x 与神经元和参数的线性组合，然后是元素方式的非线性 $\sigma(\cdot)$，称为传递函数：

$$a = \sigma(\boldsymbol{w}^{\mathrm{T}} x + b)$$

传统神经网络的典型传递函数是 S 形和双曲正切函数。多层感知器（MLP）是传统神经网络中最著名的，它具有以下几层转换：

$$f(x;\Theta) = \sigma(\boldsymbol{W}^{L}\sigma(\boldsymbol{W}^{L-1}\cdots\sigma(\boldsymbol{W}^{0}x + b^{0}) + b^{L-1}) + b^{L})$$

这里，$\boldsymbol{W}^{n}$ 是包括行 wk 的矩阵，其与输出中的激活 k 相关联。符号 n 表示当前层的编号，其中 L 是最后一层。输入和输出之间的层通常被称为“隐藏”层。当神经网络包含多个隐藏层时，通常被认为是“深层”神经网络，因此称为“深度学习”。

通常，网络最后一层的激活通过 softmax 函数映射生成类 $P(y \mid x;\ \theta)$ 上的分布：

$$P(y \mid x;\Theta) = \text{softmax}(x;\Theta) = \frac{e^{(w_i^L)^{\mathrm{T}}x + b_i^L}}{\sum_{k=1}^{K} e^{(w_k^L)^{\mathrm{T}}x + b_k^L}}$$

其中，w_i^L 表示通向与类 i 相关的输出节点的权重向量。

随机梯度下降的最大可能性是目前最流行的拟合参数 θ 的方法。在随机梯度下降中，一小部分数据（小批量）用于每个梯度更新，而不是完整数据集的更新。在实践中优化最大可能性相当于最小化负对数似然：

$$\arg\min_{\Theta} -\sum_{n=1}^{N}\log[P(y_n \mid x_n;\Theta)]$$

这导致两类问题的二元交叉熵损失和多类任务的分类交叉熵损失。这种方法的缺点是通常不会直接优化我们感兴趣的数量，如受试者工作特征曲线（receiver operating characteristic，ROC）下面积或用于分割的常用评估测量，如骰子系数。

长期以来，因深度神经网络（deep neural networks，DNN）参数过多，训练过程中容易产生过拟合。DNN 在 2006 年才获得普及，当时显示（训练前）以无人监督的方式逐层训练 DNN，随后通过监督微调的堆叠网络，可以带来良好性能。以这种方式训练的两种流行架构是堆叠自动编码器（stacked auto - encoders，SAE）和深信度网络（deep belief networks，DBN）。然而，这些技术相当复杂，需要大量运算才能产生令人满意的结果。

目前最受欢迎的模型以受监督的方式端到端地进行训练，大大简化了培训过程。最流行的架构是卷积神经网络（CNNs）和循环神经网络（recurrent neural networks，RNNs）。尽管 RNNs 越来越受欢迎，但 CNNs 目前在医学图像分析中使用最广泛。以下部分将简要介绍 CNNs，并讨论它在应用于医疗问题时与 MLPs 的差异和潜在挑战。

MLPs 和 CNNs 之间存在两个主要差异。

首先，在 CNNs 中网络的权重以网络对图像执行卷积运算的方式共享。这样，模型不需要为在图像中的不同位置处出现的相同对象学习单独的检测器，使得网络在输入的翻译方面是等同的；还极大地减少了需要学习的参数数量（即权重的数量不再取决于输入图像的大小）。

在每一层，输入图像与一组 K 个内核 $W=\{W_1, W_2, \cdots, W_k\}$ 的和增加的偏差 $B=\{b_1\cdots\cdots b_k\}$ 卷积，每个都生成一个新的特征映射 X_k。这些特征受到元素方式的非线性变换 $\sigma(\cdot)$ 的影响，并且每一个卷积层 l 都重复相同的过程：

$$X_k^l=\sigma(W_k^{l-1} * X^{l-1}+b_k^{l-1})$$

CNNs 和 MLPs 之间的第二个关键差异是 CNNs 中池化层的典型结合，其中邻域的像素值使用置换不变函数（通常是最大或平均运算）来聚合，这可以诱导一定量的平移不变性并增加后续卷积层的感受野。在网络卷积流的末尾，通常添加不再共享权重的完全连接的层，即规则的神经网络层。与 MLPs 类似，其通过 softmax 函数传递最终层中的激活来生成类上的分布，并且使用最大似然训练网络。

6.4 小　　结

本章所描述的多模态神经影像数据侧重于广义含义，即对不同种数据进行分别采集和分析。脑网络分析方法可用于基于不同种数据构建网络，求解网络参数，如聚类系数、最小路径长度等；机器学习算法可用于分析多模态数据，不同模态数据求解的指标可作为样本特征，用于分类研究。本章介绍的算法可以同时应用于前几章提到的 EEG 和 MRI 的数据分析，实现同一疾病、不同数据、相同分析方法的研究，并且实现不同模态数据的优势互补。

参 考 文 献

[1] ULUDAĞ K，ROEBROECK A. General overview on the merits of multimodal neuroimaging data fusion [J]. NeuroImage，2014，102：3 – 10.

[2] BASSETT D S，SPORNS O. Network neuroscience [J]. Nature neuroscience，2017，20 (3)：353.

[3] BIJSTERBOSCH J，SMITH S M，BECKMANN C F. Introduction to resting state fMRI functional connectivity [M]. Oxford：Oxford University Press，2017.

第7章
脑机接口

7.1 脑-机器人交互

脑机接口是在20世纪70年代由Jacques Vidal首次提出的，目的是帮助部分肢体功能缺失的患者寻找新的康复治疗方案，即通过解析大脑神经元放电信号得到分类指令来实现对外部设备（如脑控外骨骼、脑控轮椅等）的控制。近几十年，各类脑科学研究技术迅速发展，大大推动了脑机接口技术的成熟，目前脑机接口已经成为脑科学研究的重要领域。

脑机接口是一项多学科交叉技术，涉及神经科学、信号处理、机器学习、机械工程等多个学科。自从1929年Berger首次使用非植入电极检测人脑脑电信号后，便开始了采用人脑思维控制机器人的探索。直到20世纪70年代，脑机接口研究逐渐兴起。脑机接口技术最早用于军事领域，帮助士兵在战场上通过大脑远程操作机器人或无人机作战，减少人员伤亡。之后逐渐运用到医疗领域，辅助严重运动残疾或神经损伤病人的治疗。目前其运用越来越广泛，在娱乐业、虚拟现实等领域均有应用。

脑机交互技术分为植入式和非植入式两大类。其中，植入式由于技术较为复杂，对精准度要求高，需植入头皮，主要应用于医学研究，荷兰、美国在该领域较为领先。而非植入式装卸方便，已进入商用阶段，以娱乐和医疗为主要目的，较有代表性的企业包括日本本田公司、日本Neurowear公司和美国Emotiv公司等。

脑机接口是一个特殊的通信系统，它将有机生命形式的脑或神经系统与任何处理或计算的设备建立连接通路，不依赖于人体的外周神经和肌肉组织，直接对思维进行解码来控制外接设备，实现与外界环境的交流。比如通过BCI可以实现采用意念在计算机上打字、瘫痪的人可以通过大脑控制轮椅行驶等。通过脑机接口技术最终实现脑和外部设备相互交流的方式称为脑机交互。

7.1.1 国外发展现状

目前，脑机交互的研究热点聚焦于脑机接口技术，其信号采集方式大致分为植入式和非植入式两类。其中，植入式技术需要通过在大脑皮层表面或大脑内部植入电极来采集脑电，信息量大、时空分辨率高，锋电位（spike potential）信号解码能够实现对外部设备多自由度的实时精确控制。但是由于其需要植入人脑，属于有创操作，因而主要用于帮助严重运动残疾病人康复。

近些年，各国纷纷将脑机接口纳入重点攻破的方向。2006年，美国研究院绘制了老鼠大脑的基因图谱；2008年，日本发明了图像热谱技术，将大脑活动直观地展示在人类面前；

2010 年，美国推出“脑神经网络计划”，该计划有望描绘出大脑全部神经连接；2012 年，加拿大创造了具备简单认知能力的虚拟大脑；2013 年，美国政府正式提出“推进创新神经技术脑研究计划”，简称“脑计划”，同一年欧盟委员会宣布“人脑工程”为欧盟未来 10 年的“新兴旗舰项目”；2014 年，美国重点资助了 9 个大脑领域的研究，包括著名的“DAPPA”大脑计划、“阿凡达”计划；2015 年，加州理工学院的研究团队通过读取病人手部运动相关脑区的神经活动，成功地将病人的运动意念转化成控制假肢的信号，帮助一位瘫痪 10 年的高位截瘫病人通过意念控制机械手臂完成诸如“喝水”等较为精细的任务；2016 年，荷兰乌特勒支大学的科研团队通过脑机交互技术，使一位因渐冻症（ALS）而失去运动能力乃至眼动能力的患者实现了通过意念在计算机上打字，准确率达到 95%，使植入式脑机接口技术应用水平又向前迈了一大步。我国也逐步重视该领域的投入，从 2010 年的每年 3.48 亿元，到 2013 年的近 5 亿元，再到近几年数十亿元的资金支持，充分体现了我国在该领域取得突破的决心。

非植入式技术因操作相对简便受到很多研究团队的青睐，主要有脑电图、脑磁图、近红外光谱（NIRS）、功能磁共振成像等，一些商用的脑机交互产品已经被推广应用。例如，日本本田公司生产了意念控制机器人，操作者可以通过想象自己的肢体运动来控制机器人执行相应动作；美国罗切斯特大学的一项研究中，受试者可以通过 P300 信号控制虚拟现实场景中的物体，如开关灯或者操纵虚拟轿车等；日本科技公司 Neurowear 开发了一款名为 Necomimi 意念猫耳朵的脑机交互设备，这款猫耳朵可以检测人脑电波，进而转动猫耳来表达不同情绪，其姐妹产品“脑电波猫尾”则可由脑电波控制仿喵星人的尾巴装置运动，随着佩戴者心情的变化而运动，当佩戴者心情放松愉悦时尾巴就会摇得舒缓温和，当使用者精神紧张时尾巴就会摇得生硬；美国加州旧金山的神经科技公司 Emotiv 则开发出一款脑电波编译设备——Emotiv Insight，能够帮助残障人士用来控制轮椅或电脑。

7.1.2 国内发展现状

国内的很多研究小组在 SSVEP（steady - state visual evoked potential，稳态视觉诱发电位）- BCI 领域取得了不错成绩，如清华大学的生物工程研究团队在 SSVEP 的信息传输率研究上处于世界前列；华东理工大学的张宇教授研究利用训练数据集提取更多的有效信息，其团队研究的基于 SSVEP 的 BCI 技术在 ITR（information transfer rate，信息传输率）和准确率性能上均表现优异；华南理工大学李远清教授带领团队研究的 P300 和 SSVEP 混合脑机接口系统在稳定性和可靠性上取得了良好成绩；2016 年 10 月，由天津大学神经工程团队负责设计研发的在轨脑 - 机交互及脑力负荷、视功能等神经工效测试系统随着“天宫二号”进入太空，进行了国内首次太空脑机交互实验。此外，从 2000 年开始举办的国际脑机接口竞赛，直到 2008 年共举办四届，大大推动了 SSVEP - BCI 研究的发展和推广。随后，我国在北京也举办了两届脑机接口比赛，这项比赛要求所有参赛团队全方位完善脑机接口系统，从离线竞赛到在线竞赛，从系统优化到性能评估，在各个方面提高了 SSVEP - BCI 的研究水平，使得我国在 SSVEP - BCI 领域的研究成果数量多于其他国家，部分发表于国际高影响力期刊。

目前在 BCI 系统中针对意图感知的脑电信号多为运动想象（MI）及稳态视觉诱发电位。脑电分析广泛采用的分析方法包含以下几种：线性阈值分析、多层感知、神经网络、支持向量机以及贝叶斯矩阵算法。此外，强化学习也是提高空间感知及控制力的一种途径。而多自由度机械臂、移动机器人等与 BCI 系统相结合，形成了集成化的脑机接口体系。

近年来的 BCI 研究主要集中于运动想象与 SSVEP 的分析。Grimm 等于 2016 年研究了针对运动想象用于脑卒中病人康复的康复型 BCI，其将运动想象和差频肌肉电刺激信号结合起来。华南理工大学的研究人员于 2018 年对 SSVEP 驱动的非植入式脑控双机械臂进行了研究，采用 SSVEP 信号结合视觉反馈的方式实现了基于 EEG 的脑控双机械臂的运动；采用动态神经反馈优化实现了对机械臂稳定性以及协调力的控制。而在 SSVEP 的信号处理及接口融合方面，Dehzangi 等均提出了处理方式，实现了受试者对不同频闪信号注视下的脑电频域分析，并取得良好的分辨率（>90%）。

7.2　脑机接口理论基础

7.2.1　脑机接口基本原理

神经活动是大脑思维产生的基础，每一种活动模式都对应着特定的思维模式。脑机接口就是通过辨别神经活动的模式，对思维进行解码，通过控制系统实现与外界环境的交流，它是在人脑或动物脑（或者脑细胞的培养物）与外部设备之间建立的直接连接通路。中枢神经系统活动特征包括电生理活动、神经化学反应和新陈代谢，如动作电位、突触后电位、神经递质释放、氧代谢等。通过放置在头皮、大脑皮层表面或者大脑内的传感器，检测到神经活动相关的电磁场、氧合血红蛋白或者其他生理参数的变化，这些参数能够从一个特定的方面反映大脑内部活动情况。BCI 系统通过记录这些脑活动信号，从中提取具有明确意义的特征，并将这些特征转换为可以作用于外界或人体本身的输出量。脑机接口是一门多学科交叉研究领域，其核心学科涉及认知科学、神经工程、自动控制等。具体而言，脑机接口技术分为三个步骤：①脑电采集，通过脑电设备采集脑电信号；②信号识别，通过计算机分析脑电信号，即从采集到的脑电信号中提取有效特征，根据先验知识进行识别；③指令传输，将脑电分类信号转换成机器控制指令后，再通过无线装置发送给脑控设备，让脑控设备遵照指令完成相应任务。

7.2.2　常见信号模式

根据实验范式不同，常见脑机接口系统有以下几种。

1. 运动想象脑机接口系统

运动想象脑机接口系统主要是在感觉运动皮层记录感觉运动的节律（sensorimotor rhythms，SMRs）信号，包括 mu（8～12 Hz）节律和 beta（18～26 Hz）节律，图 7.1 描述的是感觉运动脑区和手脚运动的对应关系。人的肢体发生实际或想象运动时，皮层运动相关区域脑电特定频段幅度降低的现象称为事件相关去同步化（event - related desynchronization，ERD），ERD 的现象表明对应大脑皮层区域处于激活状态。受试者在静息状态下特定频段的幅度增高，这一现象称为事件相关同步化（event - related synchronization，ERS），ERS 现象表明相应大脑皮层区处于未激活状态或者正在转入安静状态。已有研究表明 ERD 与 ERS 并非孤立发生，感觉运动皮层局部发生 ERD 时，通常在邻近皮层区域伴随有 ERS 出现。人体大脑皮层运动体感区神经冲动的传导具有左右颠倒的特征，即当实际或想象左手运动时，

ERD 现象将出现在大脑右侧皮层的运动体感区，实际或想象右手运动时，ERD 将出现在大脑左侧皮层的运动体感区。

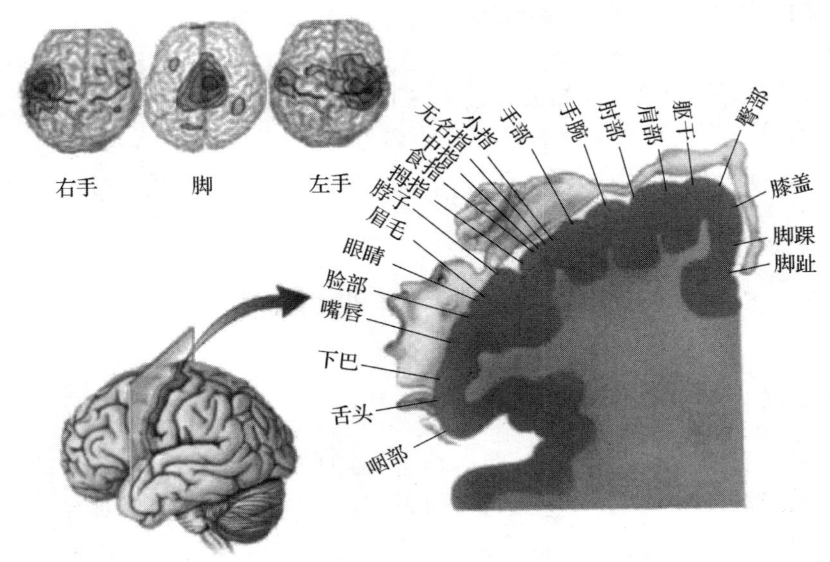

图 7.1　感觉运动脑区和手脚运动的对应关系

（摘自 *Neuroscience*：*exploring the brain* 2001[1]）（书后附彩插）

肢体实际或想象运动的 ERS/ERD 现象主要出现在感觉运动皮层脑电信号的 mu 节律和 beta 节律。mu 节律的频率范围与 alpha 波的频段大致相同，为 8～13 Hz，但 mu 节律和 alpha 波并不相同，mu 节律产生于人脑的感觉运动皮层，而 alpha 波在全部头皮区域均有分布。beta 节律以 20 Hz 为中心。在肢体实际或想象运动时，mu 节律的 ERS/ERD 现象比 beta 节律更加明显。

这些节律幅度的变化可以检测 ERD 和 ERS，通常 mu 节律和 beta 节律的变化与运动想象、感觉和运动存在关联。其中 ERD 是指当人进行某种活动时，大脑皮层的脑电信号会在相关位置变得异常活跃，但感知运动节律在特定频率下信号能量明显变小，这种负相关的电生理现象就是 ERD。与之相反，当人进行某种活动时，大脑皮层的脑电信号会在相关位置变得异常活跃，而感知运动节律在某个特定频率下信号能量也明显增强，这种异常电生理现象就称为 ERS。图 7.2 分别展示了想象左手、右手、双脚运动时 C3 和 C4 导联的脑电信号频谱图。

2. P300 脑机接口系统

P300 电位是一种外源性事件相关视觉诱发电位，主要原理是大脑在处理某种小概率事件时所诱发（刺激）的电位活动，这种电位活动会在刺激开始后 300 ms 左右产生一个正向峰值，图 7.3（b）为受 P300 范式刺激后电极位置 Fz、Cz、Pz 处信号曲线。P300 实验中的经典刺激范式是在 1988 年由 Farwell. L. A 和 Donchin. E 提出的“靶范式”（图 7.4），具体过程为：①36 个字符按照 6×6 的方式排成一个字符阵列，字符会按行或按列随机闪烁；②当受试者所关注的行或列变为亮色时，检测脑电信号在 300 ms 左右会诱发 P300 电位；③根据诱发 P300 电位时闪烁的行及列的交点确定受试者所注视的字符。为了增强信号特征，实验开始前需要进行短期的训练，通过训练数据提取 P300 信号的空域投影矩阵，再利用相关信号处理算法识别 P300 电位。

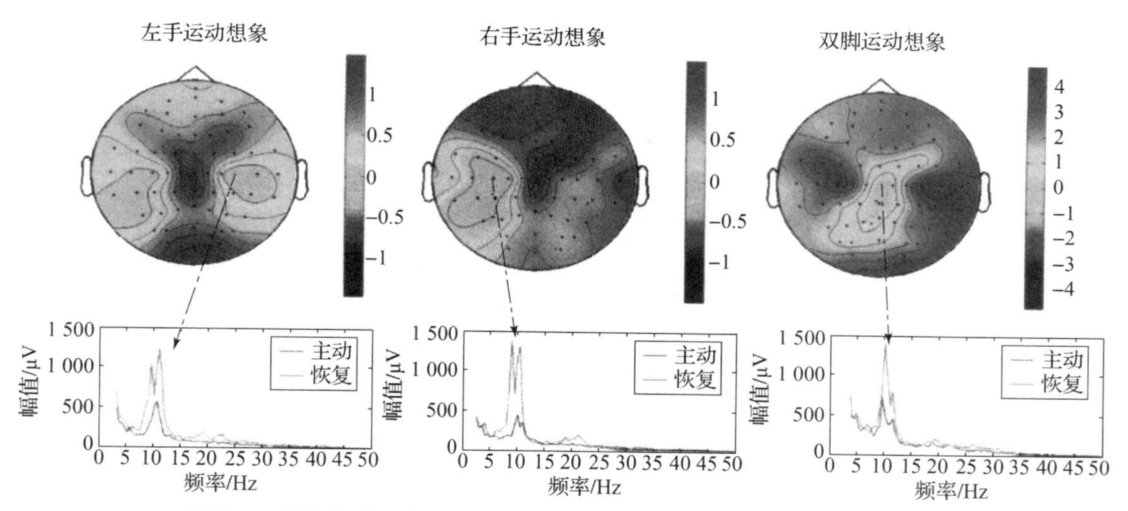

图 7.2　想象左手、右手、双脚运动时 C3 和 C4 导联的脑电信号频谱图
（摘自《认知建模和脑控机器人技术》[2]）（书后附彩插）

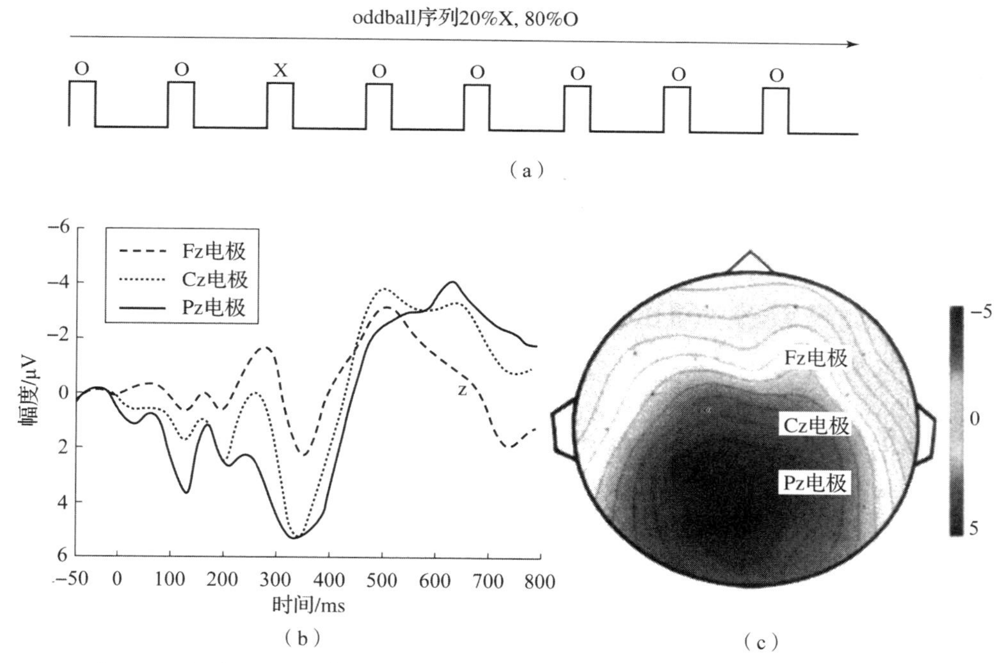

图 7.3　标准 oddball 范式的脑电信号图（摘自《脑－机接口原理与实践》[3]）

（a）一个标准 oddball 范式的时间进程；（b）一个被试在电极位置 Fz、Cz、Pz 的平均 oddball ERP；（c）oddball 刺激后 300～400 ms 平均 ERP 波幅的地形分布

3. 稳态视觉诱发脑机接口系统

SSVEP 是 1979 年 Regan 发现的大脑生理活动规律，随后清华大学的生物工程学院进行了研究，提出了一个基于 SSVEP 的 BCI 系统框架。SSVEP－BCI 由于系统设计简便、训练较少、响应时间（response time，RT）短、信息传输率高，得到了广泛应用。

在 SSVEP－BCI 中，实验范式设计主要围绕对刺激模块的编码进行。在最初的范式中，

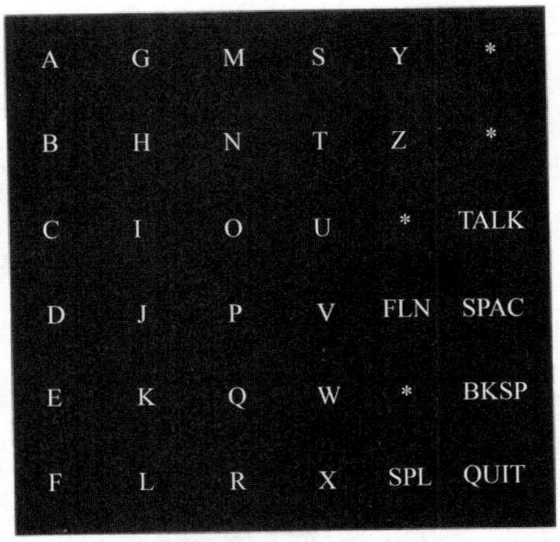

A	G	M	S	Y	*
B	H	N	T	Z	*
C	I	O	U	*	TALK
D	J	P	V	FLN	SPAC
E	K	Q	W	*	BKSP
F	L	R	X	SPL	QUIT

图7.4　P300范式刺激界面（摘自《脑－机接口原理与实践》[3]）

每个刺激模块由一个刺激频率编码，不同模块所使用的频率互不相同。对于小规模的应用系统而言，这类型范式提供了足够的刺激模块数量，但是对于较大的应用系统来说就会面临瓶颈，如拼音打字系统。这类应用系统需要编码的刺激模块可达30多个。对于CRT（阴极射线管）或LCD（液晶显示屏）类型的刺激器，因屏幕刷新率限制以及被试生理因素的影响，仅有有限的频率可用于刺激模块编码。要实现复杂的应用系统，依赖于传统单频编码范式是无法实现的。

为解决这一问题，研究人员从直接编码和间接编码两个角度出发提出了解决方案。

间接编码范式主要包括分级编码和多步选择组合操作两种类型。在分级编码中，将需要编码的总体目标按照一定数目的类别进行分类，当需要选择一个目标时，首先选择包含该目标的刺激模块，当成功选择后系统将该刺激模块所编码的所有目标重新分类到所有刺激模块，被试再进一步选择包含所需要目标的刺激模块，依次类推直至成功选择所需要的目标。对于多步选择组合操作，主要通过几个基本的操作（如向左、向右、向上、向下、选择和取消等）模块进行频率编码，当需要选择一个模块时，按照当前光标位置，选择一个合理路线，按照多步选择操作的方式，使光标移动至目标位置，完成对目标的选择。这两种类型的间接编码都需要多步操作才能完成对目标的选择。

对于直接编码，有研究人员首先提出使用双频或者多频同时对同一个模块进行编码。该方法从组合数学理论角度在一定程度上增加了刺激模块的数量。例如，Shyu等用4个频率实现了6组LED的编码。闫诤等提出了左右视觉半球同时刺激的编码范式。该方式也使用双频同时编码，但是两个刺激分别呈现在左右侧视野。

上述提及的编码范式都只用了“频率”的信息，SSVEP与刺激信号相位同步。于是，研究人员在设计刺激时，将同一频率分配不同的相位，通过频率－相位对刺激模块进行混合编码，显然这样可以增加刺激编码数量。例如，Jia等利用3个频率实现了15个模块的编码。Lee等用一个频率实现了8个刺激模块的编码。

SSVEP范式的实验流程为：①刺激设备上有多个目标，各自按照不同的频率同时闪烁；②被试注视其中一个闪烁的目标，接受刺激从而诱发出特定频率的SSVEP；③通过分析视觉皮层的脑电信号的频率特征即可确定受试者所注视的闪烁目标，进而转换为控制指令，实现大脑控制外界设备的目的，如图7.5所示。

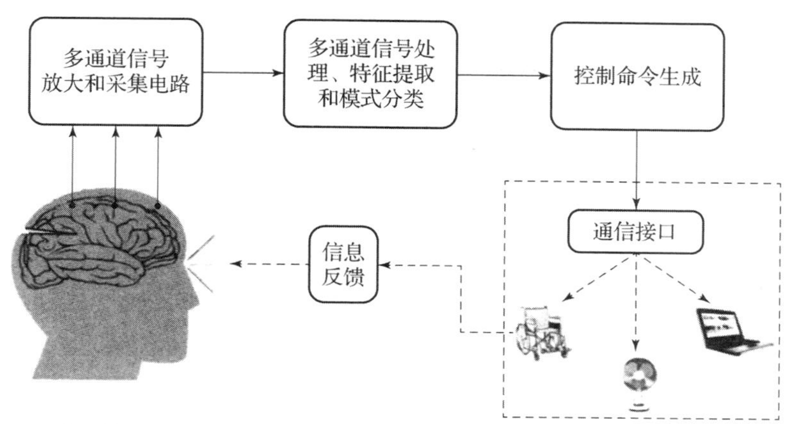

图7.5 被试的信号识别过程（摘自《脑－机接口中空域滤波技术现状与进展》[4]）

7.3 脑机接口技术

7.3.1 信号获取

脑机接口系统的主要作用是在大脑和外部设备之间进行通信。它的主要构成与常见通信系统相似，有三大部分：①信号获取，即采集脑电信号；②信号识别，即从采集到的脑电信号中提取有效特征，根据先验知识进行识别；③信号转换，即将识别的分类信息根据映射关系，转换为控制指令。图7.6显示了脑机接口系统的基本组成及应用。

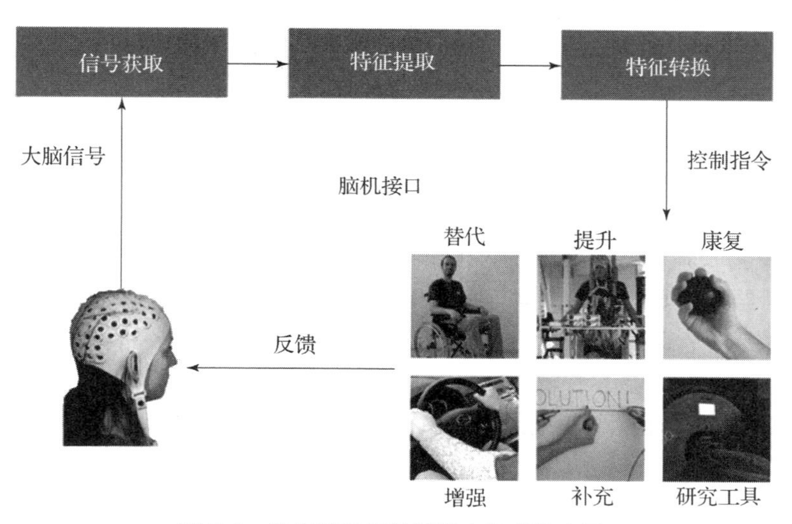

图7.6 脑机接口系统的基本组成及应用

（摘自 *BNCI Horizon 2020*：*towards a roadmap for the BCI community*[5]）（书后附彩插）

常见的检测脑活动的技术有很多，如EEG、ECoG、fMRI等。现有BCI系统中，以上几种技术均有应用，其中，fMRI仪器实时性较差且价格较贵，不适用于实验室；ECoG有创且信号特征较少，因而适用面不广；相较而言，EEG实时性较好，实验成本小，信号特征明显且稳定。

根据第一次 BCI 国际会议的官方定义，脑机接口（BCI 或称 brain - machine interface，BMI）是一种由外围神经和肌肉组成的输出通路的通信系统。从技术实现途径来看，BCI 是一种涉及神经科学、信号检测、信号处理、模式识别等多学科交叉的技术。按照侵入程度不同，将 BCI 分为非侵入式（non - invasive BCI）、半侵入式（partially invasive BCI）和侵入式（invasive BCI）。非侵入式即在头骨外检测信号的设备；半侵入式即安置在大脑皮层表面接收信号的设备；侵入式即通过开颅手术等方式，向脑组织内植入传感器以获取信号的设备。三者各有优缺点，总体来看 BCI 设备对脑部的侵入程度越高，风险越大。

7.3.2 特征提取

特征提取是利用各种脑电信号处理技术，从中提取能够反映大脑思维意图的特征向量。在脑机接口研究中，脑电信号特征提取通常可以分为四个方面：时域分析、频域分析、时频分析和空域分析。

（1）时域分析。EEG 的全部信息都包含在采集到的时域波形中，因此时域分析是最为直观的方法，通常用来对脑电信号的幅值、周期等信息进行初步分析。该类方法的优点在于可以直接从时域提取有用的波形特征，简单方便而且不需要对脑电信号进行平稳性的假设。常见的时域分析方法包括幅值分析、方差分析、周期分析、直方图分析、过零点分析等，这些方法可以清晰直观地表达波形特征，在长时间的睡眠脑电信号分析中得到了较为广泛的应用。

（2）频域分析。时域分析方法虽然得到了一定应用，但是脑电信号特征主要还是来自频域与空域。频域分析方法的基础是功率谱估计，该方法将幅值随时间变化的时域 EEG 信号转化为功率随频率变化的频率图谱，在脑电信号分析中占有非常重要的地位。通过计算功率谱密度可以直观地看出脑电信号中 δ 波、θ 波、α 波、β 波、γ 波的分布与变化，对 EEG 信号的能量特征进行突出展现。谱估计分为参数估计和非参数估计，其中，参数估计包括基于 AR 模型的功率谱估计和基于自适应自回归（AAR）模型的功率谱估计等，该方法假设信号是由某种函数形式已知的模型产生，通过对模型的参数进行估计并从中得到谱特性；非参数估计主要是以傅里叶变换为主的周期图法以及相关图法等。

（3）时频分析。在频域分析中，一旦将信号由时域转向频域，原时域信号中的趋势突变、事件的开始结束等特征就被丢掉了，而时频分析方法综合了时域分析与频域分析，是一种可以更加全面地分析脑电信号的方法。目前被广泛应用的时频分析方法主要是小波变换和小波包变换。小波变换具有多分辨率特性，无论是时域还是频域都具有良好的分辨率，是一种分析非平稳过程的有效方法，其分解与重构方法比小波包变换更加精细。由于 EEG 信号也具有非平稳性、非线性的特点，因此无论是小波变换方法还是小波包变换方法，都非常适用于 EEG 信号的分析。

（4）空域分析。在脑电信号采集过程中，通常会将几十个导电极放置在大脑的不同位置。如果研究这些不同位置的导电极所记录的脑电信号之间的关联，就需要使用空域分析方法。典型的空域分析方法包括共同空间模式法和独立分量分析法。共同空间模式法通过构建空间滤波器，使不同类别的脑电波在该滤波器上投影的能量分布差异最大化来完成 EEG 信号的空间特征提取。独立分量分析法将原始信号分解成不同的独立子分量，不仅可以应用于 EEG 信号空间特征的提取，还可以应用于眼电伪迹的去除。

7.3.3　分类算法

目前，脑机接口领域较为常用的分类算法包含以下几类：朴素贝叶斯模型（naive Bayesian model，NBM）、决策树模型（decision tree model）、支持向量机、K最近邻、逻辑回归（logistic regression，LR）和集成学习（ensemble learning）。以上多种分类算法都可以用于脑电信号分类，但是根据不同模式的脑电信号匹配最佳的分类算法仍然是一种很好的选择，因其可以有效提高系统的性能。

1. 朴素贝叶斯模型

贝叶斯模型以贝叶斯原理为基础，使用概率统计的知识对样本数据集进行分类。由于有坚实的数学基础，基于贝叶斯模型的分类算法的误判率很低。贝叶斯模型结合了先验概率和后验概率，可以避免仅使用先验概率的主观偏见，也避免了单独使用样本信息的过拟合现象。而朴素贝叶斯模型是在贝叶斯模型的基础上进行了相应简化，即假定给定目标值时属性之间条件相互独立。没有哪个属性变量对于决策结果来说占有较大的比重，也没有哪个属性变量对于决策结果占有较小的比重。虽然这个简化方式在一定程度上降低了基于贝叶斯模型的分类效果，但在实际应用场景中极大地简化了贝叶斯模型的复杂性。

朴素贝叶斯模型假设数据集属性之间相互独立，因此算法的逻辑性十分简单且较为稳定，当数据呈现不同特点时，朴素贝叶斯模型的分类性能不会有太大差异。换句话说，朴素贝叶斯模型的健壮性比较好，对于不同类型的数据集不会有太大差异。当数据集属性之间的关系相对独立时，基于朴素贝叶斯模型的分类算法会有较好的效果。但是属性独立性的条件同时也是基于朴素贝叶斯模型的分类器的不足之处。数据集属性的独立性在很多情况下是很难满足的，因为数据集的属性之间往往相互关联，如果在分类过程中出现这种问题，会导致分类效果大大降低。

2. 决策树模型

决策树是一种十分常用的分类方法，属于监管学习。所谓监管学习，即给定一个样本库，每个样本都有一组属性和一个类别，这些类别是事先确定的，通过学习得到一个分类器，这个分类器能够对新出现的对象给出正确分类。

决策树易于理解和实现，在学习过程中不需要使用者了解很多的背景知识，其能够直接体现数据特点，通过解释使用者都有能力去理解决策树所表达的意义。对于决策树，数据准备往往是简单或不必要的，而且其能够同时处理数据型和常规型属性，在相对短的时间内对大型数据源做出可行且效果良好的结果；易于通过静态测试来对模型进行评测，可以测定模型可信度。如果给定一个观察的模型，那么根据所产生的决策树很容易推出相应的逻辑表达式。

3. 支持向量机

支持向量机是一类按照监督学习方式对数据进行二元分类的广义线性分类器（generalized linear classifier），其决策边界是对学习样本求解的最大边距超平面（maximum－margin hyperplane）。SVM使用铰链损失函数（hinge loss）计算经验风险（empirical risk），并在求解系统中加入了正则化项以优化结构风险（structural risk），是一个具有稀疏性和稳健性的分类器。

SVM可以通过核方法（kernel method）进行非线性分类，是常见的核学习（kernel learning）方法之一。SVM于1964年提出，在20世纪90年代后得到快速发展，衍生出一系列的改进和扩展算法，在人像识别、文本分类等模式识别（pattern recognition）中得到广泛应用。

4. *K* 最近邻

K 最近邻分类算法，是一个理论上比较成熟的算法，也是最简单的机器学习算法之一。该算法的思路是，如果一个样本在特征空间中的 *K* 个最相似（即特征空间中最邻近）的样本中的大多数属于某一个类别，则该样本也属于这个类别。所谓的 *K* 最近邻分类算法，即是给定一个训练数据集，对新的输入实例，在训练数据集中找到与该实例最邻近的 *K* 个实例（也就是 *K* 个邻居），这 *K* 个实例的多数属于某个类，就把该输入实例分类到这个类中。

KNN 分类算法不仅可用于分类，还可用于回归。通过找出一个样本的 *K* 个邻居，将这些邻居的属性的平均值赋给该样本，就可以得到该样本的属性。更有用的方法是对不同距离的邻居对该样本产生的影响给予不同的权值，如权值与距离成反比。该算法在分类时存在不足，即当样本不平衡时，如果一个类的样本容量很大而其他类样本容量很小，有可能导致当输入一个新样本时该样本的 *K* 个邻居中大容量类的样本占多数。该算法只计算“最近的”邻居样本，某一类的样本数量很大，那么或者这类样本并不接近目标样本，或者这类样本很靠近目标样本。无论怎样，数量并不能影响运行结果，可以采用权值的方法（和该样本距离小的邻居权值大）来改进。

该算法的另一不足是计算量较大，因为对每一个待分类的文本都要计算它到全体已知样本的距离，才能求得它的 *K* 个最近邻点。目前常用的解决方法是事先对已知样本点进行剪辑，去除对分类作用不大的样本。该算法比较适用于样本容量比较大的类域的自动分类，而那些样本容量较小的类域采用这种算法比较容易产生误分。实现 *K* 最近邻算法时，主要需要考虑的问题是如何对训练数据进行快速的 *K* 近邻搜索，这在特征空间维数大及训练数据容量大时非常必要。

5. 逻辑回归

逻辑回归是一种广义线性回归，因此与多重线性回归分析有很多相同之处。它们的模型形式上基本相同，都具有 $w'x+b$，其中 w 和 b 是待求参数，区别在于因变量不同，多重线性回归直接将 $w'x+b$ 作为因变量，即 $y=w'x+b$，而逻辑回归则通过函数 L 将 $w'x+b$ 对应一个隐状态 p，$p=L(w'x+b)$，然后根据 p 与 $1-p$ 的大小决定因变量的值。如果 L 是逻辑函数，就是逻辑回归；如果 L 是多项式函数，就是多项式回归。

逻辑回归的因变量可以是二分类的，也可以是多分类的，但是二分类更为常用，也更加容易解释，多分类可以使用 softmax 方法进行处理。实际中最为常用的就是二分类的逻辑回归。逻辑回归模型的适用条件：①因变量为二分类的分类变量或某事件的发生率，并且是数值型变量。但是需要注意，重复计数现象指标不适用于逻辑回归。②残差和因变量都要服从二项分布。二项分布对应的是分类变量而非正态分布，故方程估计和检验问题是采用最大似然法来解决，而不是用最小二乘法。

6. 集成学习

集成学习通过构建并结合多个学习器来完成学习任务，有时也被称为多分类器系统（multi-classifier system）、基于委员会的学习（committee-based learning）。集成学习通过将多个学习器结合，常可获得比单一学习器更加显著的泛化性能，这对于“弱学习器”尤为明显。因此集成学习的理论研究都是针对弱学习器进行的，而基学习器有时也被直接称为弱学习器。需注意的是，虽然从理论上说使用弱学习器集成足以获得很好的性能，但在实践中出于种种考虑，如希望使用较少的个体学习器，或是用一些常见学习器的经验等，人们往往会使用比较强的学习器。

根据个体学习器的不同，集成学习方法大致可分为两大类，即个体学习器间存在强依赖关系因而必须串行生成的序列化方法，以及个体学习器间不存在强依赖关系可同时生成的并行化方法。前者的代表是 Boosting（提升方法），后者代表是 Bagging 和“随机森林”。

7.3.4　性能评价

1. 分类准确率

分类准确率（accuracy，Acc）是脑机接口中最基本的评价指标，其常用表现形式是百分比。对于 N 次试验中，正确分类了 M 次时，分类准确率为

$$\text{accuracy} = \frac{M}{N} \times 100\% \tag{7.1}$$

2. 响应时间

响应时间是指从测试者集中注意力从事脑力实验开始到检测到有效的脑电信号所用的时间。响应时间与实验范式有关，其中稳态视觉诱发电位响应速度较快（大约 2 s），P300 电位响应速度居中（大约 6 s），事件相关去同步化/事件相关同步化电位响应速度较为缓慢（大约 10 s）。

3. 信息传输率

信息传输率是 BCI 研究中应用最为广泛的评价指标。ITR 是指在单位时间内传输的信息量的比特数，也称为比特率（bit/rate）（单位：bits/min）。在 BCI 系统中信息传输量为

$$B = \log_2 N + p\log_2 p + (1-p)\log_2 \frac{1-p}{N-1} \tag{7.2}$$

其中，N 为 BCI 系统中任务目标数量；p 为分类准确率；B 为识别一个指令所传输的信息量，bit/trial。响应时间为 T（单位：s）时，信息传输率为

$$\text{ITR} = B \times \frac{60}{T} \tag{7.3}$$

根据式（7.3）可知，ITR 的大小由分类准确率、响应时间以及分类数量共同决定。由图 7.7 可知（图中 N 为目标数量），BCI 系统中 ITR 随着目标数量以及准确率的提高而增大，随着响应时间的延长而减小。

4. 信噪比

信噪比（signal - noise ratio，SNR）是指由电子设备构成的系统中，信号与噪声之间耗能的比例。其中，信号是指由电子设备产生的有效信号，而噪声是指有效信号经过电子设备后产生的无规律的干扰信号，这种信号不与有效信号相关，也不携带有用信息。信噪比的计量单位是 dB，计算公式为

$$\text{SNR} = 10\lg \frac{P_s}{P_n} \tag{7.4}$$

其中，P_s 为信号的有效功率；P_n 为噪声的有效功率。当功率不易求得时，可以转换为幅度值的公式：

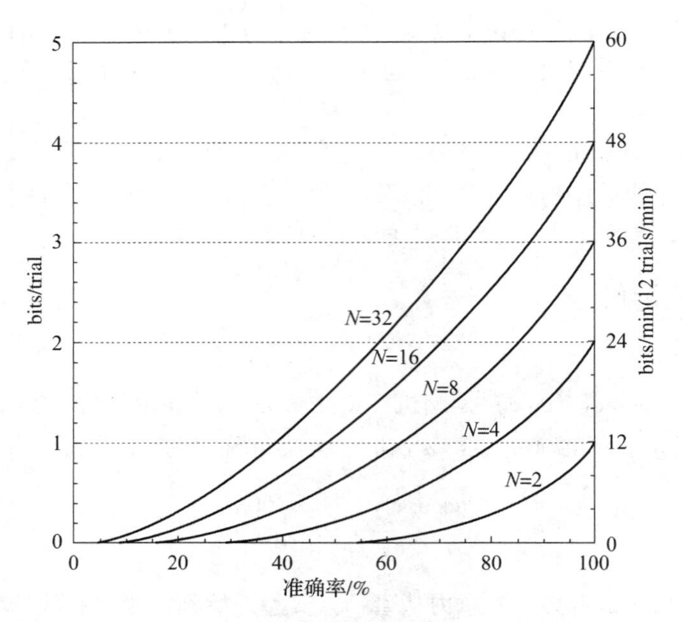

图 7.7 ITR 与准确率及分类数量的关系

（摘自 *Brain - computer interface technology: a review of the first international meeting*[6]）

$$\mathrm{SNR} = 20\lg \frac{V_s}{V_n} \tag{7.5}$$

其中，V_s 为信号电压的有效值；V_n 为噪声电压的有效值。

基于上述理论，为了提高脑机接口系统性能，往往从四个方面进行改善：①提高分类准确率；②增加目标识别数量；③缩短响应时间；④提高信噪比。

7.4 应用前景

随着硬件技术发展和脑电处理算法的成熟，利用脑机接口技术识别脑活动的准确性也不断提高，脑机接口在神经假体、神经反馈训练、脑状态监测等领域有着广阔的应用前景。

根据应用者类型的不同，脑机接口的用途主要有以下三类。

第一类是较为初级的脑电识别，主要用于娱乐活动。这部分设备的研发主要由企业完成，如美国的 NeuroSky、Emotiv、瑞士的 MindMaze、德国的 Brain Projects 等专业公司已经开发出了一些面向普通大众的穿戴式脑机接口设备。国内脑机接口技术起步较晚，知名公司较少，不过国内高校在脑机交互技术研发方面非常踊跃，清华大学、天津大学、浙江大学、北京理工大学、华南理工大学等高校在脑机接口的研究中处于领先地位。清华大学早在 2001 年就实现了控制鼠标和电视的各个按键；华南理工大学的研究实现了基于 P300 和运动想象结合的文字输入，以及利用光标控制上网发邮件。

第二类是建立新的通信途径，主要用于为部分或全部肢体功能丧失的患者重新建立运动功能。脑机接口创建了一个新的非肌肉通道，用于将人的意图转发给外部设备，如计算机、语音合成器、辅助器具和神经假肢等，这在改善生活质量的同时降低了监护成本。美国布朗大学BrainGate小组于2004年6月进行了第一次的运动BCI人体实验。Hochberg及其同事在颈部脊髓损伤的四肢瘫痪患者中记录了植入初级运动皮质手臂区的脑电信号，实现了光标在屏幕上的二维移动，并使用“神经光标”来指导机器人肢体的移动。2013年，Collinger及其同事证实了模块化假肢在脊髓小脑变性四肢瘫痪患者中的应用。通过初级运动皮质中的记录，患者能够实现七维运动，包括三维平移、三维定向和一维抓取。国内进行该类研究的团队主要是浙江大学团队。浙江大学早期研究大白鼠“动物机器人”意念控制实验和猴子大脑信号“遥控”机械手，完成了国内首次病人颅内植入电极，然后用意念控制机械手的实验。不过为了提高采集信号准确性，该类研究通常需要将记录电极植入颅内，进行侵入式信号采集，而这种方式很容易对患者造成损伤。

第三类则是利用神经反馈技术使患者恢复神经网络连接，主要用于神经退行性疾病患者的治疗或功能恢复。目前在神经系统疾病治疗中，相当一部分病人药物治疗疗效不显著并且副作用大。手术治疗有创伤，容易引起并发症。而基于脑机接口的非侵入式神经反馈技术受到了广泛关注。该技术能够分析患者大脑中的活动，并将其转化为视觉、听觉和/或本体感受信息，然后发送回患者。美国Cerêve公司研发的产品主要用于检测睡眠期脑电，帮助解决睡眠障碍。瑞士MindMaze公司开发了一个可集成到可穿戴式头显和3D动捕相机的用户界面，为神经系统疾病患者创造VR和AR环境，为脑损伤患者提供多感觉反馈，在康复期间刺激运动功能。目前国内高校如北京师范大学、北京理工大学、西南科技大学等均已开展神经反馈的研究，实验表明神经反馈对儿童注意缺陷多动障碍、焦虑障碍等都有一定的改善作用。虽然基于脑机接口的神经反馈技术在一些神经系统疾病的治疗中有一定效果，但现有治疗方案仍存在一些问题，如单一的实验范式并不能对所有患者产生积极效果，因此需要提出一种自适应的方式不断改变刺激范式，使其适用于每位患者。

脑机接口是一项兼具科学研究价值和应用前景的重要技术，相关研究涉及医学、信息学、心理学等多个领域，是一门高度交叉的学科，因此对脑机接口进行深入研究也将推动多个领域的发展。

7.5 小　　结

本章详细介绍了脑机接口技术的理论基础、实现方法与应用前景。脑机接口是一门涉及神经科学、信号处理、机器学习等多个学科的前沿交叉学科。根据实验范式不同，脑机接口常见类别有运动想象脑机接口系统、P300脑机接口系统和稳态视觉诱发脑机接口系统。脑机接口系统由信号获取、信号识别、信号转换三部分组成。随着技术的不断发展，脑机接口在神经假体、神经反馈训练、脑状态监测等领域将会有更加广阔的应用前景。

参考文献

［1］BEAR M F. Neuroscience：exploring the brain［M］. Philadelphia：Lippincott Williams & Wilkins，2014.

［2］李伟．认知建模和脑控机器人技术［M］．北京：科学出版社，2019.

［3］WOLPAW J R，WOLPAW E W. 脑－机接口原理与实践［M］．北京：国防工业出版

社，2017.
[4] 吴小培，周蚌艳，张磊，等．脑－机接口中空域滤波技术现状与进展［J］．安徽大学学报（自然科学版），2017，41（2）：14－31.
[5] BRUNNER C，BIRBAUMER N，BLANKERTZ B，et al．BNCI Horizon 2020：towards a roadmap for the BCI community［J］．Brain computer interfaces，2015，2（1）：1－10.
[6] WOLPAW J R，BIRBAUMER N，HEETDERKS W J，et al．Brain－computer interface technology：a review of the first international meeting［J］．Rehabilitation engineering IEEE Transactions on rehabilitation engineering，2000，8（2）：164－173.

第 8 章

神经反馈疗法

神经反馈是一种将脑电与功能磁共振信号作为反馈信号的生物反馈技术，起源于 20 世纪 60 年代，主要用于治疗神经退行性疾病以及精神心理障碍，如阿尔茨海默病、注意缺陷多动障碍、自闭症、抑郁症等。神经反馈作为一种无创性干预疗法，有着巨大的发展空间与应用前景。

8.1 神经反馈原理和基本框架

神经反馈是一种能够通过计算机实时显示大脑活动的生物反馈技术。其原理是将参与者的脑电信号或核磁信号实时处理转化成能够被参与者察觉的视觉、听觉或触觉等信号形式，如动画、游戏、声音等，参与者在神经反馈训练过程中需要根据训练内容选择性地增强或抑制大脑某一区域或全脑活动，达到自我调节脑功能、改善认知功能与行为表现的目的。

神经反馈的原理主要基于两方面：①操作性条件反射，该模型是心理学家斯金纳根据经典条件反射理论发展而来的，重点强调反馈信号刺激会引起相应的行为学变化。②强化学习机制，即通过条件刺激而增强的操作性活动，需要进行不断的强化学习。神经反馈过程需要执行与控制、奖赏处理以及学习功能的参与。其中外侧枕叶、背外侧前额叶、后顶叶和丘脑重点参与执行控制功能。在这些脑区的监管控制下，前扣带回、前岛叶和腹侧纹状体等区域激活，对奖赏信息进行处理。当接受奖赏信号时，激活由黑质多巴胺回路参与的奖赏系统，增强多巴胺递质释放，强化执行任务动机。随着训练次数增加，大脑逐渐强化奖赏环路中神经元之间的突触连接，使重复信息传递的突触效能增强，引起背侧纹状体和海马区域激活，进而执行学习功能，将短时记忆转变成长时记忆，影响认知功能并改善行为。

神经反馈系统的基本框架由神经活动信号采集、特征信号计算、反馈信号呈现以及参与者四大部分构成，其中神经活动信号包括电生理和血液动力学信号，主要通过脑电图和功能磁共振成像获取。原始神经信号经去除伪迹等噪声后提取信号特征。电生理与血液动力学信号处理方法类似，包括单个通道或感兴趣脑区的信号特征提取，以及多通道或多个脑区信号特征的联通性分析等。反馈信号以视、听、触觉或其组合形式实时呈现给参与者。基于脑电信号的视觉神经反馈系统如图 8.1 所示，参与者通过感受反馈信号，利用自身策略调节神经活动，改善大脑网络功能，从而提高认知功能与行为表现。

神经反馈作为一种自我调节大脑活动的方法，可以通过主动调节来改变认知行为潜在的神经机制。目前，临床医学和脑科学界的神经反馈技术主要有以下三方面的应用：一是作为

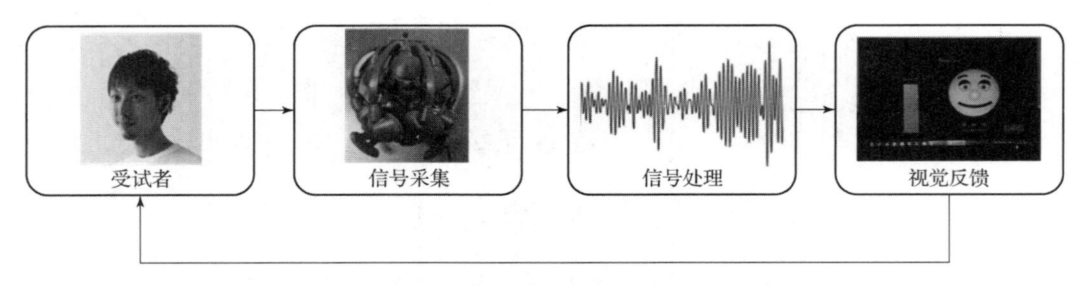

图 8.1　基于脑电信号的视觉神经反馈系统（书后附彩插）

一种治疗工具，用于精神心理疾病和神经退行性疾病的辅助治疗；二是作为一种强化训练手段，提升健康参与者认知行为学表现；三是作为一种实验方法，研究特定神经活动与认知行为之间的因果作用。下面具体介绍神经反馈的原理与基本框架。

8.1.1　操作性条件反射

经典式条件反射与操作性条件反射的区别在于，前者是应答性行为，后者是操作性行为。经典式条件反射理论认为“没有刺激，就没有反应”，而斯金纳认为这种观点不尽全面，提出要注意区分“引发反应”和“自发反应”，引发反应与应答性行为相对应，指由特定的、可观察的刺激所引起的行为，如在巴甫洛夫实验室里，狗看见食物或灯光就流唾液，食物或灯光是引起流唾液反应的明确刺激。操作性行为指在没有任何能观察的外部刺激的情境下的行为，如白鼠在斯金纳箱（Skinner box）中的按压杠杆行为就没有明显的刺激物。应答性行为比较被动，由刺激控制；操作性行为代表着对环境的主动适应，由行为结果所控制。人类的大多数行为都是操作性行为，如游泳、写字、读书等。

斯金纳箱实验：斯金纳箱是斯金纳设计的用于研究操作性条件反射的实验仪器，为高约 0.33 m 的长方形容器，如图 8.2 所示。其中一面是单向玻璃，用于观察内部的动物活动，底部由金属网组成，可对动物产生电击，箱内有照明的小灯，由一个踏板与食物相连，当踏板被按下时，食物就会进入箱内。斯金纳在箱内放进一只小白鼠，小白鼠可在箱内自由活动，当它按下踏板时，就会有一团食物掉进箱子下方的盘中，从而能吃到食物，箱外还装有记录小白鼠活动的装置。

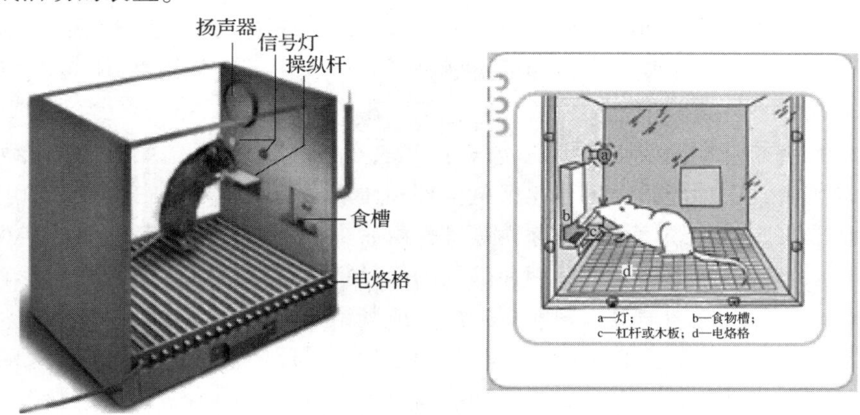

图 8.2　斯金纳箱实验（摘自《心理学大辞典》[1]）（书后附彩插）

斯金纳箱实验说明，动物的学习行为是随着一个起强化作用的刺激而发生的。把实验动物的学习行为推广到人类，可以得知人类的学习行为也需要通过操作性条件反射。操作性条件反射的特点是强化刺激，既不与反应同时发生，也不先于反应，而是伴随着反应发生。斯金纳认为，人的一切行为几乎都是操作性强化的结果，人们有可能通过强化作用的影响去改变别人的反应，学习的本质不是刺激的替代，而是反应的改变。举个实例，在教学任务中，老师充当的是学生行为的设计师和建筑师，将大的学习目标分解为一个个小的知识点，并对知识点逐一予以强化刺激，最后学生通过操作性条件反射一步步完成学习任务，这也提示我们在自学时可以合理地设计阶段性目标完成学习目标。

8.1.2　强化学习机制

斯金纳提出的操作性条件反射理论认为，人或动物将一定的行为输出至环境时，当行为产生的后果对其有利，这种行为就会在以后重复出现，而当行为产生的后果对自身不利，行为就会减弱甚至消失。人们通过这种正强化或负强化的方式来假定行为的后果，进而修正行为，这就是强化理论，也叫作行为修正理论。简言之，就是利用令人厌恶的刺激去纠正不正当的行为，用令人愉悦的刺激去强化正当的行为。

强化模式分为三部分：前因、行为和后果。前因是指在行为产生之前确定一个具有刺激作用的客观目标，指明哪些行为将得到强化，如斯金纳箱实验中饥饿的小白鼠通过按下踏板得到食物奖励。行为是指为了达到目标而进行的动作方式，小白鼠在前一次按下踏板得到食物的实践中会明白，想要获得食物，就需进行按踏板的操作，这就是行为。后果是指行为对应的奖励或惩罚，当行为达到了设定目标时给予肯定和奖励，反之给予否定与惩罚。

强化学习有以下几种类型。

（1）正强化。设定具有吸引力的结果，对完成期望目标行为给予奖励，如在神经反馈训练中设定训练 EEG 的 alpha 能量提升，当参与者主动调节自身大脑活动达到阈值时，给予笑脸或其他形式的奖励，使参与者的特定行为重复出现，通过不断的强化达到提升大脑 alpha 频段活动的目的。

（2）负强化。设定令人厌恶的结果，对不符合目标要求的行为给予惩罚，惩罚分为Ⅰ型惩罚和Ⅱ型惩罚，前者通过呈现厌恶刺激来降低反应频率，如在孩子的教育中，当孩子有不良行为时应适当给予批评，让他们知道什么是不该做的；后者是通过消除愉悦刺激来降低反应的频率，如有一个故事，有一个老人住在小区里，而小区的儿童整天奔跑嬉闹，噪声很大程度影响周围居民生活质量，于是老人把孩子们叫过来，对他们说谁叫得越大声奖励越多，那些叫声大的孩子如愿地得到了奖励，持续几天后奖励变得越来越少，孩子纷纷表示不叫了。应该注意的是，应用负强化的前提是事先有不利的刺激或行为出现，实施负强化应针对不符合底线的行为，避免形成侥幸心理，以减少此类行为重复出现的可能性。

（3）自然消退。对特定行为不设定结果即不加理会，从而减少行为的发生。如在企业管理中，对于某些员工爱打小报告的行为不加理睬，那么自然会减少这类行为的发生。需注意的是，自然消退因人而异，并不是普适的。

强化学习应用需要注意几点：一是要因人而异，设定个性化方案，依照强化对象的不同采取不同的强化措施；二是要对大目标进行分解，设定阶段性小目标，对小目标的实现给予及时强化；三是及时反馈，对行为发生者给予及时反馈，能够对其形成更强的强化作用。

8.1.3 神经反馈基本框架

应用前面介绍的操作性条件反射理论与强化学习理论，可以针对大脑训练构建闭环神经反馈系统，该系统由五部分组成：数据采集、实时数据预处理、实时特征提取、实时生成反馈信号、学习者（图8.3）。

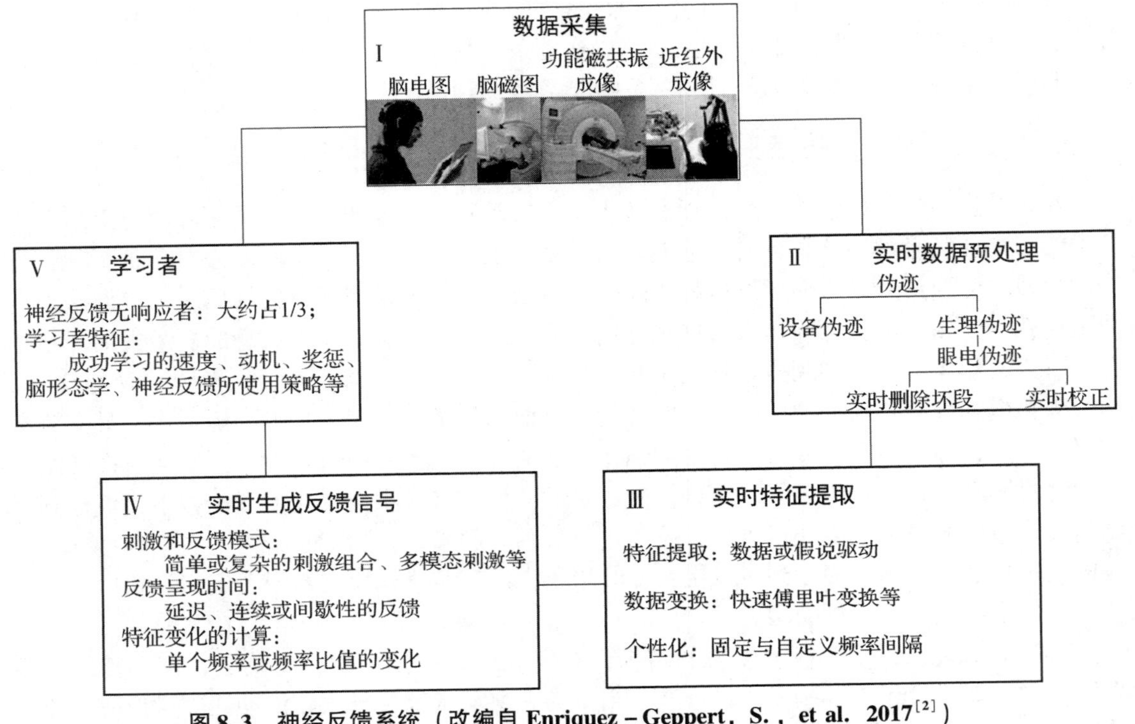

图8.3 神经反馈系统（改编自 Enriquez – Geppert，S.，et al. 2017[2]）

（1）数据采集。可以应用现有神经生理和影像采集设备获取大脑实时活动，如高时间分辨率（毫秒级）的脑电图和脑磁图，这两种方式对于反馈的实时性要求来说是最佳的。此外，目前还越来越多地使用高空间分辨率的功能磁共振成像和近红外光谱，这两种设备的实时性（秒级）不如脑电图与脑磁图，但其空间分辨率能够达到毫米级，远高于脑电图。近年来研究的一个热点是将脑电的高时间分辨率与核磁共振技术的高空间分辨率优势结合起来，设计开发核磁兼容的脑电设备。

（2）实时数据预处理。神经反馈的另一大模块是在线预处理模块，由于其实时性，对数据预处理算法提出了更高要求。预处理是信号和图像处理的重要环节，其目的是去除脑电中的伪迹成分（包括眼电、肌电、基线漂移等）或核磁信号中的头动等伪迹，获得比较纯净的脑活动信号。

（3）实时特征提取。这部分是神经反馈系统的核心，其特征设计需要大量前期研究的积累。特征提取阶段涉及从神经反馈期间的脑活动计算选择特征，一般来说这些特征代表了实验设计者想要调节的与特定认知功能相关的脑活动模式，如 EEG 功率中的 alpha 频带活动的调节等。目前火热的机器学习与深度学习在神经反馈系统的应用也主要集中于这一模块，但并不常用，主要原因是这一模块对算法实时性的要求很高。另外，如何量化大脑活动也是目前研究的热点和难点。

（4）实时生成反馈信号。神经反馈系统中的“反馈”一词对应于这一模块，这部分实现的功能是将提取出的特征信号转化为参与者能够学习处理的感觉信息。反馈信号指的是当前参与者的与目标活动相关的脑活动状态，当参与者通过调节脑活动使其达到特定阈值时，会通过反馈信号的变化来给予直观的感受。这个模块使参与者能够很及时地得到反馈，对后续自主对行为的调整有重要指导意义，同时使得强化学习理论的奖惩机制很好地融入系统中。

（5）学习者。这是神经反馈系统的主体，也是行为的发生者和奖惩系统的作用者。神经反馈系统的训练效果在很大程度上依赖于学习者的积极参与，学习者通过不断调整来促使脑活动朝着预期目标发展。神经反馈训练过程也是一大研究热点，由于是主动训练过程，在神经反馈过程中，个体差异不可避免，训练效果好的学习者在情绪状态、动机和对自身的控制上都具有共性。除了主动式神经反馈系统，还有被动式的。并不是所有的神经反馈训练系统都能得到理想的训练效果，有些大脑活动的目标方向会让学习者找不到合适的调整方向，这是由于我们对大脑的认识还处于很浅显的阶段，所以需要通过外加刺激装置激活目标大脑，以被动的方式来达到神经反馈训练的目标。

8.2　基于脑电的神经反馈技术

基于脑电的神经反馈技术是利用脑电图毫秒级的高时间分辨率以达到及时反馈的目的。神经反馈刚开始的实验是控制自身脑电图信号的改变，这些实验研究的深入开拓了一个全新的学科领域——脑机接口。脑机接口与神经反馈最大的区别在于，前者的目标是通过大脑活动输出控制信号直接控制外部机械设备，提供的是大脑与计算机交流的通道，而后者的目标是通过实时反馈让参与者及时了解当前大脑状态，自主调节心理状态来实现特定神经活动的调节。基于脑电的神经反馈技术的发展至今已有 60 多年，因其毫秒级高时间分辨率、安全无创、操作简单、价格低廉的优点，被广泛应用于注意缺陷多动障碍、癫痫、抑郁症、认知障碍等疾病的治疗。

8.2.1　静息态脑电神经反馈

脑电神经反馈的常用特征是根据脑电的不同频率划分的，由低到高分为 delta、theta、alpha、beta 和 gamma 频段，不同频段具有不同的生理功能。delta 波出现在熟睡、婴儿及严重器质性脑病患者中，在老年期和病理状态下 theta 波是常见波形。alpha 波随着大脑发育而逐渐增多且频率提高，直至成年趋于稳定，老年逐渐变慢，是反映大脑状态的重要指标。beta 波与情绪有很大关系，受心理活动影响很大。

神经反馈的研究基于神经科学、心理学与神经精神病学多学科的知识。近年来随着对神经振荡生理学研究的不断深入，神经反馈的生理机制得到了很好的解释。从单神经元的亚阈值膜电位振荡与动作电位活动，到神经元组件的局部活动，再拓展到不同脑区背景下的皮质网络活动，已经在一定程度上证明神经元集群的振荡活动是大脑的主要信息交流机制，且与认知功能相关。研究表明，在神经精神疾病如 ADHD、阿尔茨海默病、精神分裂症等患者的大脑中存在异常的神经振荡。

帕金森病是老年人常见的以黑质–纹状体系统多巴胺功能不足为主要特征的神经退行性疾病。常用的治疗方法为药物治疗，但在疾病中晚期药物疗效减退，并发症逐渐显现。PD患者的运动症状主要和神经振荡中的 beta 频段相关，它在非运动状态下活动明显，而在强直性收缩、运动开始前瞬间消失，是皮质–脊髓系统的主要节律。脑电神经反馈作为一种非侵入性疗法，可通过调节皮质–脊髓系统的异常神经节律振荡，激活皮质–基底神经节–丘脑–皮质相关多巴胺网络，有效改善患者运动症状。Michael 等在 2002 年构建了一个神经反馈系统，该系统用于上调 SMR 频段振荡，抑制大脑中央区（C3–C4 电极）θ（4~8 Hz）和高 β（25~32 Hz）频段的活动。对帕金森病与肌张力障碍患者进行神经反馈训练 6 个月，同时结合呼吸和心率生物反馈以及膈肌呼吸练习，发现在药物治疗“开”期，患者肌张力障碍得到改善，冻结步态得到控制，生活质量提高。Azarpaikan 等通过使用脑电神经反馈技术，增强了帕金森病患者大脑中央区（Cz）和枕部（O1–O2 电极）的 SMR 活动，同时降低 theta（4~7 Hz）活性；训练 8 个疗程后，实验组的动态平衡和静态平衡得到了有效改善。Philippens 等对灵长类动物帕金森病模型的神经反馈调节验证了感觉运动皮质 SMR（12~17 Hz）频段活动增强，与左旋多巴治疗具有协同作用，能够显著改善帕金森病运动症状，还可以缓解由疾病引起的体质量下降。

神经性厌食症（anorexia nervosa，AN）是一类心理障碍，多发于青春期女性，患者对体重和体型过度关注，盲目追求苗条，体重显著减轻，常伴有营养不良、代谢和内分泌紊乱。根据研究报道，与健康对照组相比，神经性厌食症患者的 alpha 功率在额叶中央区和颞叶脑区显著降低，beta 功率在额叶区域增加，而这种 alpha 功率降低、beta 功率增加的脑电异常模式表明中枢神经系统“过度兴奋”在患者体重增加后可以恢复正常。Nina 等在 2016 年设计了静息态 alpha 功率调节神经反馈实验，将其应用于厌食症患者。实验选取了 12 名患者作为实验组，10 名患者作为对照组，两组人接受相同治疗，对实验组增加 alpha 功率调节神经反馈训练。实验组每周接受 2 次神经反馈训练，持续 5 周，每次持续 20 分钟，实验过程中患者需要通过控制自身的 alpha 脑电活动来举起左侧小球，当球保持在设定阈值之上时，球从蓝色变成黄色，训练过程中依据实时反馈的中值功率来调整阈值，实验结束后反馈给患者分数及面部表情（笑脸或哭脸，代表此次训练的综合效果），如图 8.4 所示。

图 8.4　神经性厌食症静息态 alpha 功率调节神经反馈实验（摘自 Lackner，N.，et al. 2016[3]）

这里应用的是视觉反馈，通过左侧小球的高度来直观地告诉参与者此时他的大脑 alpha 振荡幅度，从而使其自身寻找策略去增加 alpha 功率至达到并超过阈值。训练过程中阈值的不断更新是为参与者设定个性化的阈值参数，以及难度匹配的个性化方案，期望达到最优的训练效果。经过量表测试与统计分析发现，与对照组相比，实验组在饮食行为特征上得到了显著改善，且对饮食的异常情绪趋于正常化，有效增加了患者对饥饿的感知。有趣的是，实验组在静息态 EEG 中并没有出现 alpha 能量的显著提高，反而表现为 theta 频段能量提高，研究者将其解释为 theta 振荡与注意力和情绪负荷的行为状态密切相关。

8.2.2　任务态脑电神经反馈

脑电神经反馈的特征除了静息态频段能量之外，还可以是与任务相关的各种事件相关电位成分，这些成分与不同的大脑认知功能相关，如与注意力相关的 P300 成分、与大脑自动加工能力相关的失匹配负波成分，以及与语义加工相关的 N400 成分等。2014 年，日本研究者[4]将听觉失匹配负波作为神经反馈的特征进行实时训练，结果发现训练组听觉辨别能力有显著改善，实验设计如图 8.5 所示。

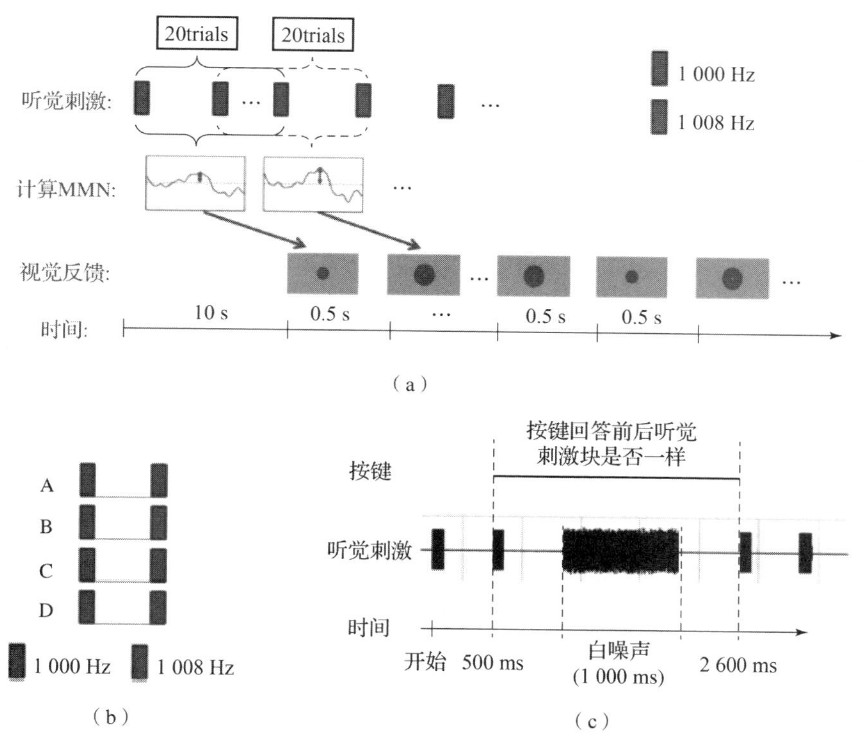

图 8.5　听觉失匹配负波作为神经反馈的特征进行实时训练

（摘自 Chang，M.，et al. 2014[4]）（书后附彩插）

(a) 实验设计示意图；(b) 四种组合刺激设置；(c) 听觉刺激与按键说明

脑电任务态神经反馈训练中的一个重要参数是实时 ERP 的叠加事件个数，在该研究中，图 8.5（a）中上图说明该神经反馈系统使用的是 20 个事件（即 trial），这也是叠加比较稳定的 ERP 的最低事件数的要求。实验采用 Oddball 范式来诱发听觉失匹配负波，标准刺激采用 1 000 Hz 的纯音，偏差刺激采用 1 008 Hz 的纯音，偏差刺激随机出现在标准刺激中。系统中的数据采集模块为脑电采集设备，在线数据预处理模块为实时带通滤波器（0.1 ~ 35 Hz）和眼电去除算法。由图 8.5（a）中的中、下图可知，该系统选取的特征是实时 MMN 的幅值，然后将不可直观感觉的幅值信号转换成可直观感受的视觉信号——绿色圆盘半径的大小变化，并且当 MMN 幅值达到并超过阈值时，圆盘的颜色由绿变红。听觉 MMN 幅值与大脑中听觉的自动加工注意能力相关，该神经反馈系统通过视觉圆盘作为反馈信号，通过参与者的自我调节来改变 MMN 幅值的大小。前后事件相关电位和行为学测试结果显示，实验组 MMN 幅值显著增加，听觉辨别能力显著提升。

基于脑电的神经反馈技术的优势在于，其毫秒级的高时间分辨率能够让反馈信号实时地根据参与者大脑状态变化作出相应改变，参与者也能够及时了解自身大脑活动情况，从而更有效地调整自身策略进行训练。然而，脑电图只能在厘米级范围内监测大脑活动，无法定位到具体的皮质区域，其低空间分辨率限制了精度。8.3 节介绍的基于核磁的神经反馈技术能够实现毫米级的空间定位精度，更加精准地反映脑区活动。

8.3　基于核磁的神经反馈技术

随着影像学技术的发展，实时 fMRI 神经反馈因其较高的空间分辨率，能够对大脑进行精准定位与活动调节，已被广泛应用。核磁神经反馈技术基于实时功能磁共振成像信号（BOLD 信号），通过 BOLD 信号的改变来探测脑区激活程度以及脑区间连接强度，最后将结果反馈给参与者，当激活模式达到预期时给予奖励，从而不断地朝设定的目标方向训练。fMRI 神经反馈从 2003 年发展至今，基础研究和临床研究成果呈倍数增长，已经积累了多方面的研究和应用经验。一是在神经反馈实验中，假反馈组和真反馈组是随机的且测试需要双盲，避免其他因素对实验结果的影响；二是在反馈中需设置外部奖励如金钱，用以促进强化学习效果；三是需要发展多变量的神经反馈技术，使提取的特征和反馈信号更加敏感；四是可以通过改变特定的脑网络功能来干预治疗神经精神类疾病。

1. 隐性神经反馈

在传统的 fMRI 神经反馈中，参与者会被告知训练目标，如神经反馈的信号代表什么，什么行为能够出现什么样的预期结果。然而，最近的研究结果表明，当不告诉参与者训练目标及其他信息，只在他无意识尝试达到预期目标后给予奖励，神经反馈训练也是非常有效的，这种类型的神经反馈被称作隐性神经反馈。例如用一个圆盘的大小来代表神经反馈的评分，要求参与者尽可能地调节大脑活动，使圆盘变大。实验分为两组，一组被告知训练目的和反馈信号的含义，另一组不被告知。结果显示两组人学习到的诱导神经活动的模式是相似的，实验后的问卷也显示未被告知的参与者的确不知道被训练的是什么。

和传统的神经反馈相比，隐性神经反馈的优点和特征是很明显的。第一，在最大程度上消除了由于参与者了解神经活动模式带来的干扰，参与者行为的改变是由于神经反馈的训练而不是自身刻意调整。第二，降低了实验中的实验者效应，实验者效应即主试在实验中可能以某种方式（如表情、手势、语气等）有意无意地影响被试，使他们的反应符合主试的期望。第三，隐性神经反馈可以应用于临床常规方法不能有效治疗的患者，如脱敏治疗或暴露疗法，而且在临床环境下患者可能没有足够的认知能力去理解复杂的实验流程。第四，如果神经反馈在没有意识的患者身上应用并成功地提高了大脑功能，表明意识的处理在其中并没有很大的作用。

2. 参与者的组合奖励

在常规的神经反馈实验中，反馈分数是提供给参与者的一个奖励信号，但却不是外部实际奖励的刺激，有研究证明增加外部奖励可以有效加强训练效果。内部分数反馈与外部奖励的组合能够更大限度地调动参与者的积极性和神经活性诱导强度。如之前的研究显示，组合奖励可以使参与者更加有效地自我调节辅助运动区的活动。

随着研究深入和新技术的发展，出现了解码神经反馈技术（DecNef）和功能连通性神经反馈技术（FCNef），这两种技术集成了之前研究的可取之处，前者通常应用于特定的大脑区域，而后者应用于改变脑区之间的连接强度。这两种技术有望用于揭示脑功能与行为表现之间的内在关系，并在临床广泛应用。下面具体介绍两种技术及其应用实例。

8.3.1　解码神经反馈技术

解码神经反馈技术以诱导参与者靶向脑区的特定激活为目标，通过对特定脑区特定激活模式的解码，形成可感觉的视听觉等感官信号，基于反馈信号的奖惩机制，参与者调节大脑活动模式从而改善行为表现。解码神经反馈能够用于研究特定的大脑激活模式，通过诱导参与者特定脑区的活动并测定相应的精神状态和认知行为表现，寻找内在联系。典型的解码神经反馈模型如图 8.6 所示。

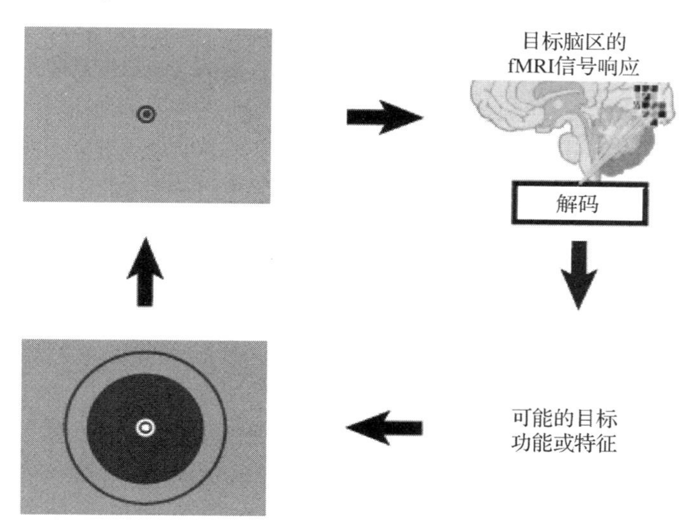

图 8.6　典型的解码神经反馈模型（摘自 Watanabe，T.，et al. 2018[5]）（书后附彩插）

多体素模式分析

在核磁神经反馈中非常重要的一步是如何正确理解参与者执行任务时的信息表示与转换。fMRI 可以测量参与者执行一定认知任务时的局部血流信号（BOLD 信号），成像单位为体素，体素即三维空间的像素。在体素水平上分析可以得到更加精细的结果，科学家结合机器学习的分类算法，发展出了多体素模式分析（multi－voxel pattern analysis，MVPA）。

多体素模式分析可以应用于解码大脑活动，最为典型的是对视觉信息做解码的研究。2001 年 Haxby 和他的同事通过对参与者颞叶腹侧（VT）的 fMRI 扫描，建立了相应的 MVPA 模型，在新的样本中推断出他看到的是鞋子还是瓶子。2008 年 Miyawaki 通过使用 MVPA 对初级视觉皮层解码，可以还原出来被试看到的图案（图 8.7）。

多体素模式分析还能应用于探索大脑的编码机制。在建立了 MVPA 模型之后，可以在其线下分类模型中查看每个体素分配的权值大小，可以理解为对分类模型的贡献度，再通过体素和对应的权值去分析对应认知状态的编码过程。对于非线性的分类模型，我们无从得知每个体素的贡献，但可以考虑某个脑区的表征精度，分析脑区对于具体认知状态的贡献。

下面通过一个研究案例来具体说明解码神经反馈的每个过程。

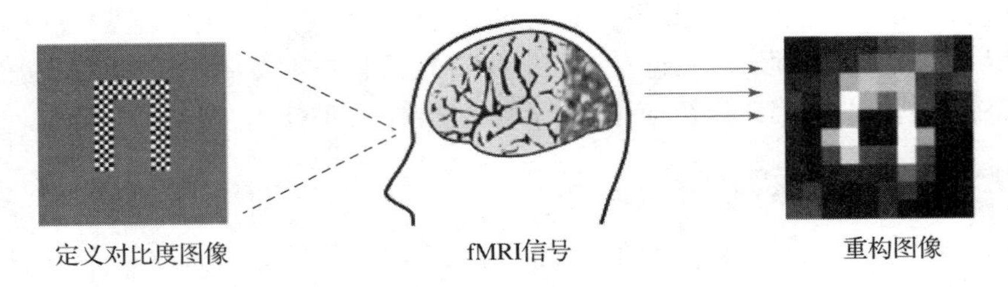

图 8.7　初级视觉皮层解码（摘自 Miyawaki, Y. , et al. 2008[6]）（书后附彩插）

2011 年，Shibata 教授研究组在 *Science* 杂志上发表文章[7]，应用解码神经反馈技术研究成人视觉感知学习的特异性取向，探讨早期视觉区域的可塑性，结果表明该技术能够以高度选择性的方式诱导早期视觉区域的可塑性，未来可应用于康复和强化训练。实验过程如图 8. 8 所示。

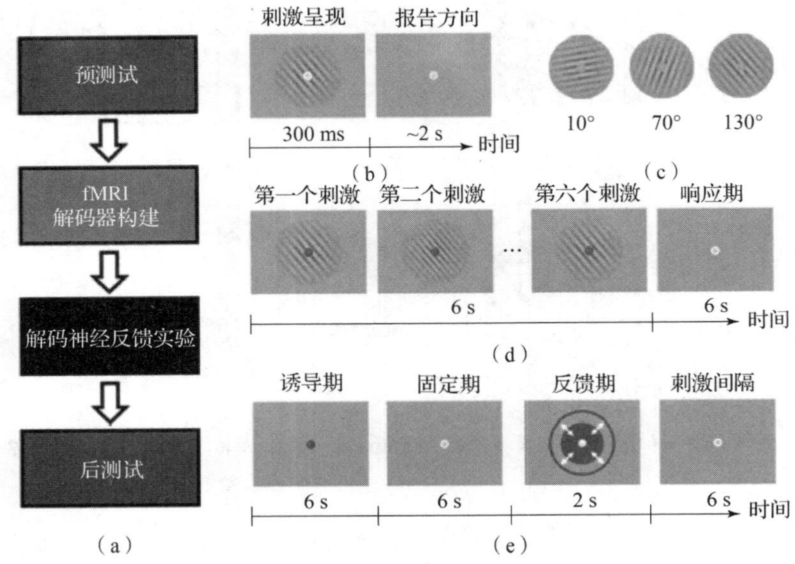

图 8. 8　应用解码神经反馈技术研究早期的视觉区域可塑性（摘自 Shibata, et al. 2011[7]）（书后附彩插）

图 8. 8（a）介绍了整个实验的流程，分为四个阶段：第一阶段为预测试，第二阶段为 fMRI 解码器构建，第三阶段为解码神经反馈实验，第四阶段后测试和第一阶段都是行为学测试，测试参与者在视觉方向辨别任务中的表现。如图 8. 8（b）所示，行为学测试时从图 8. 8（c）中 3 个方向（10°、70°、130°）中随机呈现一个方向 300 ms，参与者在 2 s 内回答方向。第二阶段中，参与者在观看三种不同方向刺激的情况下测量 V1/V2 中的 fMRI 信号，基于 fMRI 信号构建多项式稀疏逻辑回归解码器，将不同方向的刺激与 fMRI 信号响应模式对应起来［图 8. 8（d）］。在第三阶段中，结合隐性神经反馈，参与者只知道在实验中使圆盘变得越大，所获得的奖励越多，如图 8. 8（e）所示。在实验结束后询问参与者是否知道反馈圆盘的大小代表什么，他们都表示并不清楚，然后在参与者被告知圆盘的大小代表三个方向之一后，让他们选择自己认为的训练方向，结果显示方向选择的百分比没有显著差异，即代表参与者是在毫不知情的情况下进行训练的。结果显示，在设定为神经反馈训练目

标的方向上，训练后行为学表现相对其他两个方向也有显著提高。

解码神经反馈的重点在于如何将认知状态与 fMRI 信号的响应模式对应起来，在上一个案例中采用的是给参与者观看三种不同方向的视觉图片刺激，同时采集 V1 和 V2 区域的 fMRI 信号来观察 fMRI 响应，进而构建解码器。当解码器构建好之后，结合隐性神经反馈，参与者通过反馈信号在完全不知情的情况下，仍然能够将大脑响应模式向目标方向调节，再次证明了神经反馈训练对认知功能的强大干预作用。

8.3.2　功能连通性神经反馈技术

功能连通性神经反馈技术是以调节参与者特定脑区之间的连接强度作为目标，通过反馈给参与者连接强度的大小，参与者自主调节脑区之间的连接强度向设定目标靠近，设置奖励机制，从而达到改善认知行为的目的。

从 8.3.1 小节解码神经反馈技术中我们知道，特定脑区有特定的功能。然而，大脑是一个整体，脑区之间的信息交流必不可少，基于图论的脑网络概念的兴起开拓了一个新的研究领域——人脑连接组学。基于现代脑成像技术和复杂网络理论，人类可以从 3 个空间尺度（神经元、微尺度；神经元集群、中间尺度；大脑脑区、大尺度）上进行研究，但鉴于现有技术手段，研究主要集中于脑区的尺度。近年使用最多的是采用功能核磁共振成像构建功能网络和采用弥散张量成像构建结构网络。构建脑网络后的分析一般有两类度量值，即节点属性和网络整体属性，节点属性代表局部密集互连的大脑区域组执行特殊处理程序的能力，网络整体属性代表全局信息通信的效率或处理信息的能力，常用的有小世界网络和 rich - club 网络，代表着大脑处理关键信息的不同模式。当大脑各个脑区之间的连接出现问题时，脑功能便不能被完整地执行，认知状态也会出现明显紊乱。研究表明，抑郁症与大脑内部结构和功能连接的改变有关，其重要脑区之间节点连接减少，全局效率降低；双相情感障碍患者大脑中全局效率与局部效率降低，脑连接异常；精神分裂症患者大脑区域连通性下降，rich - club 网络连接密度下降，等等。除了精神类疾病之外，还有许多疾病存在大脑连通性的改变，这些研究启示我们，将大脑连通性当作神经反馈的训练指标，将训练目标设定为向好的方向调节，就能够通过神经反馈的方式调节大脑连通性，从而改善患者的认知状态。

下面通过一个案例来具体介绍功能连通性神经反馈技术。

2019 年，Sujesh 等为脑卒中后出现失语症的患者构建了一个实时 fMRI 神经反馈系统，该系统调节患者语言相关脑区的功能连接。大脑左侧半球病变的脑卒中患者主要表现为右上肢运动功能障碍、右下肢无力以及言语紊乱或无法说话。实验参与者为脑卒中后失语患者以及年龄等与患者相匹配的健康对照组。使用 1.5 T 核磁设备获得实时 fMRI 信号，实时预处理后计算 Broca 区（左额下回）和 Wernicke 区域（左上颞回）信号之间的 Pearson 相关系数，该系数用于度量功能连通性。反馈信号以温度计形式呈现为蓝色，当上调达到阈值时温度计中的条显示为红色，当连通性降低时温度计的蓝色条逐渐减少。屏幕间隔呈现 5 个单词组成的任务序列，参与者在进行单词识别任务的条件下强化语言区域的功能连接。结果表明，与正常组相比，测试组的功能连通性在左侧半球较弱，左侧半球的连接训练后（相关系数增加）增强。基于神经反馈的上调期间，两个半球语言区域的联系得到加强，多次神经反馈训练加强了新的连接，并使左侧半球的连接恢复正常。

功能连通性神经反馈的重点在于连通性指标的设计，这需要大量基础研究的支撑。特定脑区之间的连通性与特定疾病相关，这就为神经反馈的认知干预提供了理论基础。结合实际研究可以看出，功能连通性神经反馈技术对由于大脑连通性缺失引起的认知功能下降的干预治疗具有非常大的应用潜力。

8.4 小　结

本章我们学习了神经反馈的基本原理是基于斯金纳的操作性条件反射理论与强化学习理论，同时还了解了神经反馈系统的五大基本模块。接下来通过介绍神经反馈常用的两种形式——基于脑电的神经反馈与基于核磁的神经反馈，深入了解了神经反馈在基础研究和临床应用中的大概情况。神经反馈的核心在于确定反馈特征，在脑电神经反馈中可用频段能量及能量比值或事件相关电位的幅值潜伏期，在核磁神经反馈中可用特定脑区的体素激活模式或脑区之间的连接强度等。同时还讨论了进行神经反馈训练应注意的一些情况。

参考文献

[1] 林崇德，杨治良，黄希庭．心理学大辞典［M］．上海：上海教育出版社，2003.

[2] ENRIQUEZ－GEPPERT S，HUSTER R J，HERRMANN C S. EEG－Neurofeedback as a tool to modulate cognition and behavior：a review tutorial［J］. Frontiers in human neuroscience，2017，11（51）：1－19.

[3] LACKNER N，UNTERRAINER H F，SKLIRIS D，et al. Neurofeedback in the treatment of anorexia nervosa：a case report［J］. Fortschr neurol psychiatr，2016，84（2）：88－95.

[4] CHANG M，IIZUKA H，NARUSE Y，et al. Unconscious learning of auditory discrimination using mismatch negativity（MMN）neurofeedback［J］. Scientific reports，2014，4：6729.

[5] WATANABE T，SASAKI Y，SHIBATA K，et al. Advances in fMRI real－time neurofeedback［J］. Trends in cognitive sciences，2017，21（12）：997－1010.

[6] MIYAWAKI Y，UCHIDA H，YAMASHITA O，et al. Visual image reconstruction from human brain activity using a combination of multiscale local image decoders［J］. Neuron，2008，60（5）：915－929.

[7] SHIBATA K，WATANABE T，SASAKI Y，et al. Perceptual learning incepted by decoded fMRI neurofeedback without stimulus presentation［J］. Science，2011，334（6061）：1413－1415.

第 9 章
神 经 调 控

第 1 章的学习中，我们了解到，神经元活动时会伴随膜电位的变化，即由静息电位变为动作电位，同时动作电位会受到细胞膜两侧的电压和离子的通透性，特别是钾离子、钠离子通透性的影响。因此，如果我们给予适当的刺激影响这些因素，便可能引起细胞的反应，继而引起脑活动变化。

对神经系统施加外部刺激是一种新兴的治疗和康复手段，称为神经调控。本章对神经调控技术进行介绍，包括其定义与发展过程、常见类型及主要应用。

9.1　神经调控的定义及发展

2016 年，世界卫生组织（WHO）将神经精神疾病列为最常见的难治性疾病。全世界约有 10 亿人正在遭受神经精神疾病的影响。全球范围的统计数据显示，神经精神疾病占总体生命损失年负担的 42%。

基于这一现状，神经精神疾病治疗方法的研发显得尤为重要。目前已有多种药物用于治疗神经精神疾病，然而仍然有相当一部分患者病情无法得到缓解，并且很多患者有明显的服药副作用。以全球第二大常见神经系统疾病——帕金森病为例，药物治疗在早期可以取得显著疗效，但随着患病时间延长，疗效逐渐减弱，在“蜜月期”后更是无法起到作用，只能通过其他方式进行替代干预。随着对于大脑研究的深入，研究人员开始基于神经元活动及信号传递原理，通过向大脑外加刺激的方式来提高局部神经元兴奋性，或者通过改变突触可塑性重建神经环路，达到纠正脑功能紊乱，从而治疗疾病的效果。

世界神经调控学会（International Neuromodulation Society，INS）将神经调控定义为基于植入性或非植入性方法，采用电刺激或将药物直接递送到目标脑区的方式，改变或调节中枢神经、外周神经或自主神经系统活动，进而改善患者症状、提高生命质量的技术。

现代神经调控技术的应用始于 20 世纪 60 年代，当时麻省理工学院的加拿大科学家 Melzack 和英国科学家 Wall 提出疼痛闸门控制理论，由于弱电神经刺激技术的研究早在 20 世纪初便开始，因此便尝试将电极植入背部，通过脊髓刺激来缓解疼痛。随着脊髓刺激的应用，神经调控的概念逐渐成熟起来，相继出现了脑深部电刺激、周围神经刺激以及脑皮层刺激等治疗技术。

神经调控技术发展到今天，已经融合了科技、医疗和生物工程等技术，成为一个新兴的领域。相关技术发展迅速，刺激形式已经不限于电刺激，应用任何可使神经细胞产生反应的物理能量如声、光、磁等，均可称为神经调控技术。多种物理形式的调控技术为病人提供了新的、更多的治疗选择，有助于根据不同疾病的特点制定最优的治疗方案。

9.2 电刺激神经调控

根据动作电位的形成机理可知，当膜电位去极化到一定程度后，会激活膜上的电压门控通道蛋白，使大量钠离子流入细胞内，形成动作电位。若我们外加刺激改变膜电位，使膜上的电压门控通道蛋白开启，便可人为控制动作电位的产生，进而影响神经元及神经网络的活动。

电刺激神经调控是一项常见的调控技术，主要有两种实现方式：一种是将刺激电极植入目标位置的侵入式深部脑刺激（deep brain stimulation，DBS），另一种是将刺激电极置于头皮上方的非侵入式经颅电刺激。

9.2.1 深部脑刺激

深部脑刺激，俗称“脑起搏器”，是一种通过植入电极将电脉冲发送到大脑中特定区域，调节该区域的功能活动，从而改善临床症状的技术。

如图9.1（a）所示，DBS系统的构成主要有三个部分：刺激电极、刺激器和连接线。其刺激电极一般为四接触刺激电极，通过立体定位方式植入目标区域，电极外观如图9.1（b）所示。通过调整阳极和阴极电极触点的数量和配置，以及刺激电压或电流来调整电刺激场的形状和范围。刺激电极通过皮下植入的线连接到称为植入式脉冲发生器（implantable pulse generator，IPG）的刺激器上，该刺激器放置在锁骨下方的胸壁上。通过手持设备与IPG的无线通信实现刺激参数调节，参数主要包括脉冲的持续时间（称为脉冲宽度）以及脉冲频率等，具体使用的参数主要根据经验以及患者的反应，以最大限度地缓解症状并副作用最小化为原则。

大多数DBS靶点是深部脑结构（包括白质束）而不是皮层区域，对于不同疾病，电极植入位置也不相同。DBS最常见的植入位置是与帕金森病相关的丘脑底核（subthalamic nucleus，STN）附近。1994年，底丘脑核的深部脑刺激首次用于PD的治疗实验，证明DBS在消除PD患者过度和不足的运动症状方面非常有效。

随着硬件技术的提高，结合影像学技术，DBS的定位准确性和治疗效果也逐渐得到提高。目前DBS常用于治疗特发性震颤和肌张力障碍等运动症状，也可用于治疗强迫症和抑郁症等精神疾病。虽然侵入式DBS可以对目标位置进行精准刺激且疗效比较显著，缺点也显而易见：一方面，通过有创手术向患者颅内植入电极，手术难度较高，存在严重并发症和副作用的风险，如出血、感染，以及幻觉和认知功能障碍等，并且给刺激器更换电池还会对患者造成二次伤害；另一方面，手术费用较为昂贵，使得DBS应用群体比较有限。尽管如此，当常规治疗失败时，DBS还是可以作为某些神经系统疾病如PD治疗的最终选择。

9.2.2 经颅电刺激

经颅电刺激通过附着在头皮表面的电极施加电流刺激，电流在电极间流动的过程中会穿过头皮、颅骨和脑脊液到达大脑皮质，调节皮质组织区域内神经元的膜极性，进而影响神经

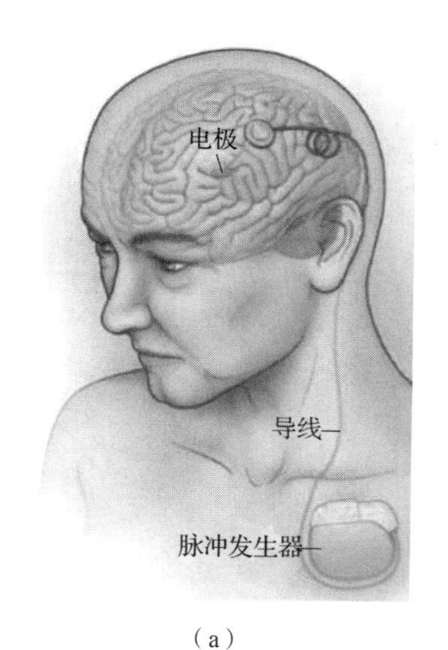

（a）

（b）

图 9.1　DBS 系统（书后附彩插）

（a）DBS 系统构成（摘自 Michael 2012[1]）；（b）四接触刺激电极样式（摘自 Benabid 2002[2]）

元兴奋性、改变神经元活动。其系统构成如图 9.2 所示。为保证安全性和有效性，施加的刺激电流强度一般不超过 2 mA。刺激电极常使用盐水浸泡的海绵或凝胶电极，接触面积常保持在 20～35 cm^2（避免局部电流密度过大使患者产生灼烧感或刺痛感）。

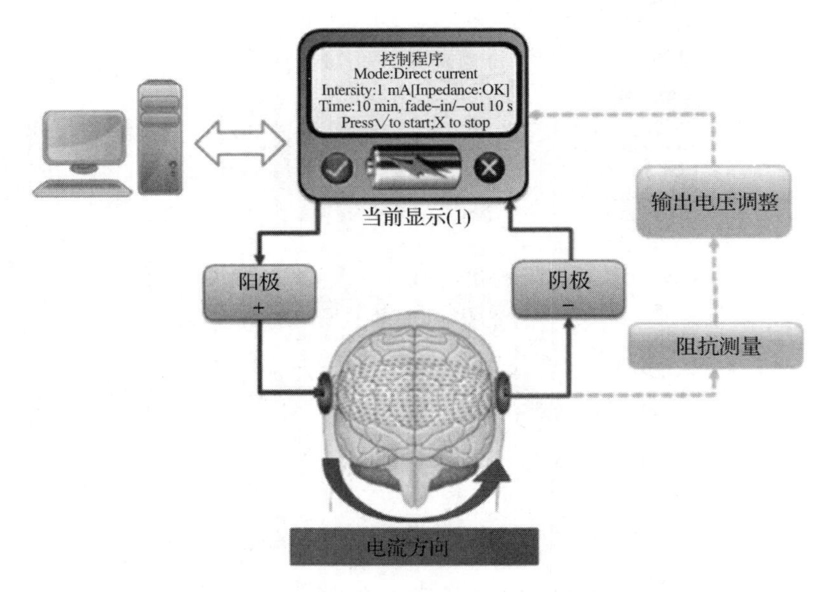

图 9.2 tES 系统构成（摘自 Fertonani, et al. 2017[3]）（书后附彩插）

经颅电刺激可以追溯到古希腊时期，当时的医师通过电鳗放电来治疗头痛及关节疾病，达到镇定止痛和舒筋活血的目的。虽然电疗法的机理不明，治疗效果却很好。1902 年，基于电生理学的研究，基于弱电的神经刺激技术作为一项专业的科学研究和治疗手段再次被提出并受到广泛关注。与 DBS 相比，经颅电刺激可避免手术对患者的创伤，并且治疗费用较低。随着研究的不断深入，通过改变刺激电流参数及刺激电极排列，经颅电刺激在刺激靶点位置控制、靶点聚焦性控制等方面都有了一定的提升，目前已经在神经系统疾病康复方面得到了较为广泛的应用。

1. 经颅电刺激原理

经颅电刺激包含经颅直流电刺激（transcranial direct current stimulation，tDCS）和经颅交流电刺激（transcranial alternating current stimulation，tACS）两类。

经颅直流电刺激的刺激电极连接在刺激器的正负极上，作为电流的输入/接收端（阳/阴极）。对于直流电刺激来说，阳极和阴极下电场方向不一致。局部的阳离子有向阴极下方聚集的趋势，而阴离子则趋向于聚集在阳极下方，这使得阳极刺激下静息膜电位容易去极化，进而增强神经元兴奋性，并允许更多的神经元自发放电。而阴极刺激下静息膜电位会超极化，使得神经元自发放电减少，降低神经元兴奋性。

根据刺激效果，tDCS 常被分为阳极和阴极。阳极增加刺激脑区兴奋性，电极置于目标区域正上方头皮处，阴极则降低刺激脑区兴奋性，电极常被置于阳极对侧的眼眶上方或对侧三角肌上。

经颅交流电刺激由于使用的是交流电，电极没有正负极之分，同时电极下方电场的性质会随时间变化，因此作用机理与 tDCS 不同。tACS 通过给特定脑区施加外加刺激会使脑区振荡同步化（entrainment），即特定频率的外部刺激使得脑内相应频率的神经振荡同步化，使神经活动与外界刺激产生相位锁定，达到调节神经活动的效果。计算模型表明，tACS 可能通过神经振荡 - 外界节律同步化的作用改变神经可塑性，提高脑区或脑网络中特定的活动频率，图9.3显示了向100个神经细胞组成的神经网络施加tACS后计算得到的局部场电位。在没有外界干预的情况下，脑电信号虽然也有一定的节律，但其在时域上的节律特征并不十分明显，而通过观察图中的结果可以看到，施加电刺激后脑电活动会在外加电流的诱导下跟随其节律而活动。

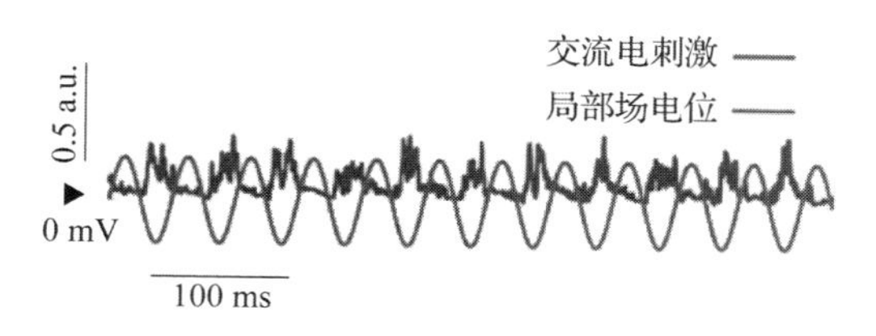

图9.3 基于计算模型的tACS效果（摘自Negahbani，et al. 2018[4]）（书后附彩插）

而在神经元通信的机制研究中，目前广为接受的是一致性通信（communication - through - coherence，CTC）假说，指的是两个神经元群体之间的神经元通信在机制上依赖于它们之间的一致性，如果缺乏一致性将会阻止神经元通信。因此，通过外加tACS使局部神经元活动一致可以增强局部通信，进而增强神经元连接，纠正大脑异常的神经活动。

对于交流电刺激，频率是十分重要的参数，研究表明不同频率的刺激对人脑细胞作用产生的效果不同。电刺激使用的频段主要分为三个区间：①频率在1 kHz以下的低频电流。这种电流在人体内可引起离子和带电微粒的迅速移动，可对感觉神经和运动神经产生明显的刺激作用。②频率为1～100 kHz的中频电流。单纯的中频电流无法使细胞产生反应，因此时常被调制为低频电流使用，使其具有低频电流的刺激效果。③频率在100 kHz以上的高频电流。高频电流主要依靠内生热对人体产生作用。

除频率外，交流电刺激还可以应用不同的刺激波形，而且不同波形的刺激效果也不完全相同。最常用的波形为正弦波，后来的研究发现，锯齿（三角）波也有比较好的效果：与正弦波相比，三角波的电流变化率较高，而电流变化率是引起神经活动的因素之一，因此能够引起更强的神经活动。另外通过EEG分析脑活动时，若使用正弦波刺激，刺激波形会叠加在原始脑电中，同时因其频率处于脑电范围内而难以去除，而三角波特征明显，并且在脑电图中容易去除，有利于脑电信号的分析。在其他研究中还有使用脉冲波、指数曲线波和梯形波等，这些特殊波形的作用机制仍需进一步探明。

2. 经颅电刺激技术的改良

传统的经颅电刺激虽然在临床应用和研究中已被证明有一定的效果，但考虑到电刺激的安全性，常使用比较大的刺激电极，刺激范围往往较大，而且仅对皮质表面有刺激作用，无法对脑深部或者面积较小的靶点区域进行刺激。因此需要对传统电刺激进行改善，如电极类型、电极排布及刺激范式等。

高精度经颅电刺激（high - definition tES，HD - tES）：高精度经颅电刺激使用多个尺寸较小的圆形电极，代替了以往面积较大的圆形或方形电极。典型的电极排布如图9.4所示，图中颜色相同的电极连在电刺激器的一端，不同颜色电极的电流总和保持一致。图9.4（a）所示为最典型的4×1电极，图中一侧的4个蓝色电极电流相等，均为绿色电极的1/4。图9.4（b）所示为环形电极排布。研究表明刺激可以更集中在中心附近，与传统方式相比极大地缩小了作用范围。

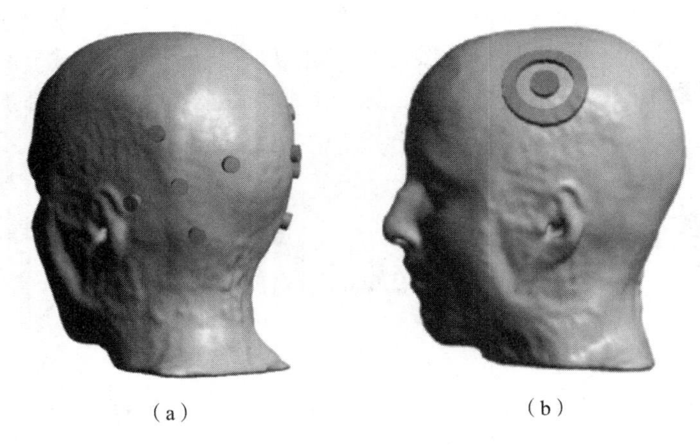

（a）　　（b）

图 9.4　HD－tES 电极排布（摘自 Saturnino，et al. 2017[5]）（书后附彩插）

调幅经颅交流电刺激（amplitude modulation－tACS，AM－tACS）：调幅经颅交流电刺激的研发最初是受到听觉、视觉和机械感觉系统中神经元的包络解码特性的启发，因为人脑在处理听觉等信号时可以在高频信号中提取其中低频的成分。基于这一特点，研究人员通过将低频信号调制为高频信号对大脑进行刺激，起到调节作用。此外，AM－tACS 还有其他显著优点：首先，与应用锯齿波的 tACS 类似，AM－tACS 输入的信号本质是高频信号，因此可以比较容易地分离出刺激信号和脑电信号；其次，由于高频电信号无法直接影响细胞电活动，因此施加刺激时皮肤的感觉较弱。

干扰电刺激：AM－tACS 将低频信号调制为高频信号是通过调制器实现的，但实现方式并非唯一，通过两个高频信号相加可以得到相同的形式。基于这一原理，研究人员提出了干扰电刺激疗法。

干扰电刺激早在 20 世纪五六十年代便已提出，被用于促进血液循环和止痛。它通过输入两路，将两组不同频率的高频电流输入人体，在交叉部位形成低频调制的干扰场，从而能以无创的方式对大脑深部进行刺激，作用效果如图 9.5 所示。最新的研究结果显示，科学家通过在小鼠头上布置电极来施加干扰电刺激，能够在不引起上皮质产生电活动的情况下刺激到大脑深部结构，并且能够可控地影响小鼠的活动。

与其他方法相比，这是目前能够以无创方式对大脑深部进行刺激的最佳方法，不过也有研究表明，虽然该方法能够对大脑深部进行刺激，但其刺激效果相对微弱，仍需进一步研究和改善。

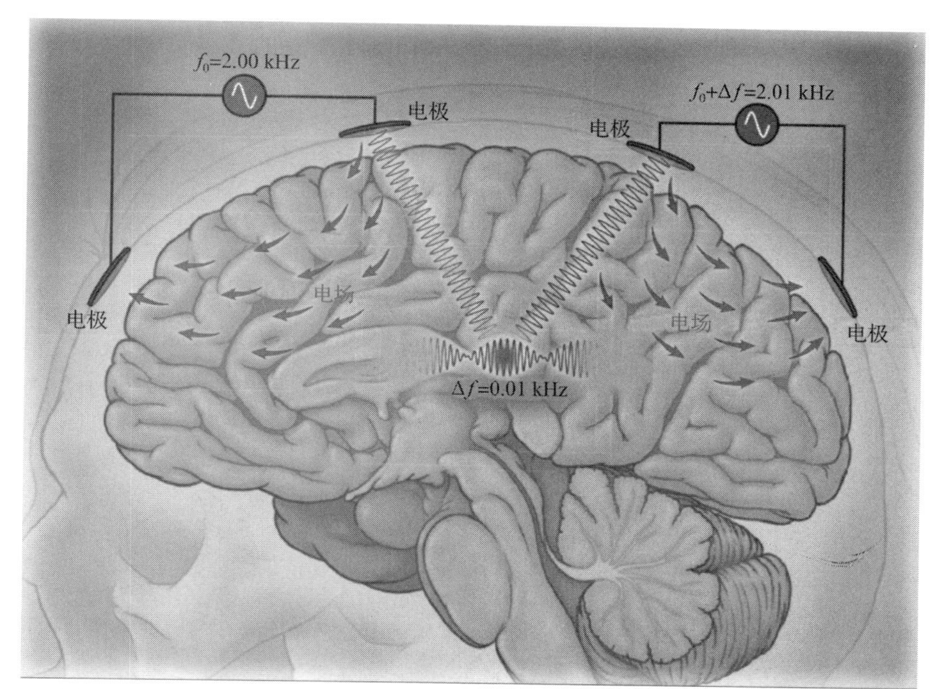

图 9.5　干扰电刺激作用效果（摘自 Phimister，et al. 2017[6]）（书后附彩插）

9.3　磁刺激神经调控

虽然电刺激是影响神经细胞活动最直接的方式，但考虑到侵入式电刺激对人体创伤较大，非侵入式电刺激的能量在传导过程中损失较多，同时电流在组织内传导的路线十分复杂，研究人员便试图利用其他形式的刺激在人体内诱导电流，磁刺激技术应运而生。

经颅磁刺激是基于法拉第电磁感应原理，通过外部变化的磁场在大脑中诱导产生电流[7]。1985 年，英国谢菲尔德大学的学者 Anthony Barker 在《柳叶刀》杂志发文称，将平面线圈置于运动区头皮上，可在被试对侧手上记录到清晰的运动诱发电位（motor evoked potentials，MEP）。TMS 也被称为“基于电磁感应对大脑进行的无电极电刺激”。TMS 系统的构成如图 9.6 所示，除导航系统及其他辅助设备外，包括两个主要部分：一个是控制刺激输出的刺激器，另一个是用于产生变化磁场的线圈。施加磁刺激时，刺激器向线圈发送电流脉冲产生垂直于线圈平面的磁场，该电脉冲在短时间（<1 ms）内增长到峰值强度并减小到零，磁场强度同样会在上升到峰值（高达约 2.5 T）后迅速下降。由于非铁磁性物质的磁导率 μ 近似于真空磁导率 μ_0，因此这个快速波动的磁场可以不受阻碍地穿过受试者头皮和头骨，并在大脑中感应出一个电流，其性质由磁场变化率决定。该电流在与线圈平行的平面内流动，但与原始电流的方向相反。

TMS 应用的刺激为脉冲型刺激，可分为单相和双相。通过调节刺激间隔、刺激持续时间等参数，可以组合成各种各样的刺激范式。典型的刺激范式有单脉冲磁刺激、双脉冲磁刺激和重复磁刺激三种。

单脉冲磁刺激：单脉冲磁刺激每次将一个单独的脉冲应用于特定的皮质区域，可用于诊

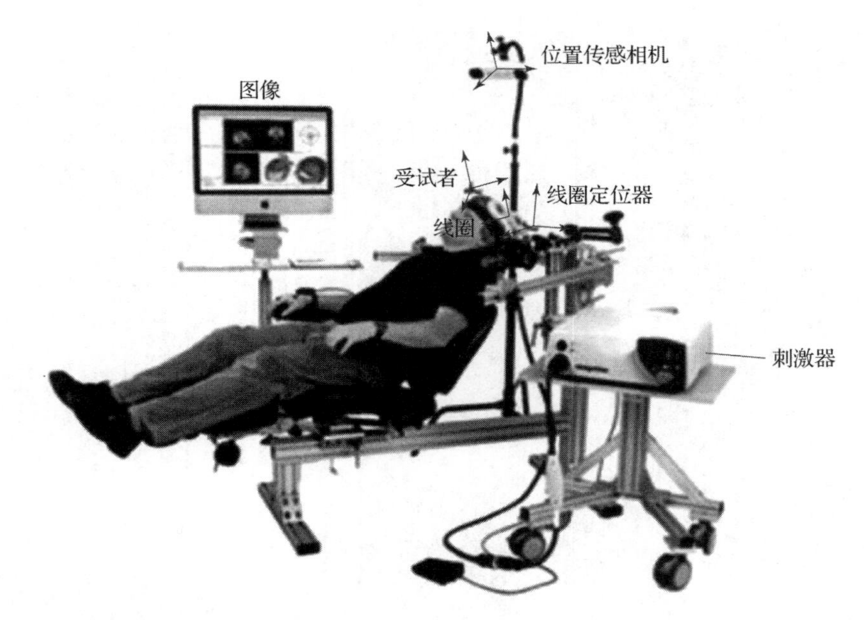

图 9.6　TMS 系统的构成（摘自 *Transcranial Magnetic Stimulation*[8]）（书后附彩插）

断和探测皮质对每个脉冲的反应。当应用于初级运动皮质时，单脉冲磁刺激可以诱发对侧肌肉活动，通过肌电图记录 MEP，可以作为 TMS 效应的量化，用于测量运动阈值、皮质的兴奋性和功能区定位。

双脉冲磁刺激：又称配对脉冲刺激，是以极短间隔在同一个刺激部位连续给予 2 个不同强度刺激，或在 2 个不同部位应用 2 个刺激线圈分别给予不同强度脉冲刺激，多用于研究皮质易化及抑制作用，也可用于评估其功能连接性。

重复磁刺激（repetitive TMS，rTMS）：rTMS 利用脉冲序列诱导皮质活动，其效应持续时间超过刺激持续时间。研究结果显示，1 Hz 以下的刺激会导致刺激区皮质活动受抑制，而大于 1 Hz 的刺激会增强刺激区皮质活动。θ 爆发式刺激（theta burst stimulation，TBS）是在 rTMS 基础上开发的一种快速刺激范式，其刺激频率在 θ 频段内。其常用刺激范式包括间歇性刺激和持续性刺激两种，间歇性刺激可产生兴奋作用，而持续性刺激可产生抑制作用。

除了不同的刺激范式外，线圈也是影响 TMS 作用效果的重要因素，不同的线圈类型会导致刺激区域的大小不同。刺激线圈由一个或多个绝缘性良好的铜线圈组成，线圈常封闭在塑料模具中，可有各种形状和尺寸，如图 9.7 所示。每个线圈的几何形状决定了感应电场的形状、强度和整体焦点，从而决定了刺激区域的形状、强度和整体焦点。

图 9.7（a）所示为圆形线圈。圆形线圈是最古老、最简单的 TMS 线圈。单个线圈产生垂直于线圈的球形磁场。这类线圈尽管聚焦性不是很强，但很适用于单脉冲刺激范式。

图 9.7（b）所示为 8 字形线圈，也称蝶形线圈。8 字形线圈通过将两个圆形线圈相接形成。虽然每个线圈单独使用时聚焦性不是很强，但是线圈接触点处的叠加磁场比周围区域更强，因此刺激区域在空间中容易确定。这种类型的线圈是大多数临床和科研的最优选择。仿真建模结果显示，一个小的 8 字形线圈（每个线圈直径 4 cm）可以实现大约 5 mm^3 的空间分辨率。

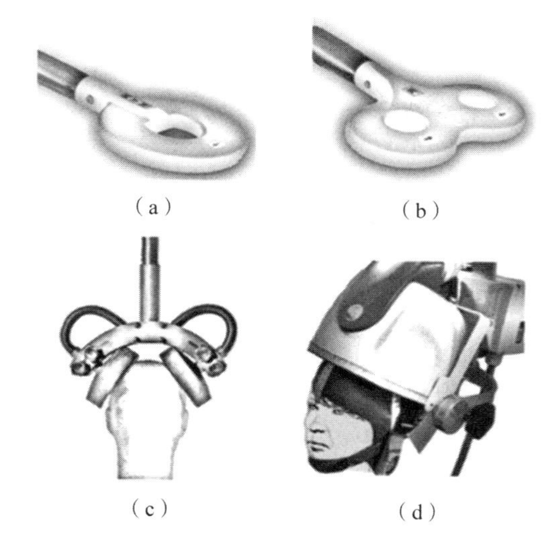

（a）　（b）　（c）　（d）

图 9.7　不同形状的刺激线圈（摘自 *Transcranial Magnetic Stimulation*[8]）

（a）圆形线圈；（b）8 字形线圈；（c）双锥线圈；（d）Hesed 线圈

图 9.7（c）所示为双锥线圈。双锥线圈是最早出现的深部线圈，其构成类似于 8 字形线圈，但两个线圈（称为"翼"）不共面，而是呈一定角度。这种线圈通常可诱发较大的电场强度，常用于刺激下肢运动代表区或通过刺激内侧额叶达到激活前扣带回皮质的目的。

图 9.7（d）所示为 Hesed 线圈，简称 H 型线圈。H 型线圈是由比利时科学家 Yiflach Roth 和 Abraham Zangen 等提出的，通过具有多个平面的更复杂的线圈设计来实现的，产生磁场的衰减函数较为平缓，使得电流可以更深地进入大脑。H 型线圈旨在刺激更深的皮质层。研究表明，H 型线圈能够刺激皮质表面以下 6 cm 的神经结构。目前 FDA 已批准 H 型线圈用于治疗耐药性抑郁症。

除了以上较为典型的线圈类型外，研究人员也会根据具体的需求设计线圈，如用于深部刺激的 H 型线圈，由处在平行平面上的一大一小两个线圈构成，以及可以实现集中刺激的四叶草型线圈等。

自 1985 年开始，科学家对磁刺激的研究也不断深入，世界上第一个 TMS 装置是在 1985 年开发，最初用于诊断和研究，后来用于治疗。其在发展过程中通常与神经科学技术相结合，不仅用于评估大脑活动与行为之间的因果关系、皮质内和皮质间的相互作用[9]，以及各种神经精神疾病的神经生理学基础等，还应用于调节大脑活动，在一系列神经精神疾病如抑郁症、慢性疼痛和癫痫的治疗中显示出较好的应用前景。

9.4　声刺激神经调控

随着科学研究的逐渐深入，研究人员发现，虽然电活动是神经元活动的主要形式，但给予其他类型的物理刺激，如机械波的力学效果、光照和温度等，也可以改变细胞活动，于是本质为机械波的声音信号便被开发出了新的用途。

对人体的声刺激主要分为两类：一类是频率超出人类听觉范围，直接作用于神经细胞的超声刺激；另一类是频率在人类听觉范围内，作用于人体听觉器官的声音刺激。

9.4.1 经颅超声刺激

经颅超声刺激（transcranial ultrasound stimulation，TUS）与TMS的作用方式类似，通过外部的刺激器将超声信号输入颅内从而调节神经细胞活动。一般认为，TUS的作用机制是基于超声和神经细胞膜之间的机械相互作用。研究显示，神经元上存在着一部分机械敏感性（mechanosensitive，MS）离子通道，它是一类开放情况随细胞膜张力变化呈现相应变化的离子通道，一些神经递质受体也有类似特性。虽然也有研究认为神经元产生活动是因为细胞膜的电特性，与平行板电容器类似，当超声（机械波）作用于膜上时，膜结构会发生瞬时改变，因此瞬时的膜电容变化进而引起电流，可能会激活电压门控的钠通道和钾通道。虽然超声的具体作用机制尚未明确，但在体外小鼠大脑和海马切片研究中发现，低强度、低频超声能够激活电压门控的钠通道和钙通道，说明超声确实可以引起离子通道的变化。

除了改变离子通道通透性外，超声还被认为会使细胞膜产生孔隙进而改变细胞膜通透性。超声作用时，液体中的微小泡核被激活，这些泡核即空化泡，空化泡会发生振荡、生长、收缩、崩溃，在崩溃瞬间产生高温高压和激流，使细胞膜穿孔，从而增加细胞膜通透性。超声强度适宜时孔隙会在一定时间内完成自我修复，不会损伤细胞，但超声强度很大时会破坏膜蛋白或造成膜破裂等不可逆的损伤。

超声刺激可用于调节局部的神经活动。1929年，美国动物学家Harvey在实验中对蛙神经和乌龟的肌肉进行超声刺激，首次发现高频超声能够调节可兴奋细胞的活动，目前使用TUS也可增加MEP幅度。在超声刺激的发展过程中也出现了各种类型的刺激模式，其中经颅聚焦超声刺激（transcranial focused ultrasound stimulation，tFUS）显示出了较为明显的应用价值。聚焦超声通过MRI进行高精度定位，将多路超声信号聚焦在目标位置进行调节[10]，依据超声强度大小可分为高强度聚焦超声（high - intensity focused ultrasound，HIFU）及低强度聚焦超声（low - intensity focused ultrasound，LIFU）。

高强度聚焦超声的峰值功率一般在1 000 W/cm^{2}以上，能够在聚焦区域产生损毁效果，目前用于肿瘤热消融和脑神经核团毁损治疗。一项应用HIFU损毁内囊前肢的研究显示，患者强迫、焦虑及抑郁症状均逐渐改善。该技术由于对脑组织进行不可逆的损毁，因此存在一定的安全隐患。

低强度聚焦超声利用能量约为HIFU万分之一（30～500 mW/cm^2）的超声力学效应，实现对神经元和神经环路的刺激和调控。不同参数的超声可对特定脑区产生兴奋或抑制作用。另外LIFU技术有两大特点：一是可用于促进药物在特定脑区中的递送。聚焦超声可使血脑屏障靶向开放，因此可以通过非侵入的方式促进基因治疗与重组腺相关病毒的传递，并可能用于光遗传学神经调节。二是可以促进药物的局部释放，最大限度地减少药物对其他大脑区域的影响。聚焦超声可以作用于对局部温度或压力变化敏感的载体（如微泡、脂质体等），在特定位置释放药物。动物静息态fMRI的研究表明，tFUS神经调节的作用可在刺激后持续长达2 h，开辟了探索在线效应以及持久效果的新方法。

与非侵入性电刺激和磁刺激相比，理论上超声刺激具有更高的空间分辨率，并且聚焦超声可以刺激到深层结构。但由于颅骨为多层、充液和多孔非均匀性的复杂结构，聚焦超声穿过颅骨后会发生显著相位畸变和能量衰减，因此若想取得更好的调控效果，对于超声刺激的研究还应进一步深入。

9.4.2　作用于听觉器官的声音刺激

除了直接作用于神经系统的超声刺激外，适当的声音刺激被听觉器官接收后同样可以影响人体活动。研究表明，听觉系统和运动系统在皮质间、皮质下和脊髓水平上具有丰富的连接，因此听觉系统接收到的信号会投射到大脑运动结构，运动反应和节奏信号之间会产生同步化效应。

最常用的声音刺激为节律性听觉刺激（rhythm auditory stimulation，RAS）。节律被定义为基于时间规律的能量释放模式，由音符、节拍、重音和乐句组合组成。节律性听觉刺激是运用带有韵律的听觉节拍刺激来同步患者的言语和动作，最早用于口吃者的治疗，直到1997年第一次用于脑卒中偏瘫患者的步态训练。研究证明，音乐和声音的节律性刺激可以作为康复手段，对脑卒中、帕金森病、创伤性脑损伤等患者的步速、步幅和节奏均有积极影响。另外由于刺激是被动式给予，无须患者配合，即使患者没有运动动作或意图，或者对于因小脑损伤无法有意识地发现节律变化的患者，都会引起其听觉系统以及运动皮层和辅助运动区的神经活动。

节律性听觉刺激是神经音乐治疗（neurological music therapy，NMT）的一种。神经音乐刺激被认为可以调节人的情绪，后续的研究表明使用听觉刺激增强睡眠期间的慢波振荡可增强记忆。目前的神经音乐刺激已发展出许多类型，其作用也不单单是改善运动[11]，还有增强感觉和认知等的功能。目前音乐疗法已发展为一项特色康复疗法，相关研究和应用还在进一步深入[12]。

9.5　光刺激神经调控

与声刺激类似，光刺激也可分为两类：作用于视觉器官的光刺激和作用于神经细胞的光刺激。最常用的作用于视觉器官的光刺激是以闪烁形式呈现的稳态视觉诱发电位，这部分在第7章有介绍。SSVEP可作为脑电信息分析的重要指标，常用于脑机接口技术。另外，闪烁刺激对某些神经系统疾病也有一定效果。研究表明，将小鼠暴露于40 Hz闪烁光的环境下可以改善其认知功能并逆转与阿尔茨海默病相关的神经变性过程，有望在阿尔茨海默病患者的治疗中取得突破。

作用于神经细胞的光刺激主要有两类，一类是基于光遗传学的光调控，一类是基于红外光的光调控，两种方式分别依赖于光化学机制和光热机制。

9.5.1　光遗传技术

光遗传学是结合光学与基因编辑等工程技术的交叉学科，其主要是借助基因工程技术，将外源光敏蛋白的基因靶向导入特定类型的细胞中，使得这些细胞具有响应光刺激的能力，实现对神经元活动的控制。

光遗传技术的实现需要三个步骤：确定合适的光敏蛋白、向神经元导入光敏蛋白、施加适当的光刺激。确定光敏蛋白时，根据研究需要可选择光激活性通道蛋白或光抑制性通道蛋白。目前光遗传学中常用的激活性光敏蛋白是视紫红质通道蛋白-2（channelrhodopsin-2，

ChR2），它是一种非选择性阳离子通道蛋白，对波长为472 nm附近的蓝光敏感，自1991年从莱茵衣藻中发现后被许多实验室关注。在接受蓝光刺激后，ChR2可以快速形成光电流，使细胞发生去极化反应，进而引起神经元兴奋。常用的抑制性通道蛋白为盐系菌视紫红质通道蛋白（halorhodopsin，NpHR）。NpHR是一种氯离子通道蛋白，对波长为593 nm左右的黄光敏感，能够在激活状态促使氯离子流入细胞膜，引起神经元超极化，从而抑制神经元活动。

为使光敏蛋白在神经元中表达，需要通过基因载体将光敏蛋白基因靶向导入神经元中，慢病毒载体（lentiviral vector，LVV）和腺相关病毒载体（adenovirus associated virus vector，AVV）是光遗传学中最常用的病毒载体。近年来，随着生物技术的发展，研究者通过优化现有光敏蛋白的动力学参数或人工合成新的光敏蛋白，同时对病毒载体进行不断改造，成功地将蛋白的光敏感性、表达效率和表达的特性提高到了一个新的层次，这使得光遗传学可以快速且特异性地控制神经元的优势得到更好的发挥。

通过施加不同波长的光刺激可以达到激活或抑制的调控效果。由于所使用的光刺激频段在可见光范围内，无法直接从颅外传导至颅内，因此一般会通过植入光纤的方式进行刺激传输。在小鼠实验中，研究人员尝试去除部分颅骨后用氧化锆制成透明的“窗口”，以避免植入电极，在头骨上安放LED发射光线便可以实现刺激，不过这种方式只能刺激到大脑皮层的浅表区域。2018年，日本的一项研究表明，向脑内注射一种纳米颗粒便可以无须植入电极，这种颗粒称为上纳米转换颗粒。刺激时使用容易穿透人体的近红外光进行，而上转换纳米颗粒的特性在于可以在一侧接收到红外光后在另一侧发出蓝光和绿光，这样便可以通过刺激光敏蛋白达到调节神经活动的目的。

基于光遗传学的神经调控，最大优势在于在时间和空间维度上都具有很高的精度，使得神经组织可以在单个神经元尺度上进行人为干预。光遗传学神经调控自2005年被提出以来一直受到广泛关注。2010年，光遗传学被跨学科研究期刊《自然 - 方法》选为所有科学和工程领域的“年度方法”。然而，光遗传学最大的缺陷在于，必须依赖基因编辑技术修饰神经元，故而光遗传学当前较难直接应用于人体研究。

9.5.2 基于光热特征的调控技术

光作用于人体或细胞时，除了会与光敏感通道发生作用外，不可避免地会产生热效应。研究表明，细胞内环境的温度也会影响细胞活动，因此基于光的热效应特征也被用于调控神经活动。

光热效应的本质是能量传递，研究其分子机制的关键是找到获得光能量的受体。目前利用光热效应进行光调控的技术主要是近红外光调控技术，与其他波段的光相比，生物体对近红外波段的光有较高的吸收系数，因而能够吸收更多的能量。生物体内的近红外光受体主要有两类：一是线粒体中的细胞色素C氧化酶，另一种便是存在于各类结构中的水分子。细胞色素C氧化酶主要吸收810~950 nm的红外光波段，以增强线粒体活动，产生更多的ATP和活性氧，从而促进细胞代谢活动；而水分子主要吸收950 nm及以上波长的红外光能量。研究表明，红外光激活神经元的原理是光热效应直接或间接影响跨膜离子通道的活动，从而引发动作电位[13]，而光热效应的主要介导物便是离子通道中的水分子。例如，在一项红外光刺激对听神经激活效应的研究中，便发现了名为TRPV1（辣椒素受体）的热敏离子通道，这种离子通道中的薄纳米水层是该热敏离子通道感受红外光刺激的关键。

早期的研究通过直接改变温度同样能够对离体神经元电活动产生影响，很好地支撑了光热效应的观点。此外，相较于直接通过温度变化对神经元进行刺激，光热效应引起的刺激具有更高的空间分辨率，便于实现靶向调控。目前使用红外光的神经调控技术在外周神经刺激方面已经取得卓有成效的进展，研究者们正在试图将其应用于中枢神经系统的调控。红外神经调控由于无须依赖生物学手段进行外源光敏蛋白转导，故而更有希望成为非侵入式光调控手段，应用于临床疾病的治疗[14]。

9.6 小　结

本章主要对神经调控技术进行介绍，根据应用的不同物理能量形式，将调控技术分为电、磁、声、光四个部分，每种刺激由于物理性质不同，能够达到的刺激效果也有所差异。每一种刺激方式都有优势和局限性，尚未有一种效果极佳的方式可完全替代其他方式中的任何一种。也有研究团队尝试将多种调控方式进行结合，如 Norton 在 2003 年最先提出的经颅磁声刺激（transcranial magneto - acoustic stimulation，TMAS），该方法不同于利用电磁场变化诱导产生电流的刺激，而是基于导电组织的磁声耦合效应，利用聚焦超声束打入置于静磁场中的组织，引起组织内部导电粒子振动，振动粒子在磁场中受到洛伦兹力的作用，在超声聚焦区域耦合形成局部感应电流。该方法理论上可以利用超声的高聚焦特性实现高空间分辨率的无创电刺激，但还需进一步验证。

另外，本章介绍调控方式时主要以大脑为作用对象，实际上神经调控也可以作用于周围神经系统如脊髓刺激，通过为脊髓施加轻微的电脉冲缓解疼痛便是一种很好的非药物疗法；还有功能性电刺激，可用于在瘫痪患者的肢体中促进肌肉收缩，产生诸如抓握、行走、膀胱排尿和站立的动作，促进机体康复；对于部分功能完全丧失的患者，可用来开发辅助设备代替原功能丧失的器官等。

目前神经调控技术还处于发展阶段，有许多亟待解决的问题，不过随着技术的发展和研究的深入，神经调控技术将逐步趋向成熟，在临床疾病治疗上将会有更加广泛的应用。

参考文献

[1] MICHAEL S O. Deep - brain stimulation for Parkinson's disease [J]. New England journal of medicine，2012，367 (16)：1529 - 1538.

[2] BENABID A L，BENAZZOUS A，POLLAK P. Mechanisms of deep brain stimulation. [J]. Movement disorders，2002，17 (Supplement 3)：S73 - S74.

[3] FERTONANI A，MINIUSSI C. Transcranial electrical stimulation：what we know and do not know about mechanisms [J]. Neuroscientist a review journal bringing neurobiology neurology & psychiatry，2017，23 (2)：109 - 123.

[4] NEGAHBANI E，KASTEN F H，HERRMANN C S，et al. Targeting alpha - band oscillations in a cortical model with amplitude - modulated high - frequency transcranial electric stimulation [J]. Neuroimage，2018，137：3 - 12.

[5] SATURNINO G B, MADSEN K H, SIEBNER H R, et al. How to target inter - regional phase synchronization with dual - site transcranial alternating current stimulation [J]. Neuroimage, 2017, 163: 68 - 80.

[6] PHIMISTER E G, LOZANO A M. Waving hello to noninvasive deep - brain stimulation [J]. New England journal of medicine, 2017, 377 (11): 1096 - 1098.

[7] NAHAS Z. Handbook of transcranial magnetic stimulation [J]. Journal of psychiatry & neuroscience, 2003, 28 (5): 373 - 375.

[8] HORVATH J C. Transcranial magnetic stimulation [J]. Neuromethods, 2014, 89 (1): 235 - 257.

[9] ALI M M, SELLERS K, FROHLICH F. Transcranial alternating current stimulation modulates large - scale cortical network activity by network resonance [J]. Journal of neuroscience, 2012, 3 (12): 608 - 610.

[10] NORTON S J. Can ultrasound be used to stimulate nerve tissue? [J]. Biomedical engineering online, 2003, 2 (1): 6.

[11] CHEN J L, PENHUNE V B, ZATORRE R J. Listening to musical rhythms recruits motor regions of the brain [J]. Cerebral cortex, 2008, 18 (12): 2844 - 2854.

[12] THAUT M H, HOEMBERG V. Handbook of neurologic music therapy [M]. Oxford: Oxford University Press, 2014.

[13] TSAI S R, HAMBLIN M R. Biological effects and medical applications of infrared radiation [J]. Journal of photochemistry & photobiology B: biology, 2017, 170: 197 - 207.

[14] JEAN D, LUIS H, KATRIEN M, et al. And then there was light: perspectives of optogenetics for deep brain stimulation and neuromodulation [J]. Frontiers in neuroscience, 2017, 11: 663.

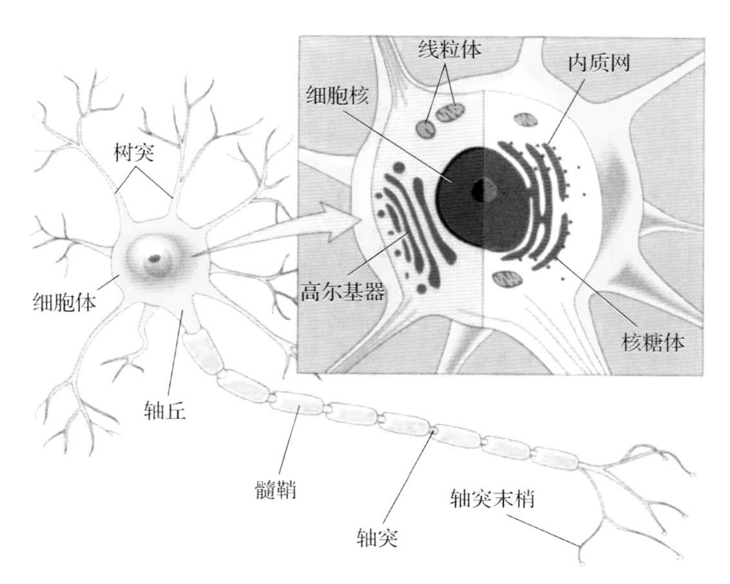

图 1.2　神经元的基本结构（摘自《认知神经科学：关于心智的生物学》[1]）

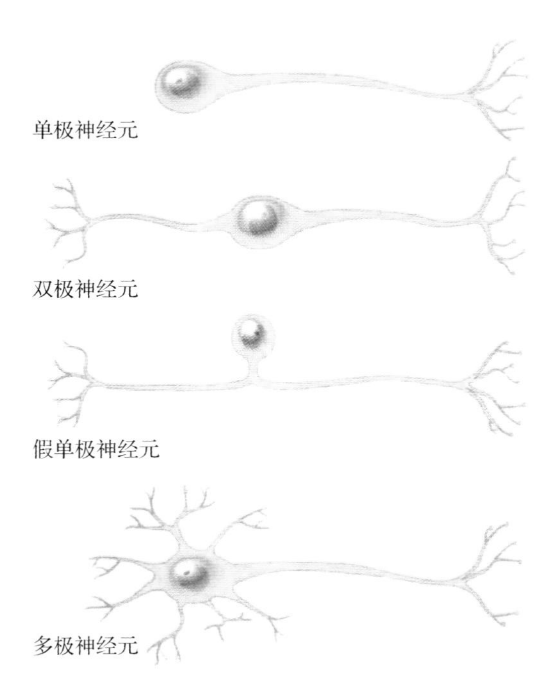

图 1.3　各种神经元形态（摘自《认知神经科学：关于心智的生物学》[1]）

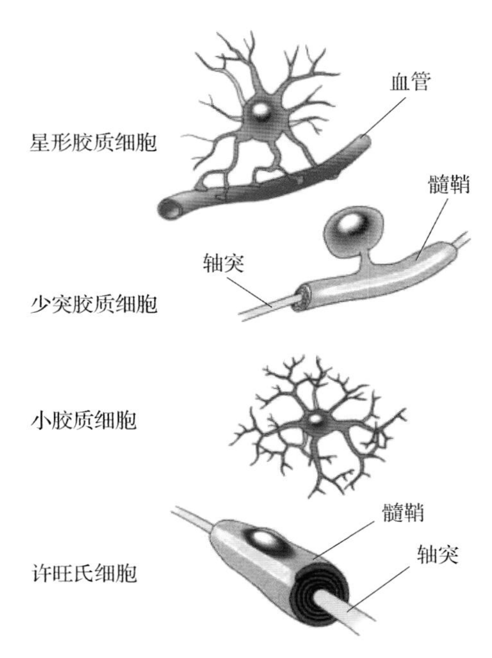

图 1.4　各胶质细胞的主要结构（摘自《认知神经科学：关于心智的生物学》[1]）

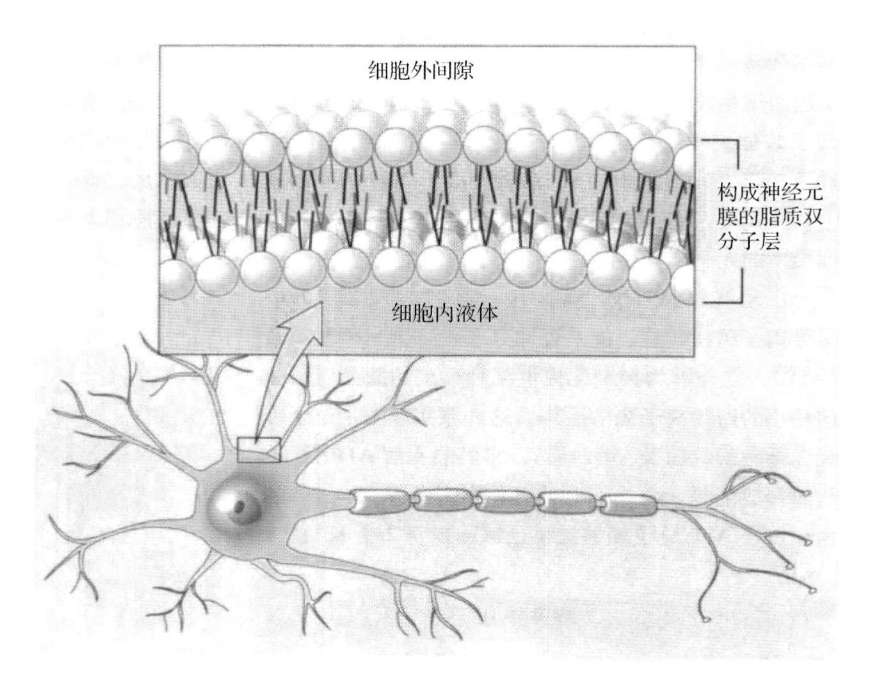

图 1.5　细胞膜结构图（摘自《认知神经科学：关于心智的生物学》[1]）

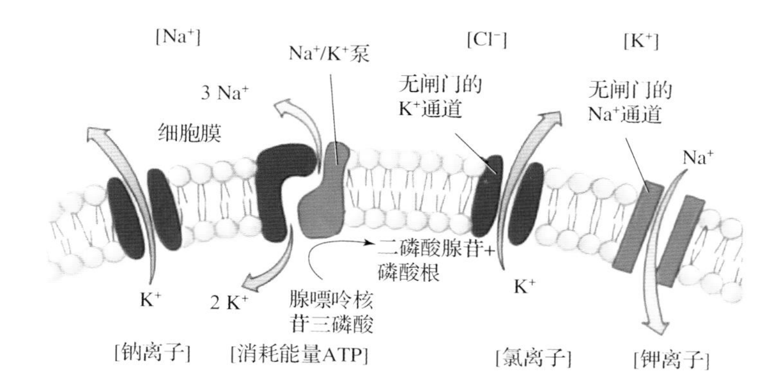

图 1.6　神经元膜内的离子通道（摘自《认知神经科学：关于心智的生物学》[1]）

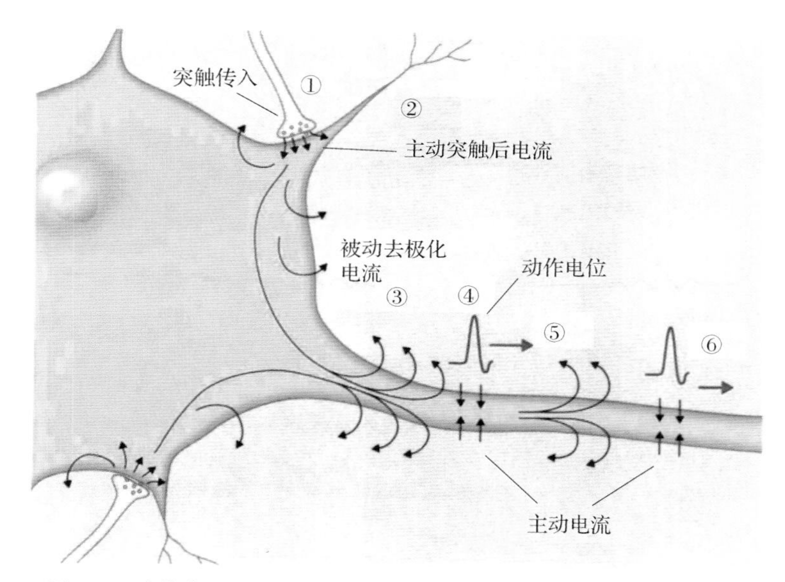

图 1.7　动作电位（摘自《认知神经科学：关于心智的生物学》[1]）

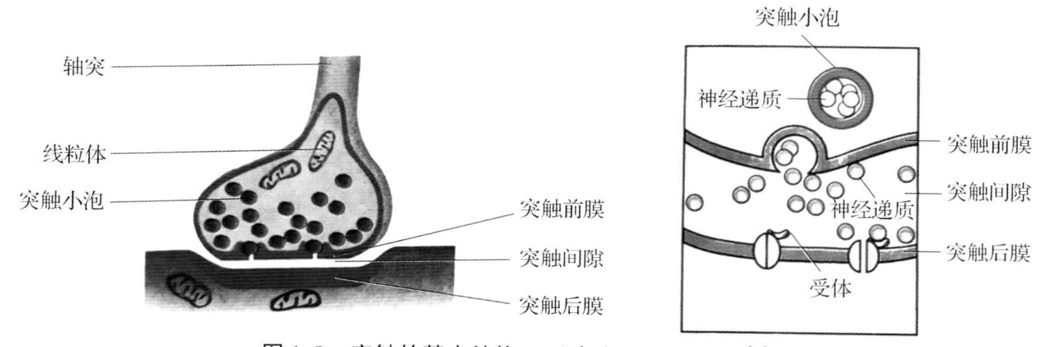

图 1.8　突触的基本结构（《高中生物必修 3》[7]）

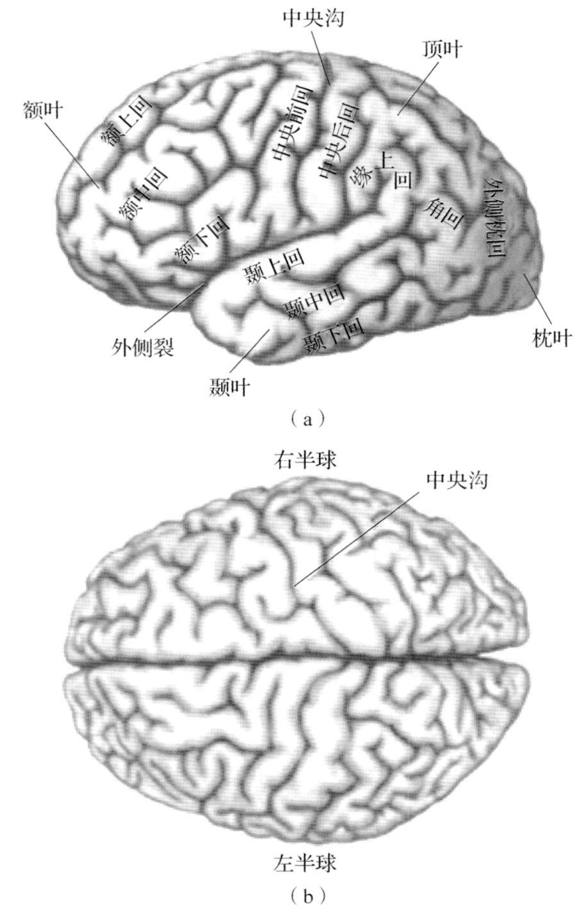

图 2.1　大脑皮质（摘自《认知神经科学：关于心智的生物学》[2]）

（a）人类左侧大脑半球的外侧面；（b）人类大脑皮质的俯视图（背面观）

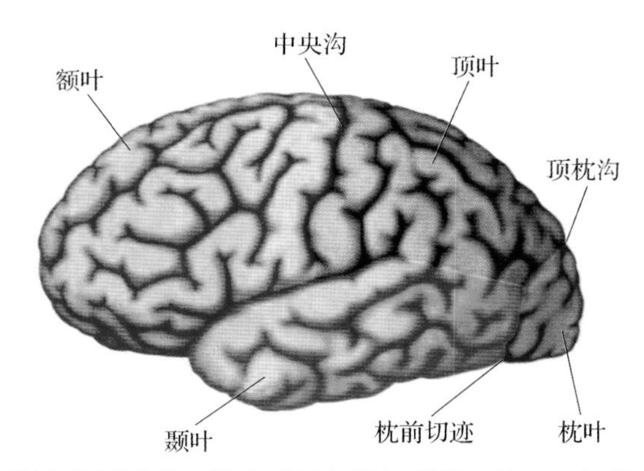

图 2.2　左半脑的侧面观（摘自《认知神经科学：关于心智的生物学》[2]）

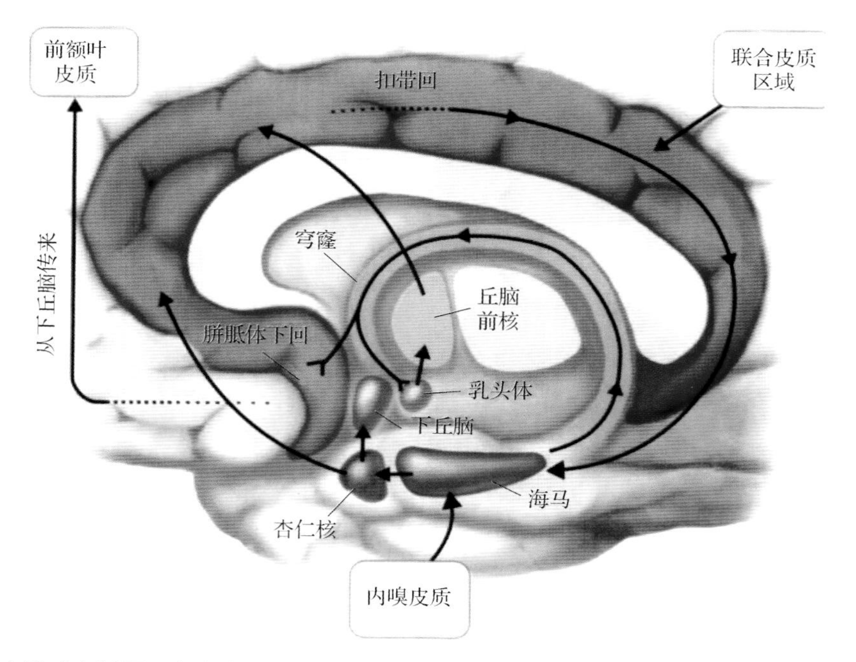

图 2.4　右半球内侧面示意边缘系统的主要联系（摘自《认知神经科学：关于心智的生物学》[2]）

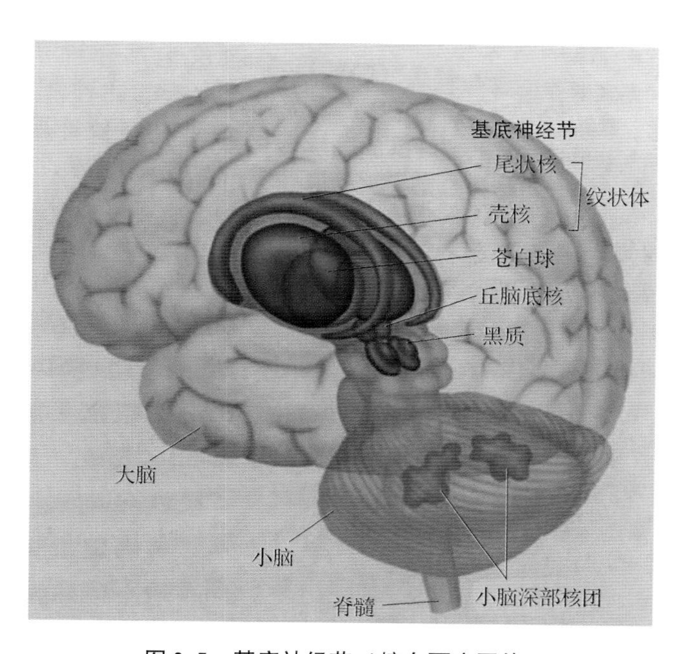

图 2.5　基底神经节（摘自百度图片）

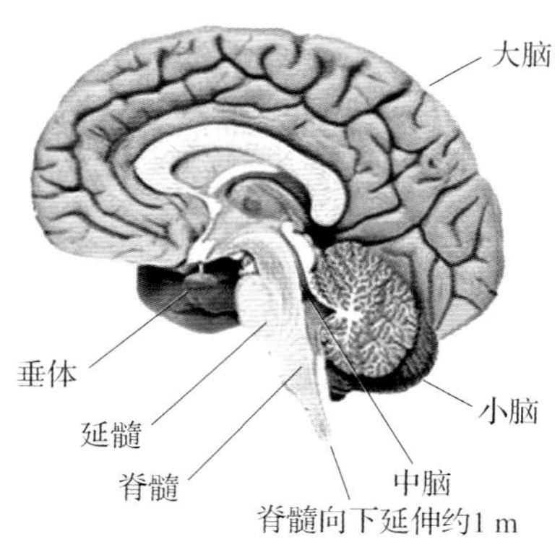

图 2.9　脑干、小脑及脊髓（摘自百度图片）

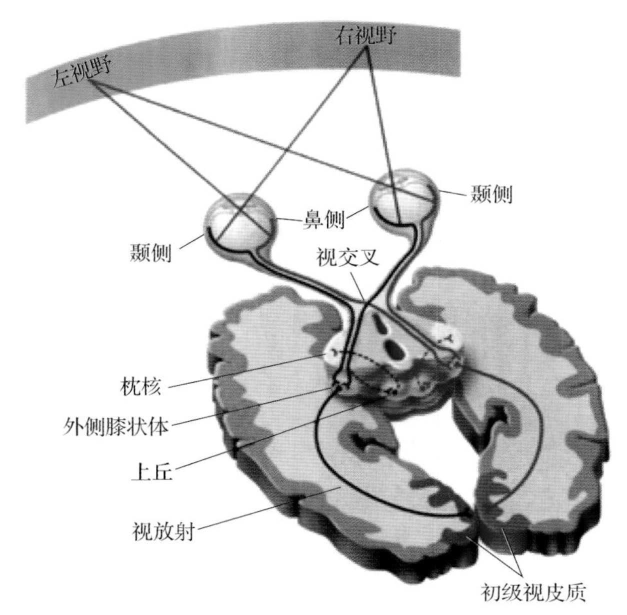

图 3.1　视觉系统的初级投射通路（摘自《认知神经科学：关于心智的生物学》[1]）

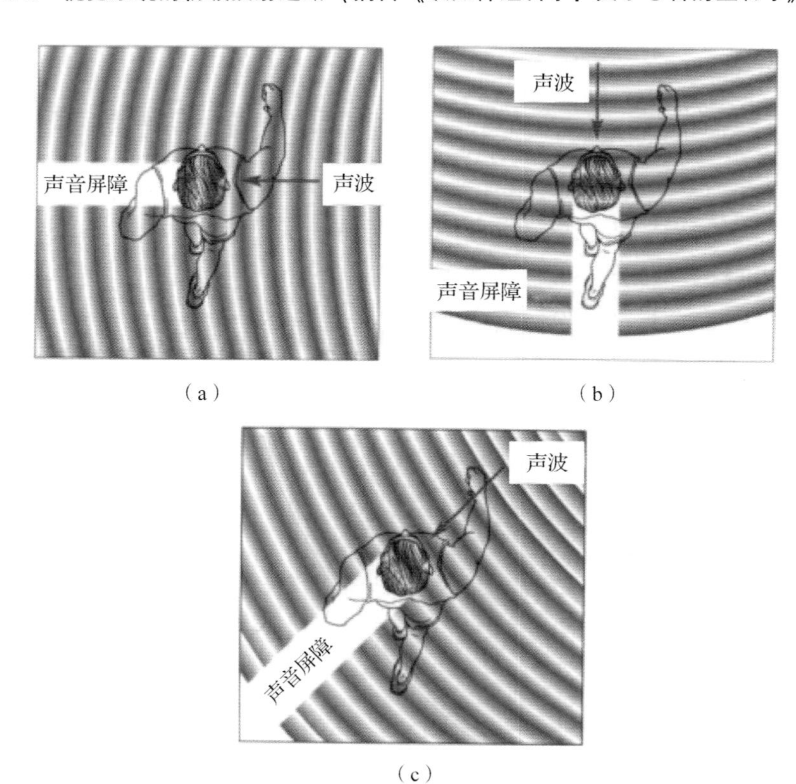

图 3.2　两耳强度差作为判定声源位置的依据（摘自 *Neuroscience*：*Exploring the Brain*[2]）

（a）当高频声音来自右侧时；（b）当声音来自正前方；（c）当声音来自斜向方

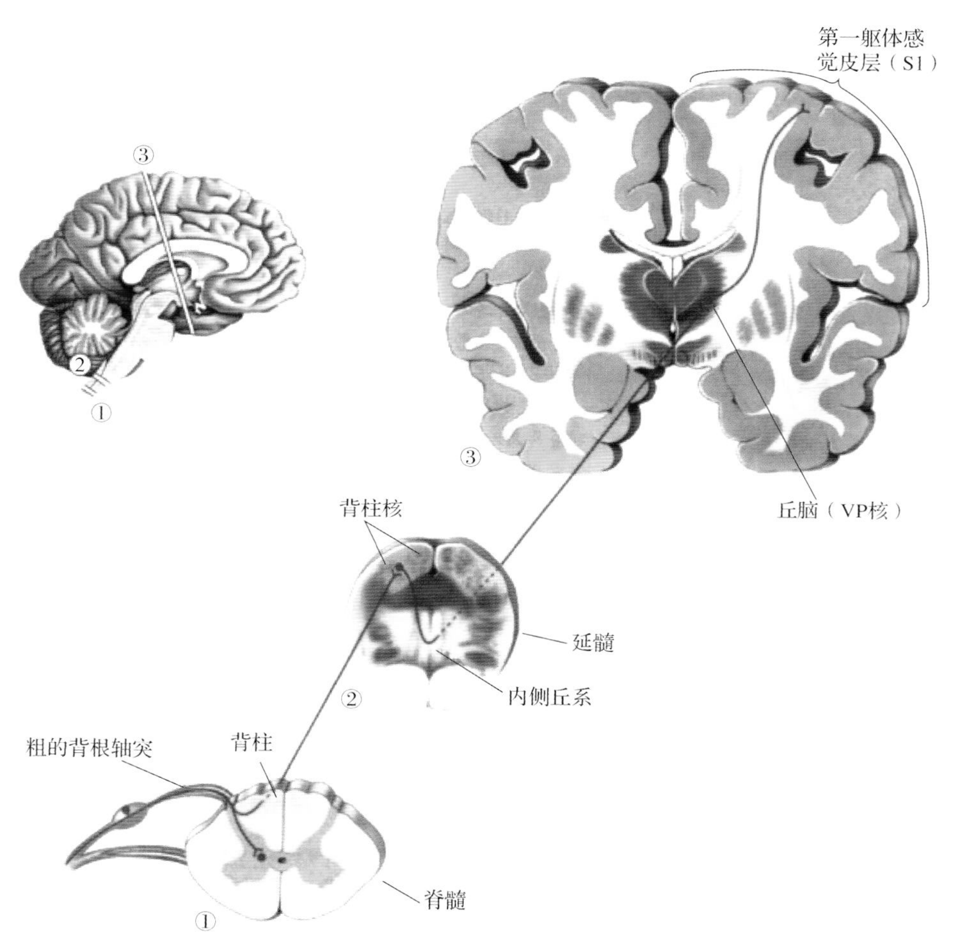

图 3.3　背柱－内侧丘系通路（摘自 *Neuroscience*：*Exploring the Brain*[2]）

注：①～③表示对应位置的横切面。

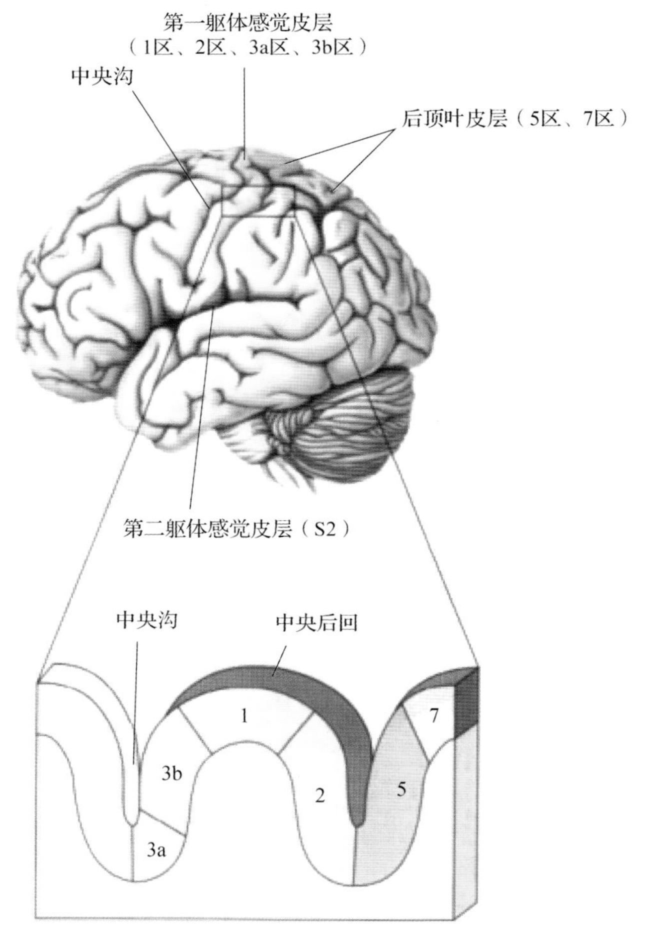

图 3.4　皮层躯体感觉区（摘自 *Neuroscience*：*Exploring the Brain*[2]）

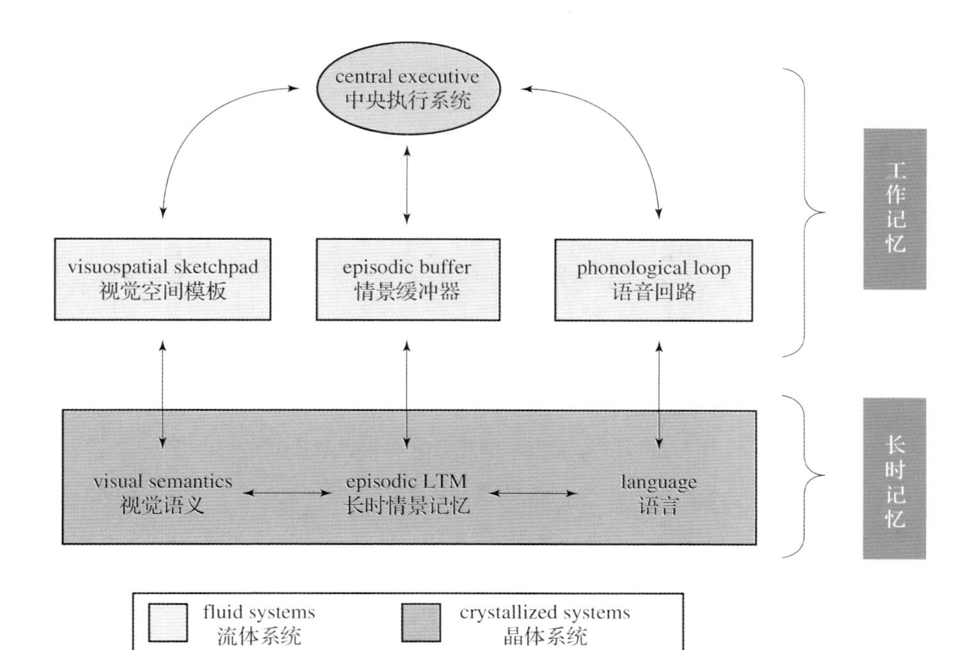

图 3.11　Baddeley 修正后的工作记忆模型（摘自百度图片）

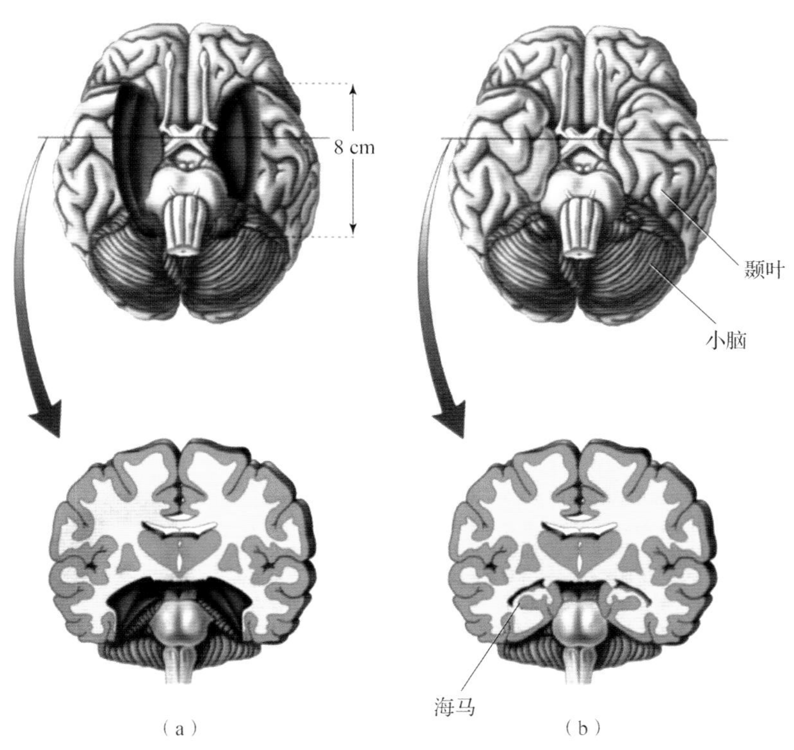

图 3.12　病人 H. M. 的大脑以及正常人的脑（摘自 *Neuroscience*：*Exploring the Brain*[2]）

(a) 病人 H. M. 的大脑；(b) 正常人的脑

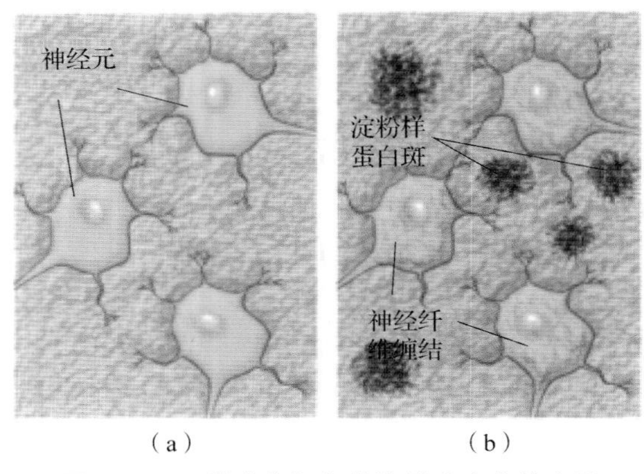

图 3.13　正常人和阿尔茨海默病患者的皮质

(a) 正常人；(b) 阿尔茨海默病患者

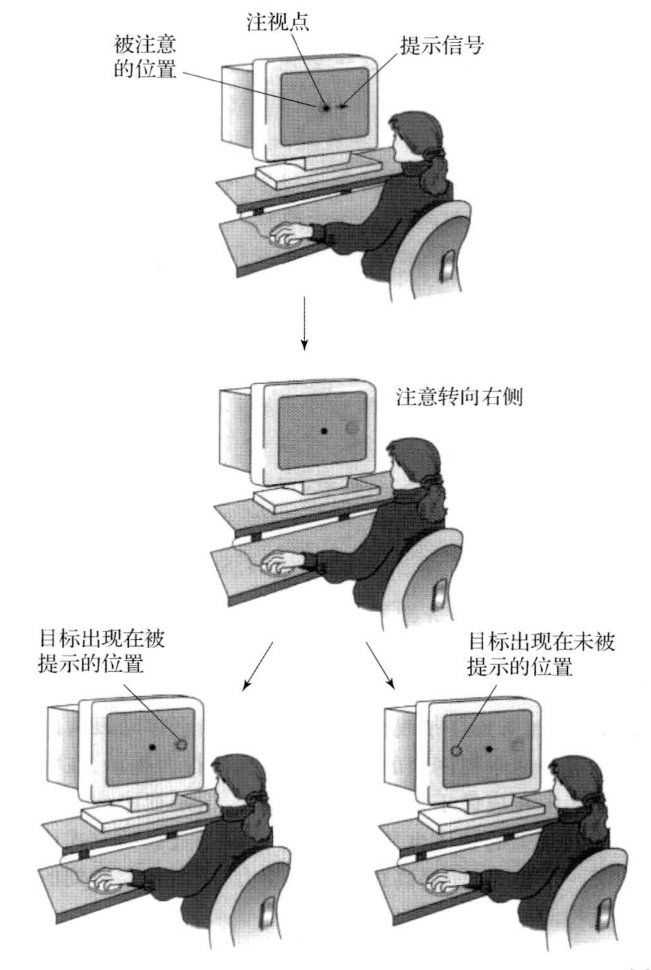

图 3.14　实验过程（摘自 *Neuroscience*：*Exploring the Brain*[2]）

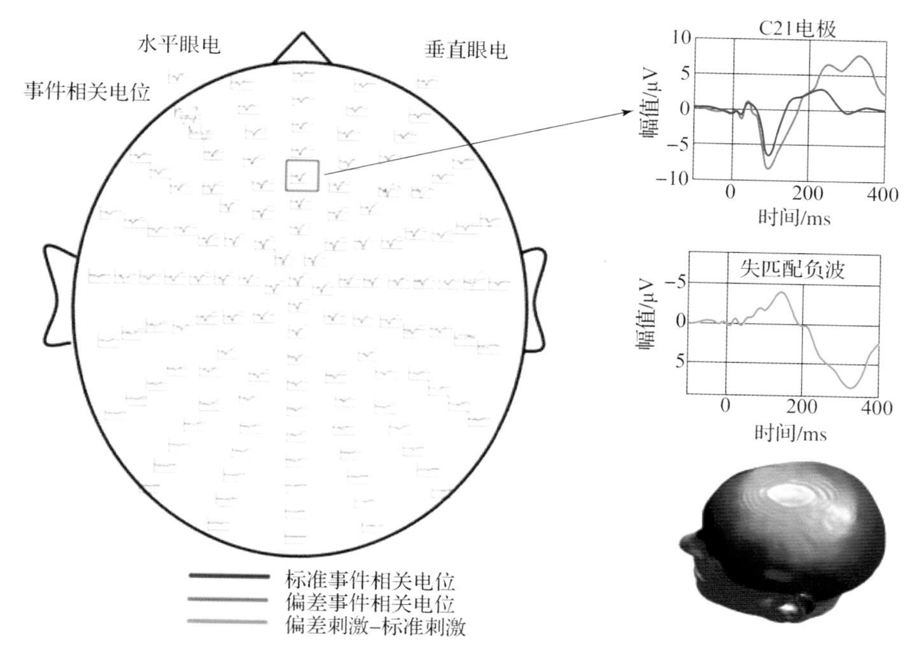

图 4.5　失匹配负波（摘自 Garrido et al. 2007[6]）

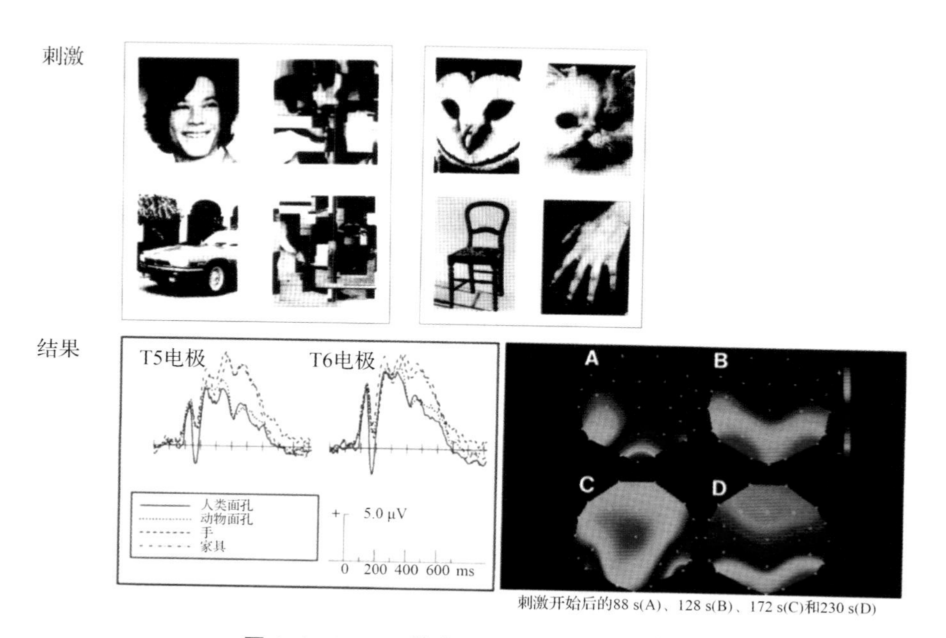

图 4.6　N170（摘自 Bentin et al. 1996[7]）

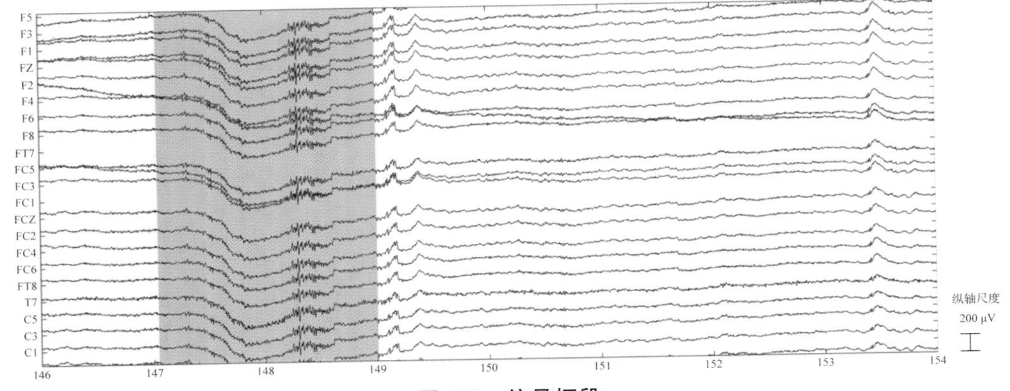

图 4.8　信号坏段

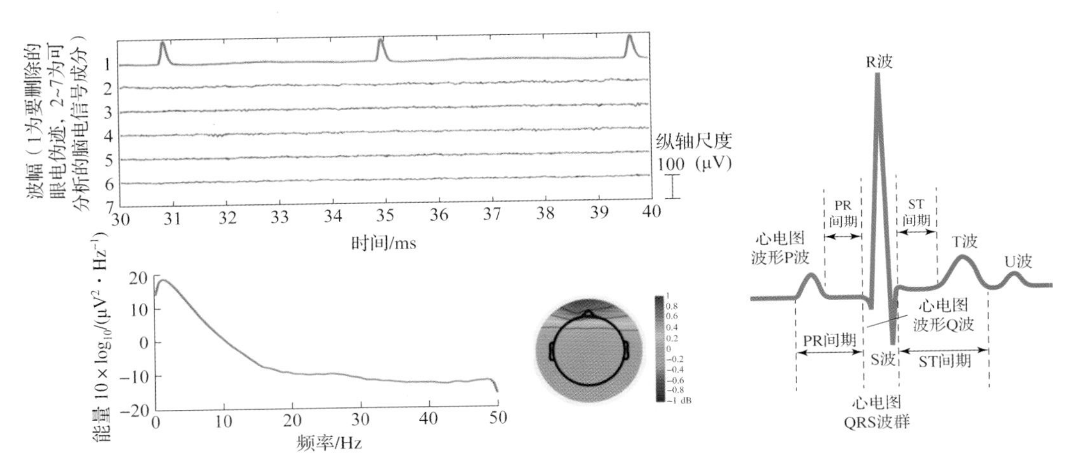

图 4.9　噪声干扰源

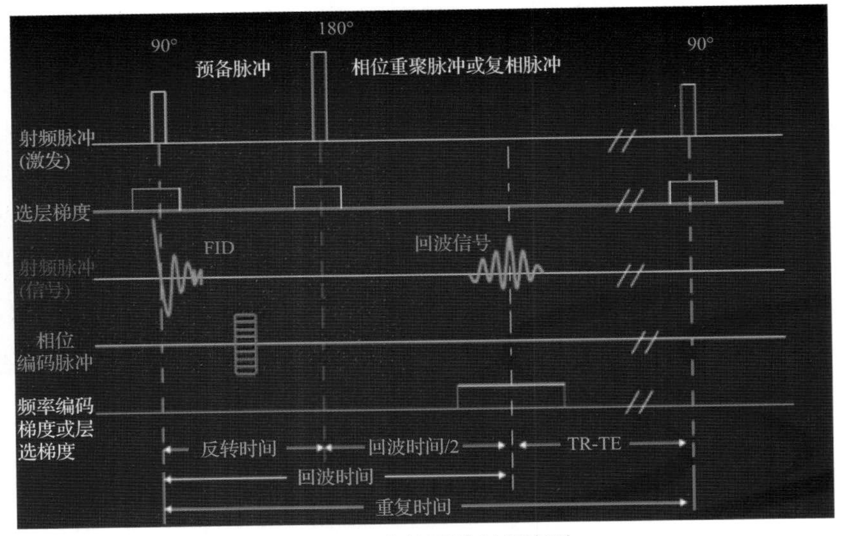

图 5.11　自旋回波时间序列

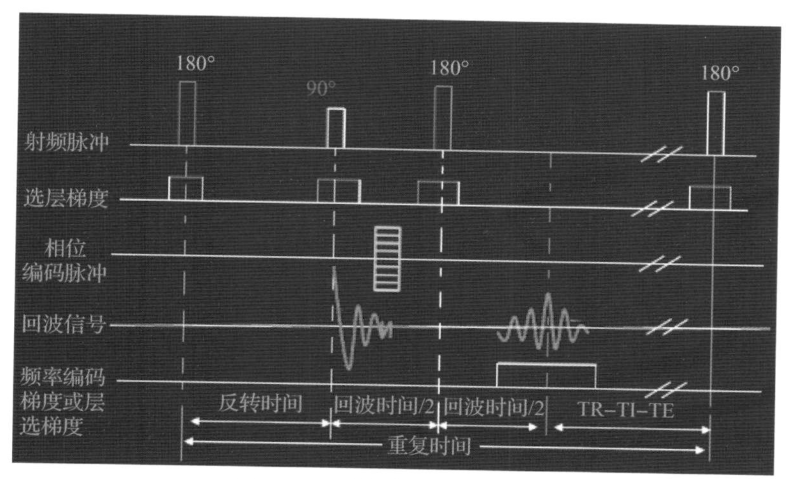

图 5.14　反转恢复序列时序图

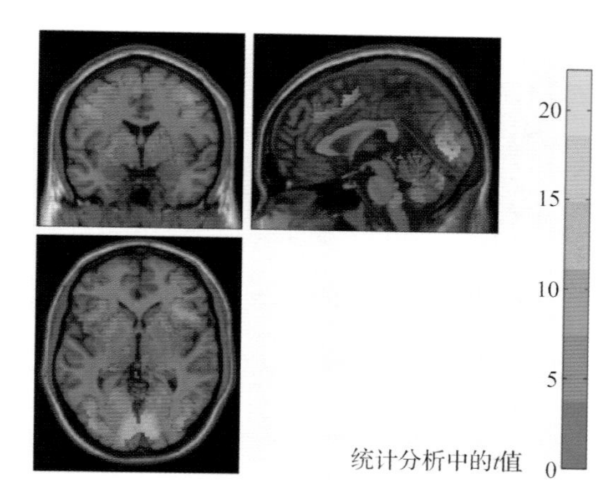

图 5.18　SPM 绘制的赌博任务激活脑区的示意图

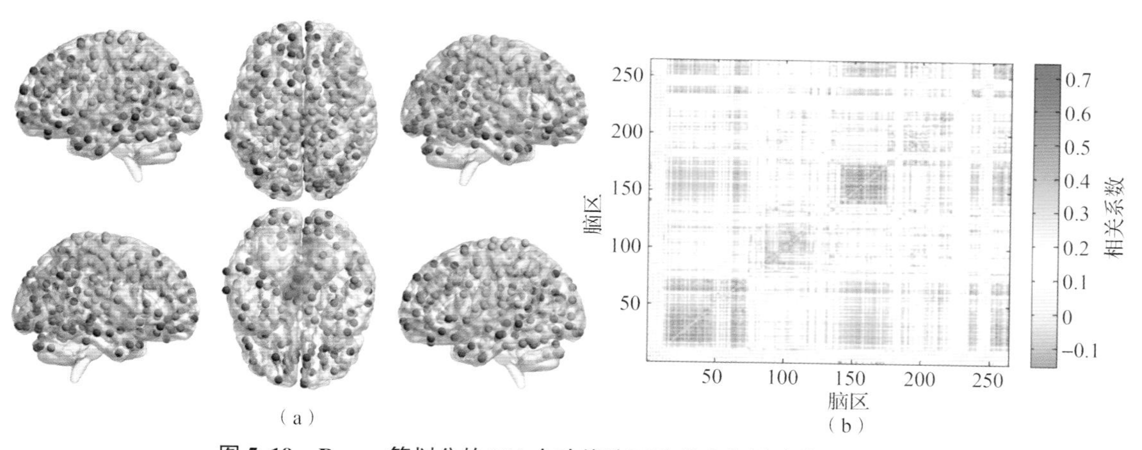

图 5.19　Power 等划分的 264 个功能脑区及其皮尔逊功能连接矩阵

(a) Power 等划分的 264 个功能脑区；(b) 皮尔逊功能连接矩阵

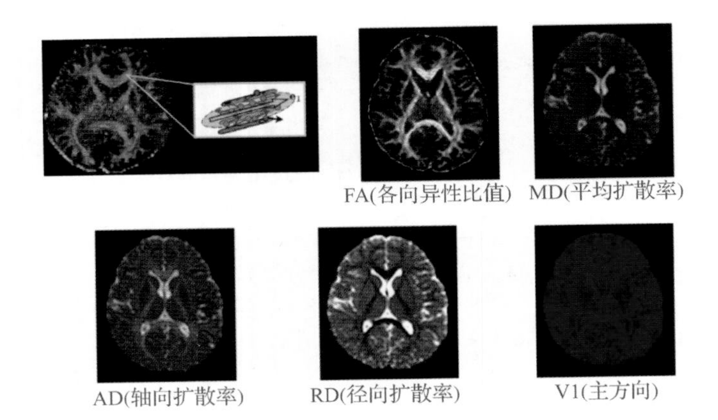

图 5.28　基于体素的扩散指标示意图

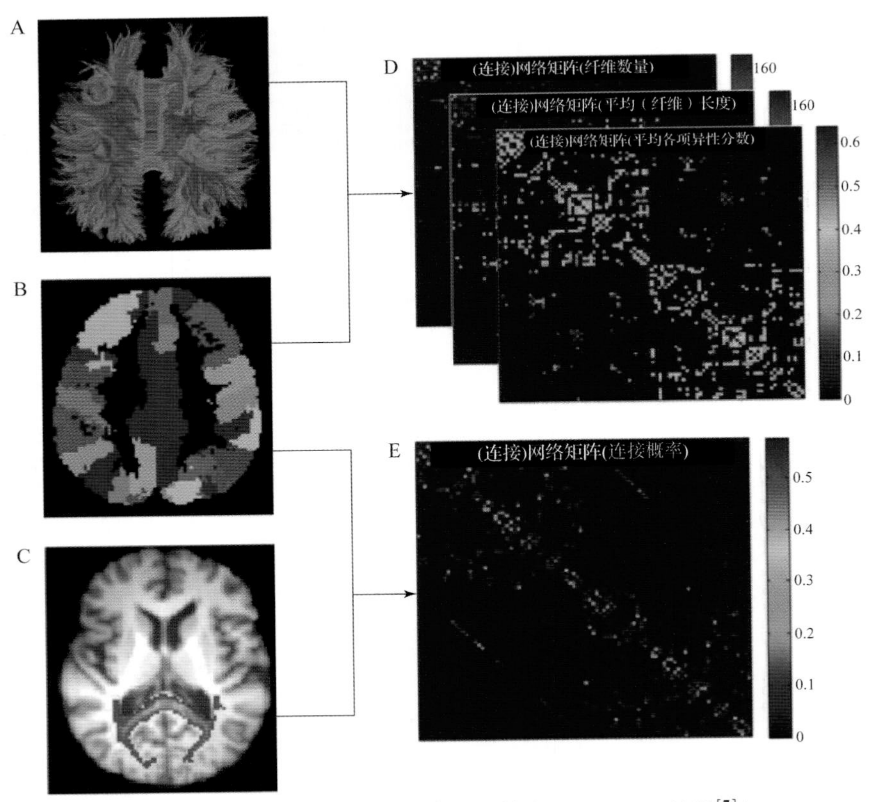

图 5.32　脑白质网络构建示意图（摘自 Cui et al. 2013[7]）

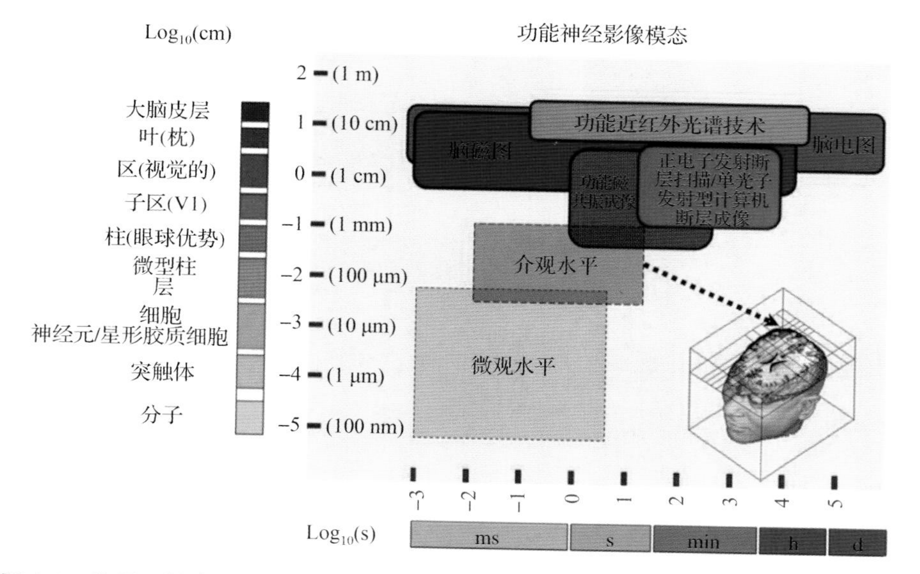

图 6.2　常用无创功能神经影像模态的时空分辨率（摘自 **Uludağ，K.，et al. 2014**[1]）

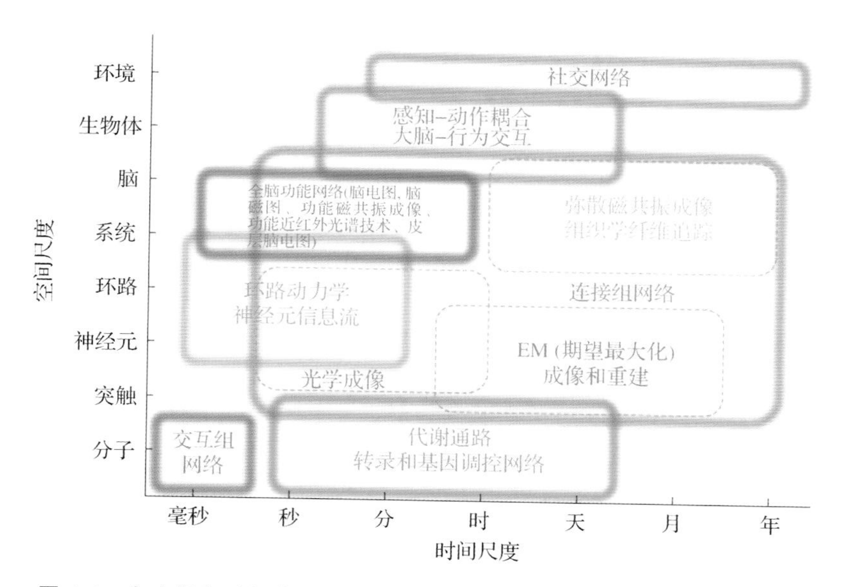

图 6.3　多空间和时间范围的网络（摘自 **Bassett，D. S.，et al. 2017**[2]）

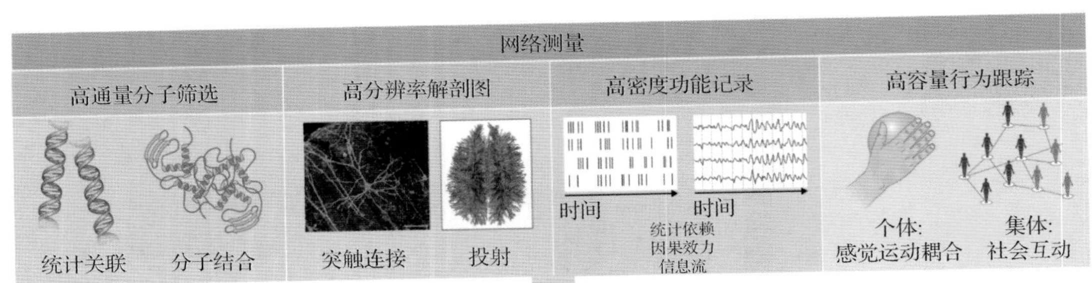

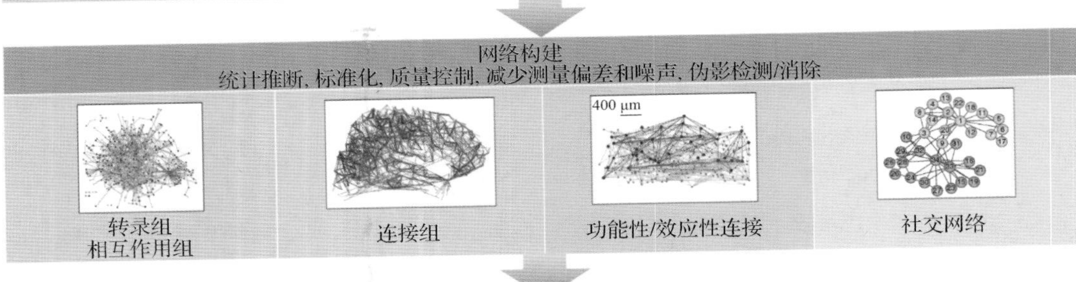

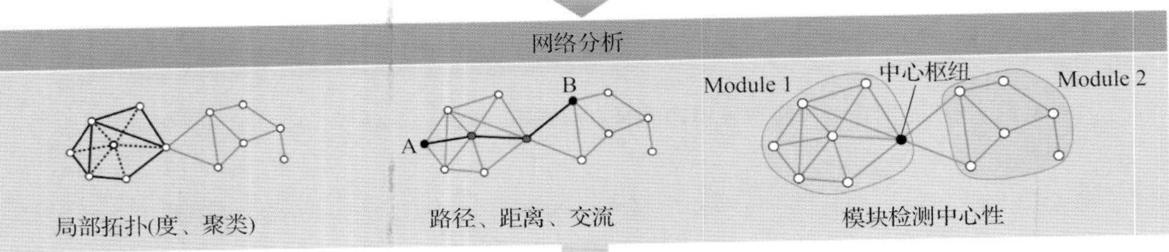

图 6.4　网络测量、构建和分析（摘自 Bassett，D. S.，et al. 2017[2]）

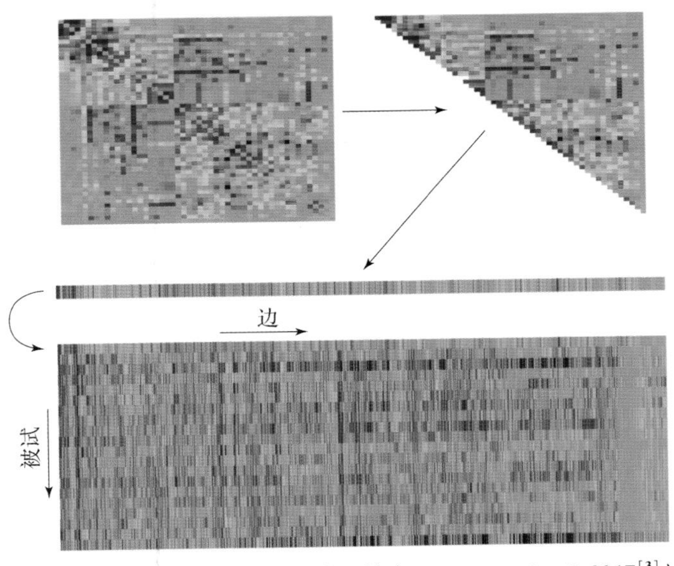

图 6.5　用于组水平分析的矩阵（摘自 Bijsterbosch，J. 2017[3]）

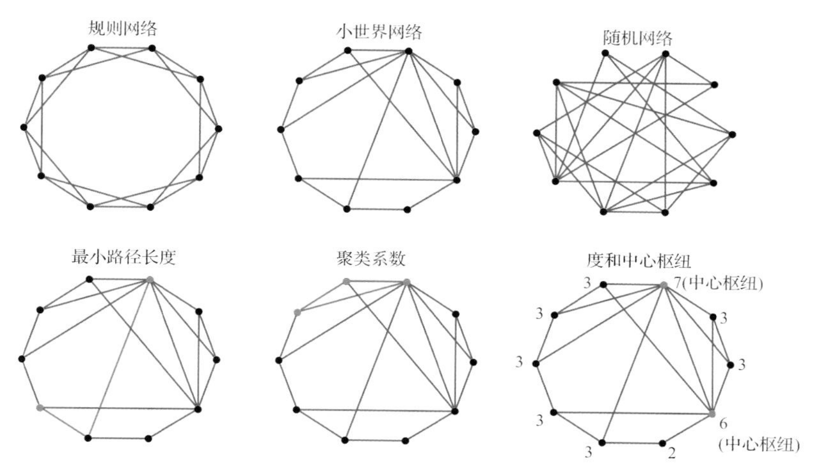

图 6.6　计算网络功能的指标（摘自 **Bijsterbosch，J.，et al. 2017**[3]）

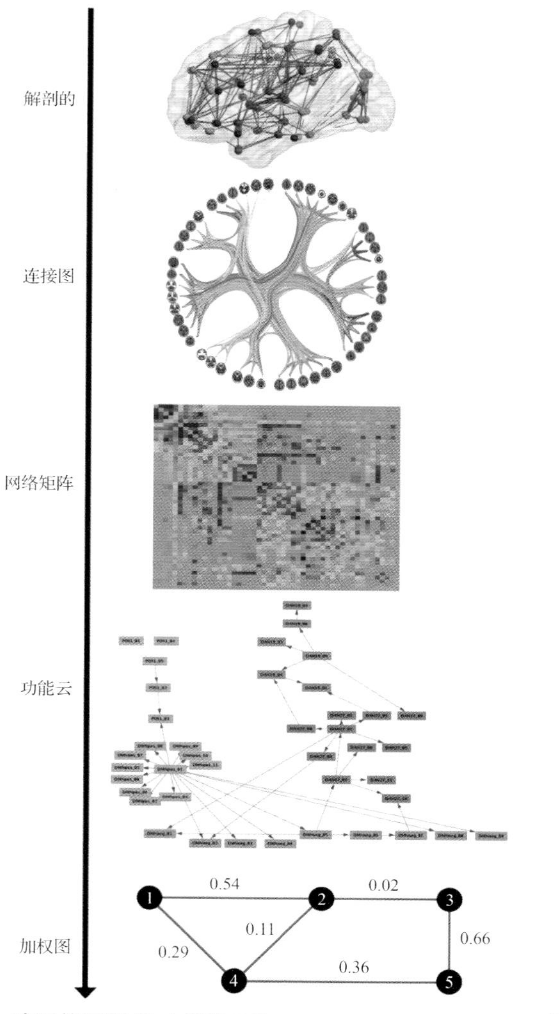

图 6.7　脑网络可视化（摘自 **Bijsterbosch，J.，et al. 2017**[3]）

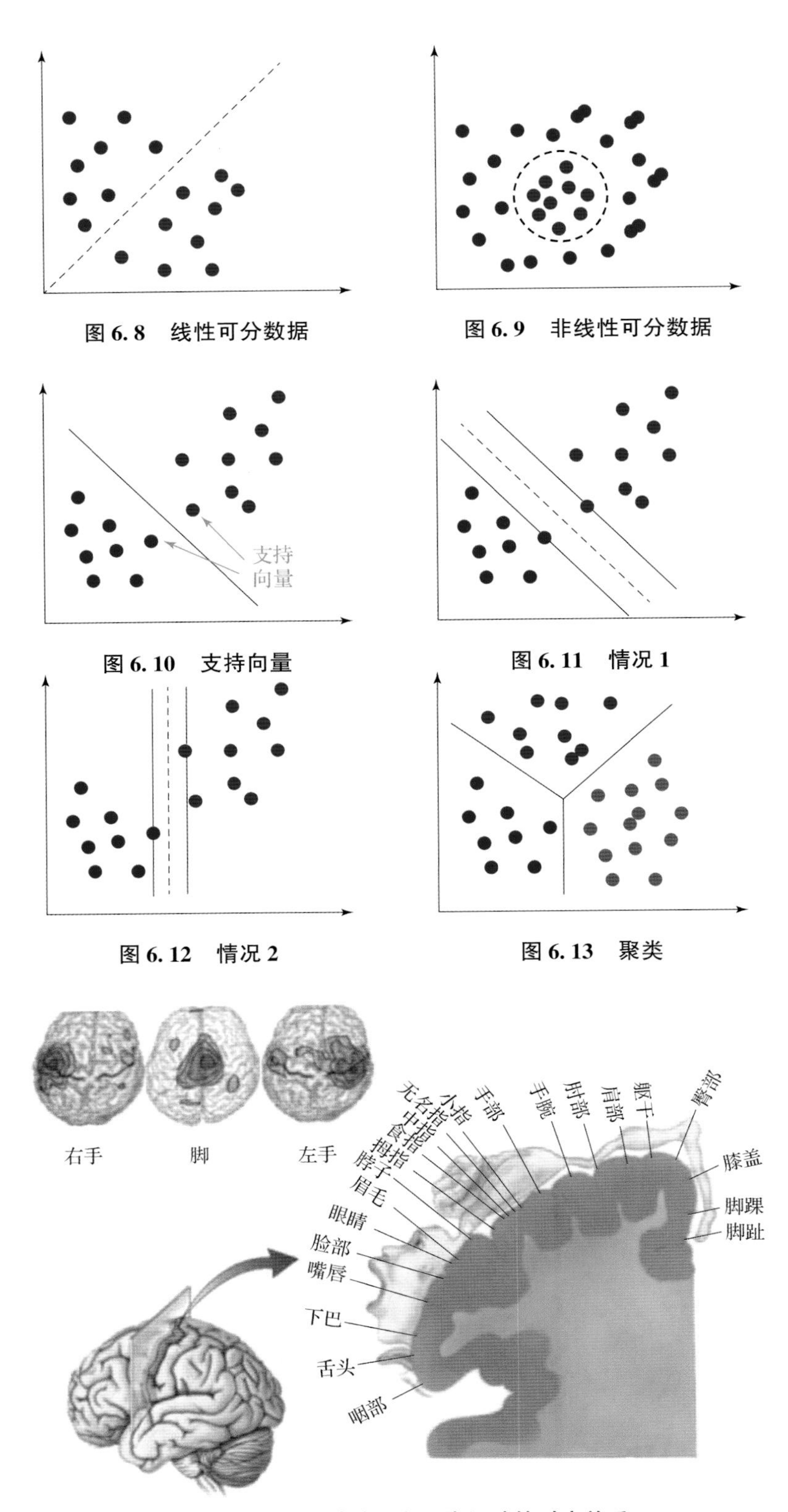

图 6.8　线性可分数据

图 6.9　非线性可分数据

图 6.10　支持向量

图 6.11　情况 1

图 6.12　情况 2

图 6.13　聚类

图 7.1　感觉运动脑区和手脚运动的对应关系

（摘自 *Neuroscience：exploring the brain* 2001[1]）

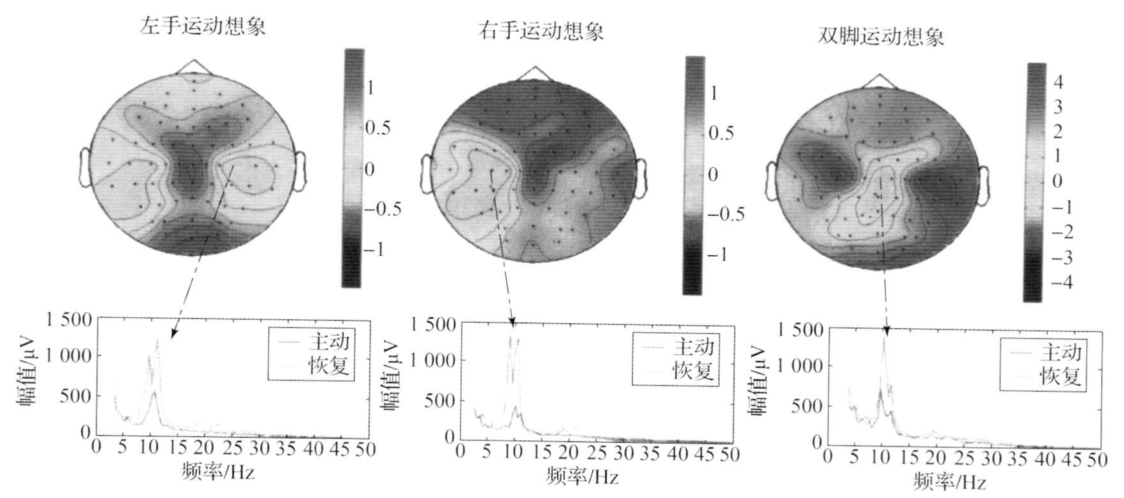

图 7.2　想象左手、右手、双脚运动时 C3 和 C4 导联的脑电信号频谱图
（摘自《认知建模和脑控机器人技术》[2]）

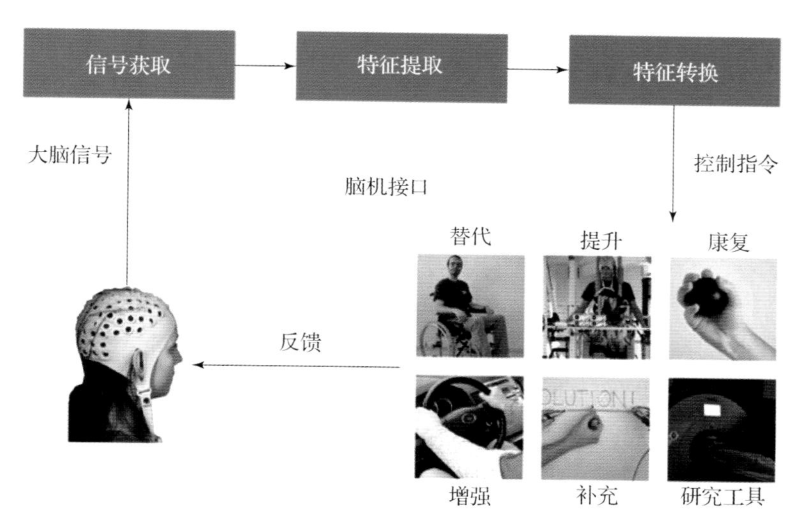

图 7.6　脑机接口系统的基本组成及应用（摘自 ***BNCI Horizon 2020：towards a roadmap for the BCI community***[5]）

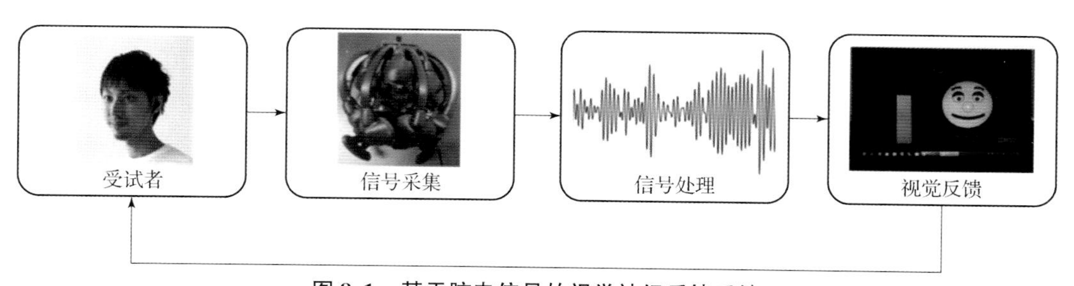

图 8.1　基于脑电信号的视觉神经反馈系统

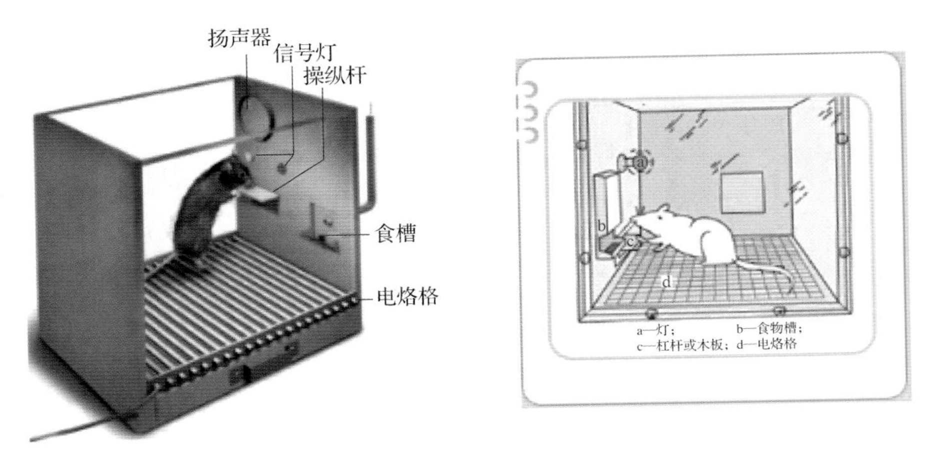

图 8.2　斯金纳箱实验（摘自《心理学大辞典》[1]）

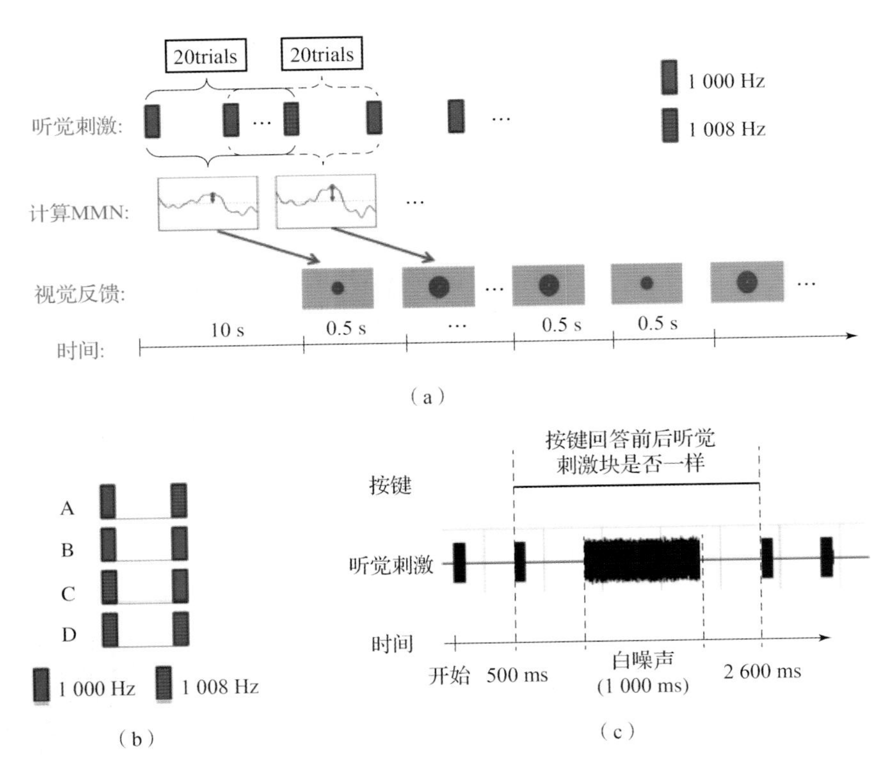

图 8.5　听觉失匹配负波作为神经反馈的特征进行实时训练（摘自 Chang, M., et al. 2014[4]）

（a）实验设计示意图；（b）四种组合刺激设置；（c）听觉刺激与按键说明

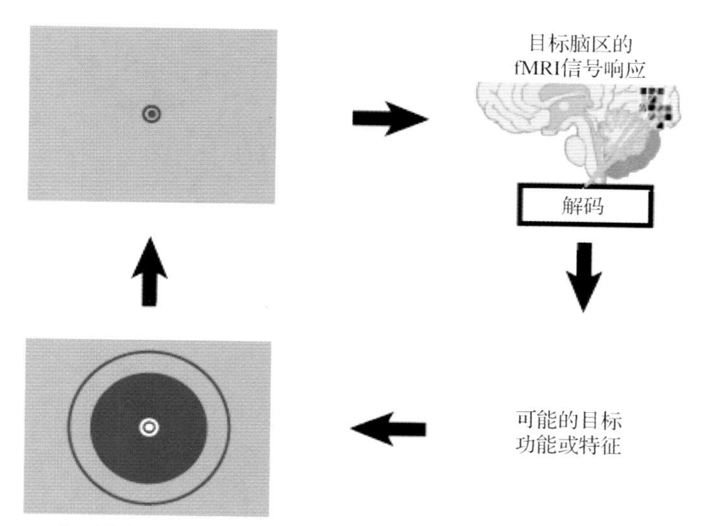

图 8.6　典型的解码神经反馈模型（摘自 Watanabe, T., et al. 2018[5]）

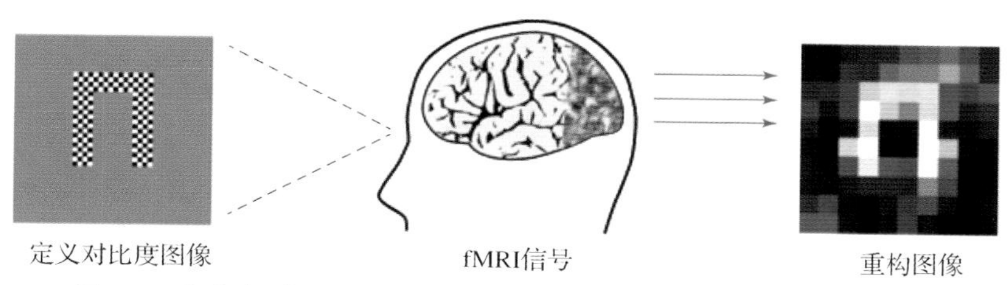

图 8.7　初级视觉皮层解码（摘自 Miyawaki, Y., et al. 2008[6]）

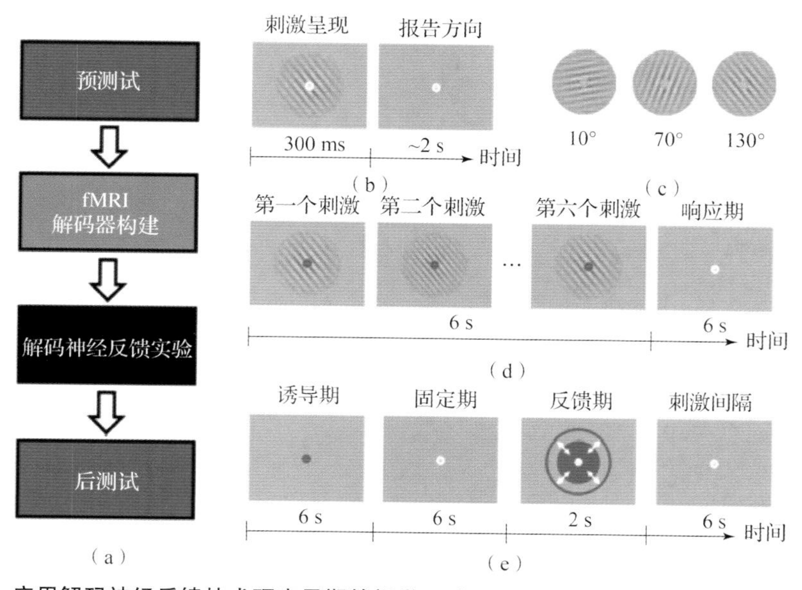

图 8.8　应用解码神经反馈技术研究早期的视觉区域可塑性（摘自 Shibata, et al. 2011[7]）

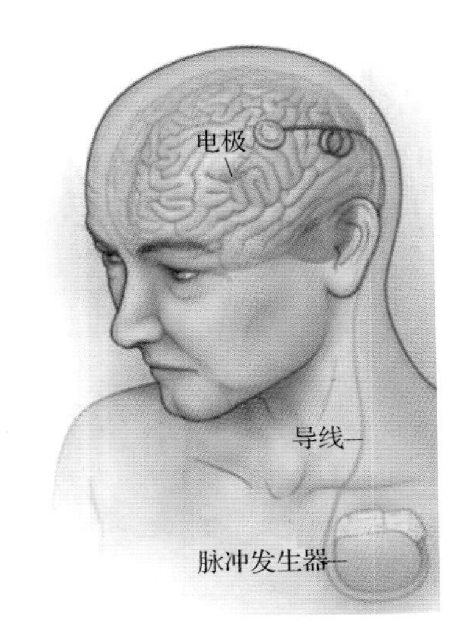

（a）

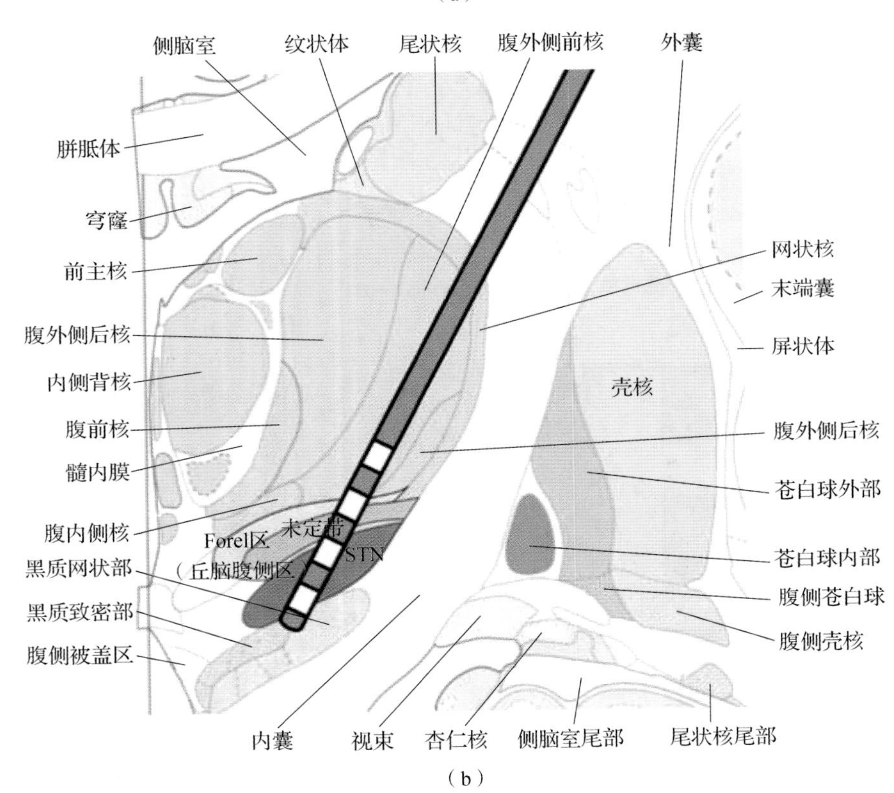

（b）

图 9.1　DBS 系统

（a）DBS 系统构成（摘自 Michael 2012[1]）；（b）四接触刺激电极样式（摘自 Benabid 2002[2]）

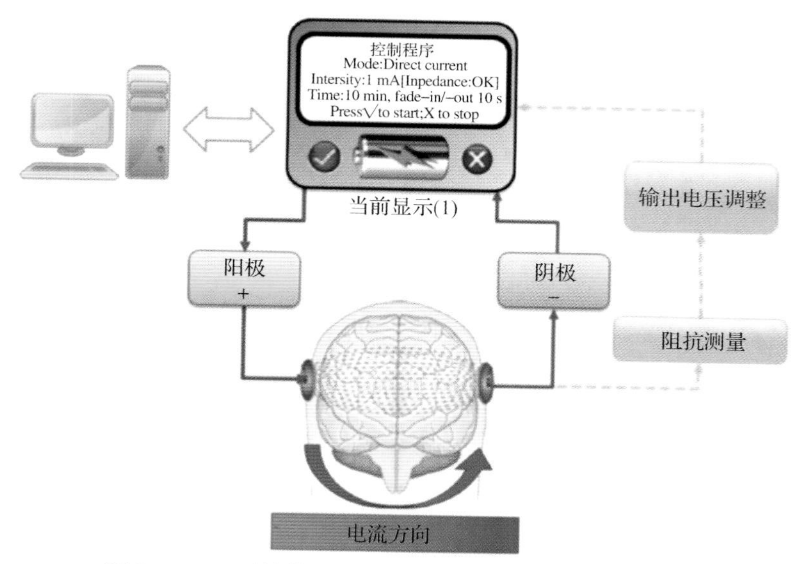

图 9.2　tES 系统构成（摘自 Fertonani, et al. 2017[3]）

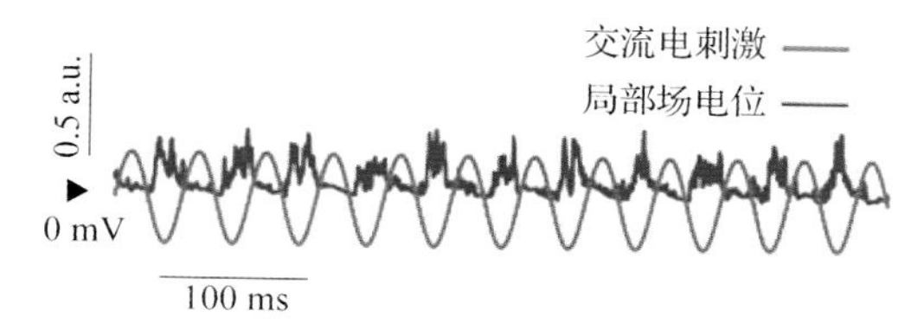

图 9.3　基于计算模型的 tACS 效果（摘自 Negahbani, et al. 2018[4]）

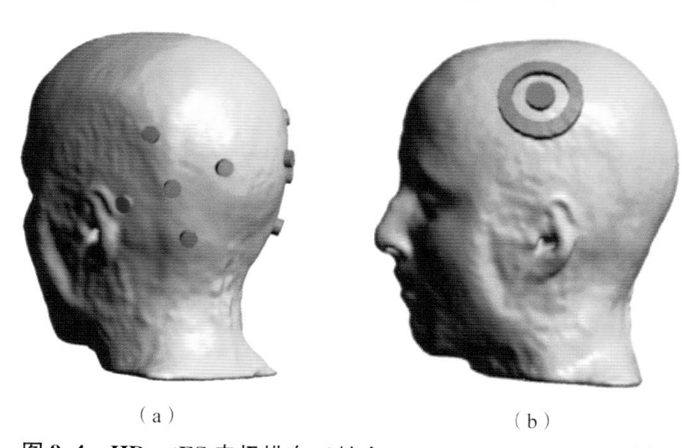

图 9.4　HD－tES 电极排布（摘自 Saturnino, et al. 2017[5]）

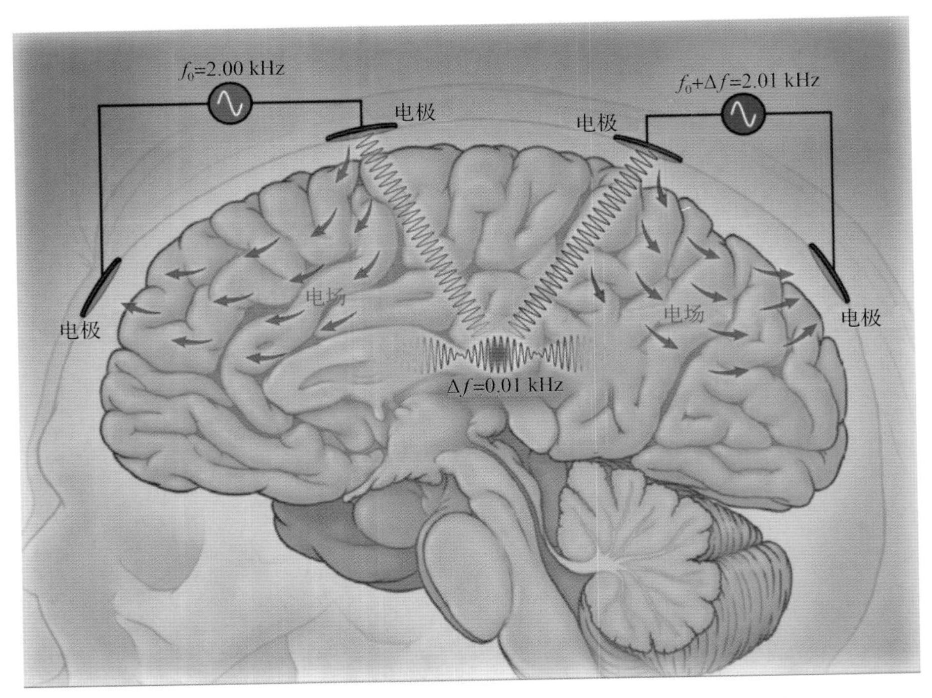

图 9.5　干扰电刺激作用效果（摘自 Phimister，et al. 2017[6]）

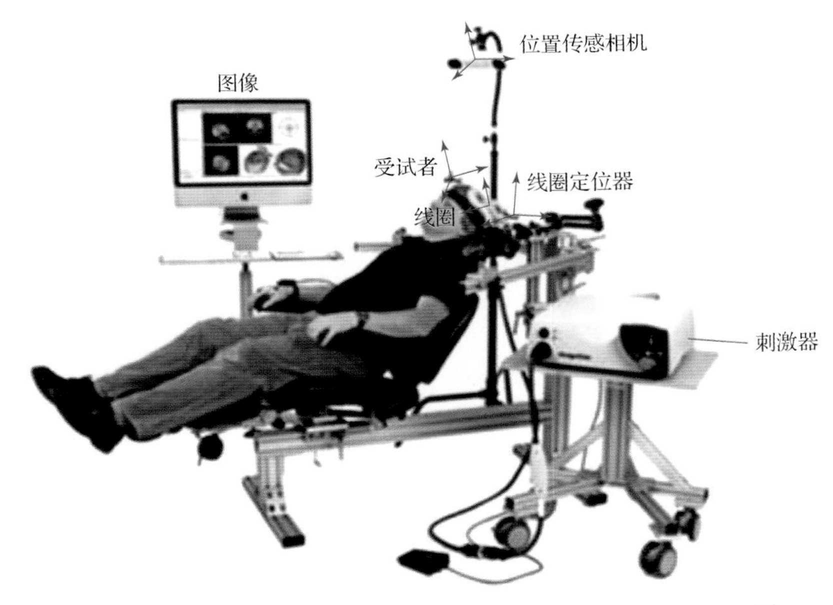

图 9.6　TMS 系统的构成（摘自 *Transcranial Magnetic Stimulation*[8]）